Spektroskopische Methoden in der Biochemie

Spektroskopische Methoden in der Biochemie

Von Hans-Joachim Galla

unter Mitarbeit von Hans-Jürgen Müller

214 Abbildungen, 13 Tabellen

1988
Georg Thieme Verlag Stuttgart · New York

Prof. Dr. Hans-Joachim Galla
Institut für Biochemie
Technische Hochschule Darmstadt
Petersenstraße 22
6100 Darmstadt

CIP-Titelaufnahme der Deutschen Bibliothek

Galla, Hans-Joachim:
Spektroskopische Methoden in der Biochemie /
von Hans-Joachim Galla. Unter Mitarb. von
Hans-Jürgen Müller. –
Stuttgart ; New York : Thieme, 1988

© 1988 Georg Thieme Verlag
Rüdigerstraße 14, D-7000 Stuttgart 30
Printed in Germany

Satz: Kittelberger, Reutlingen
(System: Digiset 400 T 30)
Druck: Gulde-Druck, Tübingen
ISBN 3-13-712301-1

Vorwort

In der Biochemie ist die Verwendung physikalischer Methoden heute nicht mehr wegzudenken. Zur Untersuchung der Struktur, der Konformation, der Dynamik sowie der Wechselwirkungen von Biopolymeren werden häufig die in diesem Buch vorgestellten spektroskopischen Methoden verwendet. Das Buch richtet sich an Studenten der Chemie, der Biologie und auch der (Bio)physik. Es entstand aus einer Vorlesung an der Technischen Hochschule Darmstadt für Studenten der obengenannten Fächer, die eine Vertiefung im Fach Biochemie anstrebten. Dabei wurde versucht, dem Studenten ein prinzipielles Verständnis der Methoden zu vermitteln, so daß er diese sinnvoll in eigenen Experimenten anwenden kann. Er sollte ferner in die Lage versetzt werden, publizierte Daten zu begreifen und zu beurteilen. Dazu muß er die Grenzen der Methoden, ihren Aussagebereich und die Interpretationsmöglichkeiten kennen.

Es ist nicht einfach, den angesprochenen Leserkreis gleichermaßen zufriedenzustellen. Bewußt wurde auf eine quantenmechanische Darstellung verzichtet, die den Studenten der Biologie Schwierigkeiten bereiten würde. Ich hoffe, sie werden bei der Lektüre des Buches erfahren, daß die Aneignung einer grundlegenden Kenntnis des vorhandenen Spektrums an physikalischen Methoden wichtiger Bestandteil ihres Studienganges sein muß. Die Systeme, an denen die einzelnen Methoden erläutert werden, müßten ihnen gut bekannt sein. Dem angehenden Physiker mag der physikalische Hintergrund nicht exakt genug erscheinen. Dafür wird er etwas über Struktur und Funktion der Makromoleküle lernen und somit einen erweiterten Anwendungsbereich der ihm aus dem Studium vielleicht geläufigen Methoden erkennen. Die Studenten der Chemie schließlich sollten von beiden Aspekten profitieren können.

Natürlich konnten nicht alle spektroskopischen Techniken angesprochen werden. Ich war bemüht, die in den wissenschaftlichen Veröffentlichungen aus dem Bereich der Biowissenschaften am häufigsten verwendeten Techniken zu erfassen. Dies bedeutet nicht, daß seltener verwendete Methoden nicht die gleiche Bedeutung haben oder erlangen werden. Für Anregungen und Verbesserungswünsche der Leser, die bei einer evtl. späteren Auflage berücksichtigt werden können, bin ich immer sehr dankbar.

Die Fertigstellung dieses Buches wurde durch viele Ratschläge aus meinem Arbeitskreis wesentlich erleichtert. Besonders danke ich meinen Mitarbeitern für die kritische Durchsicht des Manuskripts. Herrn Dr. Müller möchte ich ausdrücklich danken. Er hat die mit seinem Namen gekennzeichneten Artikel ausgearbeitet. Frau Astrid Minde leistete wertvolle Hilfe beim Schreiben des Manuskripts, wodurch der rechtzeitige Abschluß des Werkes erst möglich wurde. Dem Georg Thieme Verlag danke ich für die angenehme Zusammenarbeit.

Zuletzt sei meiner Frau Ulla und meinen Kindern Tobias, Sebastian und Frederick gedankt, die mich trotz der ohnehin schon knapp bemessenen Freizeit zur Fertigstellung des Buches „beurlaubt" haben.

Darmstadt, im Frühjahr 1988

Hans-Joachim Galla

Inhaltsverzeichnis

Kapitel 1
Struktur und Funktion biologischer Makromoleküle . . . . , ... 1
(unter Mitarbeit von H.-J. Müller)

1. Proteine 1
2. Nukleinsäuren 4
3. Lipid-Membranen 6
3.1 Biologische Membranen 6
3.2 Modellmembranen 6
3.2.1 Struktur von Phospholipid-
Doppelschichten 6

3.2.2 Molekulare Dynamik in Lipid-
Membranen 9
4. Polysaccharide 10
Literatur 10

Kapitel 2
Absorptionsspektroskopie im UV- und VIS-Bereich 11

1. Physikalische Grundlagen 12
1.1 Wechselwirkung des Lichtes mit
Materie 12
1.2 Elektronische Übergänge und
Struktur des Spektrums 13
1.3 Molekülorbitale und elektronische
Übergänge 14
1.4 Quantifizierung der Lichtabsorption 15
1.5 Lösungsmittel-Einflüsse 16

2. Meßtechnik 16
3. Anwendungsbeispiele 17
3.1 Chromophore 17
3.2 Aminosäuren und Peptide 17
3.3 Lineardichroismus 18
3.4 Hypochromie 19
Literatur 21

Kapitel 3
Optische Rotationsdispersion und Circulardichroismus 22

1. Physikalische Grundlagen 22
1.1 Polarisationszustände des Lichts . 22
1.2 Optische Rotationsdispersion . . . 24
1.3 Circulardichroismus 25

2. Konzept des optisch aktiven Chromophors 25

3. Meßtechnik 26

4. Anwendungsbeispiele 27
4.1 Analyse der Sekundärstruktur von
Proteinen 27
4.2 Polynukleotide und Nukleinsäuren 30
Literatur 30

Kapitel 4
Infrarot-Spektroskopie 31

1.	Das IR-Spektrum	31
2.	Physikalische Grundlagen	32
2.1	Schwingungen eines zweiatomigen Moleküls	32
2.1.1	Harmonischer Oszillator	32
2.1.2	Anharmonischer Oszillator	33
2.2	IR-aktive Schwingungen eines mehratomigen Moleküls	34
2.3	Einbeziehung der Rotation	36
3.	Meßtechnik	36

4.	Spezielle IR-Techniken	36
4.1	Abgeschwächte Totalreflexion . .	36
4.2	Fourier-Transform-IR-Spektroskopie	37
5.	Anwendungsbeispiele	39
5.1	Konformationen und Wechselwirkungen von Proteinen	39
5.2	Konformationen und Wechselwirkungen von Nukleinsäuren . . .	41
5.3	Modell- und Biomembranen	42
	Literatur	45

Kapitel 5
Fluoreszenz-Spektroskopie 46
(unter Mitarbeit von H.-J. Müller)

1.	Physikalische Grundlagen	46
1.1	Absorptions- und Emissionsübergänge	46
1.2	Desaktivierungsprozesse	47
1.2.1	Strahlungslose Desaktivierung . . .	47
1.2.2	Lumineszenz	47
1.3	Quantenausbeute	48
1.4	Fluoreszenz-Lebensdauer	48
1.5	Lösungsmittel-Einflüsse	48
1.6	Anregungsspektren	49
2.	Konzentrationsabhängigkeit der Fluoreszenz	50
2.1	Reabsorption emittierter Fluoreszenz-Strahlung	50
2.2	Dimeren-Bildung	50
2.3	Angeregte Dimere	50
3.	Fluoreszenz-Löschung	51
3.1	Dynamische Fluoreszenz-Löschung	51
3.2	Statische Fluoreszenz-Löschung . .	52
4.	Energieübertragung	53
5.	Fluoreszenz-Polarisation	56
5.1	Qualitative Beschreibung	56
5.2	Quantitative Beschreibung	57
5.2.1	Absorptionsprozeß	57
5.2.2	Emission (Fluoreszenz)	58
5.3	Statische und zeitaufgelöste Fluoreszenz-Polarisation	60

6.	Anwendungsbeispiele	61
6.1	Natürliche Fluorophore und Fluoreszenz-Sonden	61
6.2	Bathochrome Verschiebung der Tryptophan-Fluoreszenz von Proteinen	62
6.3	Änderung der Quantenausbeute bei Wechselwirkung mit makromolekularen Systemen	62
6.4	Excimere	64
6.4.1	Bestimmung des lateralen Diffusionskoeffizienten	64
6.4.2	Phasentrennungsphänomene in Lipid-Membranen	65
6.4.3	Protein-Assoziation	66
6.4.4	Excimer-Laser	66
6.5	Lokalisation von Fluoreszenz-Sonden durch Fluoreszenz-Löschung .	66
6.6	Abstandsmessung durch Energieübertragung	68
6.7	Fluoreszenz-Depolarisation	68
6.7.1	Messung der Phasenumwandlung von Lipid-Membranen	68
6.7.2	Bestimmung der Rotationskorrelationszeiten von Proteinen durch zeitabhängige Fluoreszenz-Depolarisation	70
6.8	„Fluorescence Recovery after Photobleaching"	70
	Literatur	71

Kapitel 6
Elektronenspinresonanz 72

1.	Physikalische Grundlagen	72
1.1	Magnetisches Moment	72
1.2	Zeeman-Effekt	73
1.3	Larmor-Präzession	74
1.4	Resonanzphänomen	75
1.5	Boltzmann-Verteilung	76
1.6	Relaxationsmechanismen	76
1.6.1	Spin-Gitter-Relaxation	76
1.6.2	Spin-Spin-Relaxation	77
1.7	g-Faktor	77
1.8	Hyperfeinstruktur	77
2.	Meßtechnik	78
3.	Untersuchung von Biomolekülen	80
3.1	Spinsonden-Technik	80
3.1.1	Nitroxid-Radikalsonden	80
3.1.2	Spektrale Anisotropie	81
3.1.3	Spin-Hamilton-Operator	84
3.1.4	Ordnungsgrade in Lipid-Doppelschichten	84
3.1.5	Lipid-Protein-Wechselwirkung	87

3.1.6	Bestimmung von Lipidphasen-Umwandlungstemperatur anhand von Polaritätseffekten	88
3.1.7	Rotationskorrelationszeit	89
3.1.8	Laterale Diffusion und Lipid-Phasentrennung	90
3.1.9	Transversale Diffusion	92
3.2	Metall-Ionen in Proteinen	93
3.2.1	Elektronen-Konfiguration von Übergangsmetall-Ionen	93
3.2.2	Titration von Me^{2+}-Bindestellen in Proteinen	94
3.2.3	Cytochrom c-oxidase	94
3.3	Biologische freie Radikale	95
3.3.1	Flavin-Radikale	95
3.3.2	Substrat-Radikale bei Enzym-Reaktionen	96
3.3.3	Strahlenschäden in DNA-Strängen	97
	Literatur	97

Kapitel 7
Kernmagnetische Resonanz 98

1.	Kernspins in biologischen Substanzen	98
2.	Physikalisches Bild des NMR-Experiments	99
3.	Meßtechnik	100
4.	Struktur des NMR-Spektrums	101
4.1	Chemische Verschiebung	101
4.2	Spin-Spin-Kopplung	102
5.	Relaxationsmechanismen	104
5.1	Spin-Gitter-Relaxation, T_1	105
5.2	Spin-Spin-Relaxation, T_2	105
5.3	Vergleich der Relaxationszeiten	105
6.	Puls-Fourier-Transform-NMR	105
6.1	Pulstechnik	106
6.2	Freier Induktionsabfall	106
6.3	Spin-Echo-Methode zur Messung von T_2	107
6.4	Messung von T_1	108
6.4.1	Progressive Sättigung	108
6.4.2	Inversions-Erholungsmethode	108

7.	Anwendungsbeispiele	109
7.1	Basen-Stapelung	109
7.2	Analyse von Protein-Spektren	110
7.3	Protonen-Spinrelaxation in Proteinen und Lipid-Membranen	111
7.4	pH-Abhängigkeit der NMR-Spektren von Aminosäuren	112
8.	Moderne Techniken	115
8.1	Spin-Entkopplung	115
8.2	Zweidimensionale NMR	116
9.	^{13}C-NMR	117
9.1	Chemische Verschiebung	118
9.2	Spin-Spin-Entkopplung	118
9.3	Isotopen-Anreicherung	118
9.4	Doppelresonanz-Technik und Nuklear-Overhauser-Effekt	119
9.5	Bestimmung von Segmentbeweglichkeiten durch T_1-Messungen	119
10.	^{31}P-NMR	120
	Literatur	121

Kapitel 8
Lichtstreuung 122
(unter Mitarbeit von H.-J. Müller)

1.   Elastische Lichtstreuung 122
1.1 Streuung an einem isolierten, isotropen Molekül 122
1.2 Streuung an mehreren Molekülen . 124
1.3 Streuung an verdünnten Gasen . . 124
1.4 Streuung an Molekülen in Lösung 125

1.5 Streuung an größeren Molekülen . 126
2.   Meßtechnik 128
3.   Quasi-elastische Lichtstreuung . . 128
4.   Anwendungsbeispiele 129
    Literatur 129

Kapitel 9
Raman-Spektroskopie 130

1.   Physikalische Grundlagen 130
1.1 Klassische Beschreibung der Polarisierbarkeit 130
1.2 Raman-Effekt als Zwei-Photonen-Prozeß 132
1.3 Resonanz-Raman 132
1.4 Auswahlregeln 132

2.   Meßtechnik 134

3.   Anwendungsbeispiele 134
3.1 Raman-Spektren von Proteinen . . 135
3.2 Phasenumwandlungen in Lipiden . 135
3.3 Resonanz-Raman-Spektren biologischer Chromophore 137
    Literatur 137

Kapitel 10
Röntgen- und Neutronen-Beugung 138
(unter Mitarbeit von H.-J. Müller)

1.   Röntgen-Beugung 138
1.1 Aufnahme von Beugungsbildern . 140
1.1.1 Drehkristallmethode 140
1.1.2 Pulvermethode 140

1.2 Bestimmung von Elektronendichten 140
2.   Neutronen-Beugung 143
    Literatur 144

Sachverzeichnis 145

Kapitel 1
Struktur und Funktion biologischer Makromoleküle

Biologische Makromoleküle bestehen aus vier Grundbausteinen. Aminosäuren, Nukleotide, Lipide und Zucker sind die monomeren Einheiten, aus denen durch kovalente Verknüpfung Moleküle hoher Molekülmassen wie Proteine, DNA oder das Glykogen aufgebaut werden. Kombinationen der verschiedenen Grundmoleküle in einem Polymer sind möglich und sogar häufig. Glykoproteine oder Glykolipide sind Beispiele der kovalenten Verknüpfung von Zuckern mit Aminosäuren oder Lipiden.

Nichtkovalente Kräfte führen zu einer weiteren Assoziation und Überstrukturierung. Nukleoproteine z. B. sind Komplexe aus Proteinen und Nukleinsäuren, wie wir sie in Viren finden. Biologische Membranen sind nichtkovalent gebundene Assoziate aus Lipiden, Proteinen und Polysacchariden, die mit Nukleinsäuren wechselwirken können. Aus der Summe der physikalischen Wechselwirkungen zwischen verschiedenen Makromolekülen können sich hoch organisierte Formen wie eine Zelle bilden. Die Funktion eines Makromoleküls ist dabei weitgehend durch seine Struktur bestimmt.

In diesem Kapitel sollen die Grundstrukturen der Biopolymere so weit dargestellt werden, wie wir sie für das Verständnis der Anwendungsbeispiele in den spektroskopischen Kapiteln benötigen. Nukleinsäuren, Proteine und Polysaccharide werden nur kurz behandelt, da eine ausführliche Darstellung in fast allen Biochemie-Lehrbüchern zu finden ist.

Die Darstellung der molekularen Ordnung in Lipid-Membranen wird häufig vernachlässigt und soll hier entsprechend ausgedehnter behandelt werden.

1. Proteine

Die Monomereinheit der Proteine sind die Aminosäuren (Abb. 1.1). Polare oder hydrophile Aminosäuren wechselwirken mit dem Wasser und liegen daher bevorzugt auf der Oberfläche der Proteine. Apolare Aminosäuren finden wir meist in dem vom Wasser abgeschirmten inneren Teil eines Proteins und dort insbesondere an Kontaktstellen zwischen strukturellen Untereinheiten. Geladene Aminosäuren stabilisieren die Proteinstruktur durch Ausbildung von Wasserstoff-Brücken- und Salz-Bindungen.

In einem Protein unterscheiden wir die Primär-, Sekundär-, Tertiär- und Quartärstruktur. Die Primärstruktur ist die Sequenz der Aminosäuren. Durch diese Reihenfolge ist die weitere Strukturierung bereits vorprogrammiert. Durch Wechselwirkung in einem Peptid-Strang bildet sich die Sekundärstruktur aus. Die Konformation eines Peptids wird im wesentlichen durch Wasserstoff-Brücken stabilisiert. Die für unsere Darstellung der spektroskopischen Methoden wichtigen Sekundärstrukturen sind die α-Helix (Abb. 1.2) und das β-Faltblatt (Abb. 1.3).

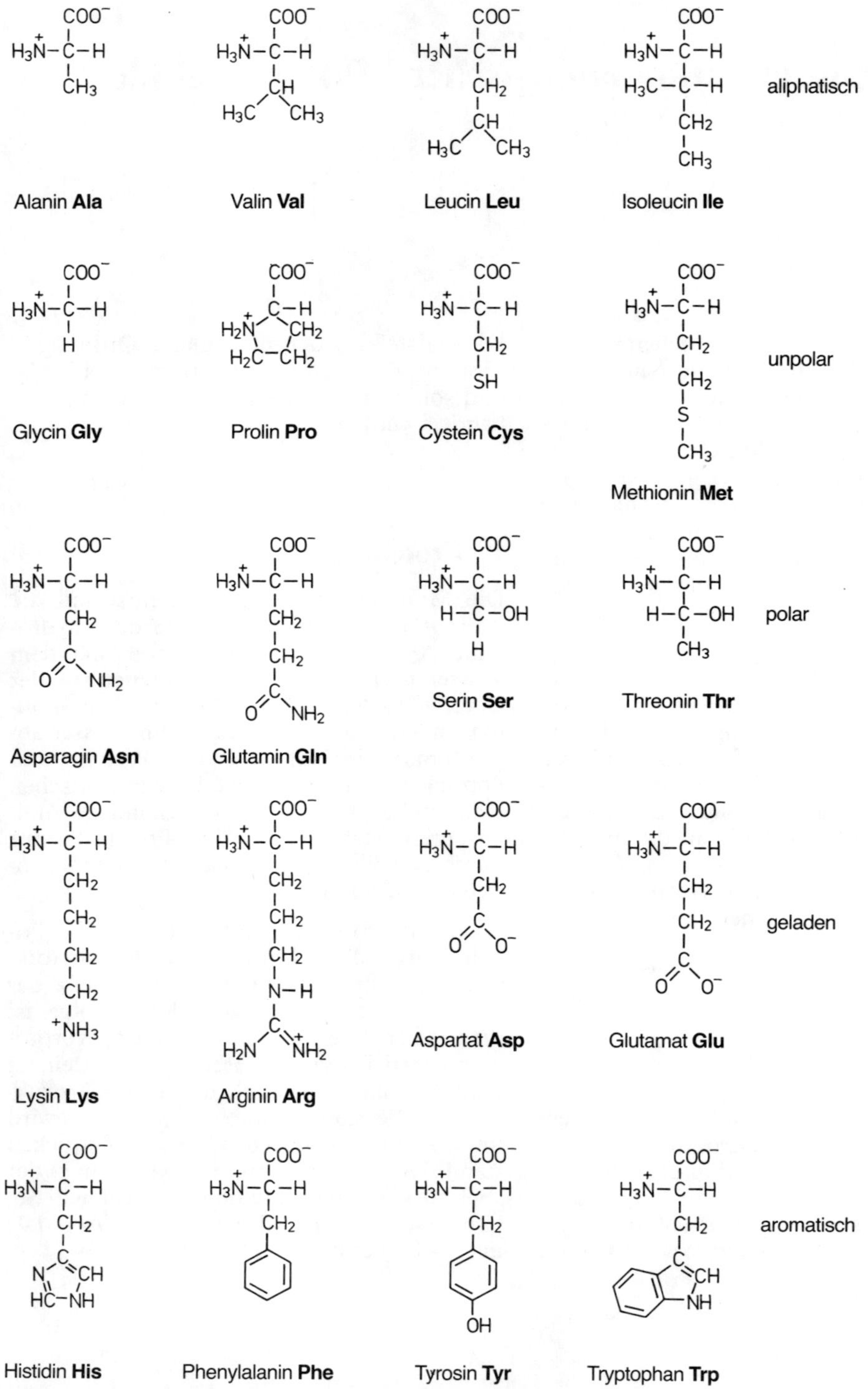

$$
\begin{array}{c}
\text{COO}^- \\
| \\
\text{H}_3\overset{+}{\text{N}}-\text{C}-\text{H} \\
| \\
\text{CH}_3
\end{array}
\qquad
\begin{array}{c}
\text{COO}^- \\
| \\
\text{H}_3\overset{+}{\text{N}}-\text{C}-\text{H} \\
| \\
\text{CH} \\
\text{H}_3\text{C} \quad \text{CH}_3
\end{array}
\qquad
\begin{array}{c}
\text{COO}^- \\
| \\
\text{H}_3\overset{+}{\text{N}}-\text{C}-\text{H} \\
| \\
\text{CH}_2 \\
| \\
\text{CH} \\
\text{H}_3\text{C} \quad \text{CH}_3
\end{array}
\qquad
\begin{array}{c}
\text{COO}^- \\
| \\
\text{H}_3\overset{+}{\text{N}}-\text{C}-\text{H} \\
| \\
\text{H}_3\text{C}-\text{C}-\text{H} \\
| \\
\text{CH}_2 \\
| \\
\text{CH}_3
\end{array}
\qquad \text{aliphatisch}
$$

Alanin **Ala**   Valin **Val**   Leucin **Leu**   Isoleucin **Ile**

Glycin **Gly**   Prolin **Pro**   Cystein **Cys**   Methionin **Met**   unpolar

Asparagin **Asn**   Glutamin **Gln**   Serin **Ser**   Threonin **Thr**   polar

Lysin **Lys**   Arginin **Arg**   Aspartat **Asp**   Glutamat **Glu**   geladen

Histidin **His**   Phenylalanin **Phe**   Tyrosin **Tyr**   Tryptophan **Trp**   aromatisch

Abb. 1.1   Struktur der normalen 20 Aminosäuren

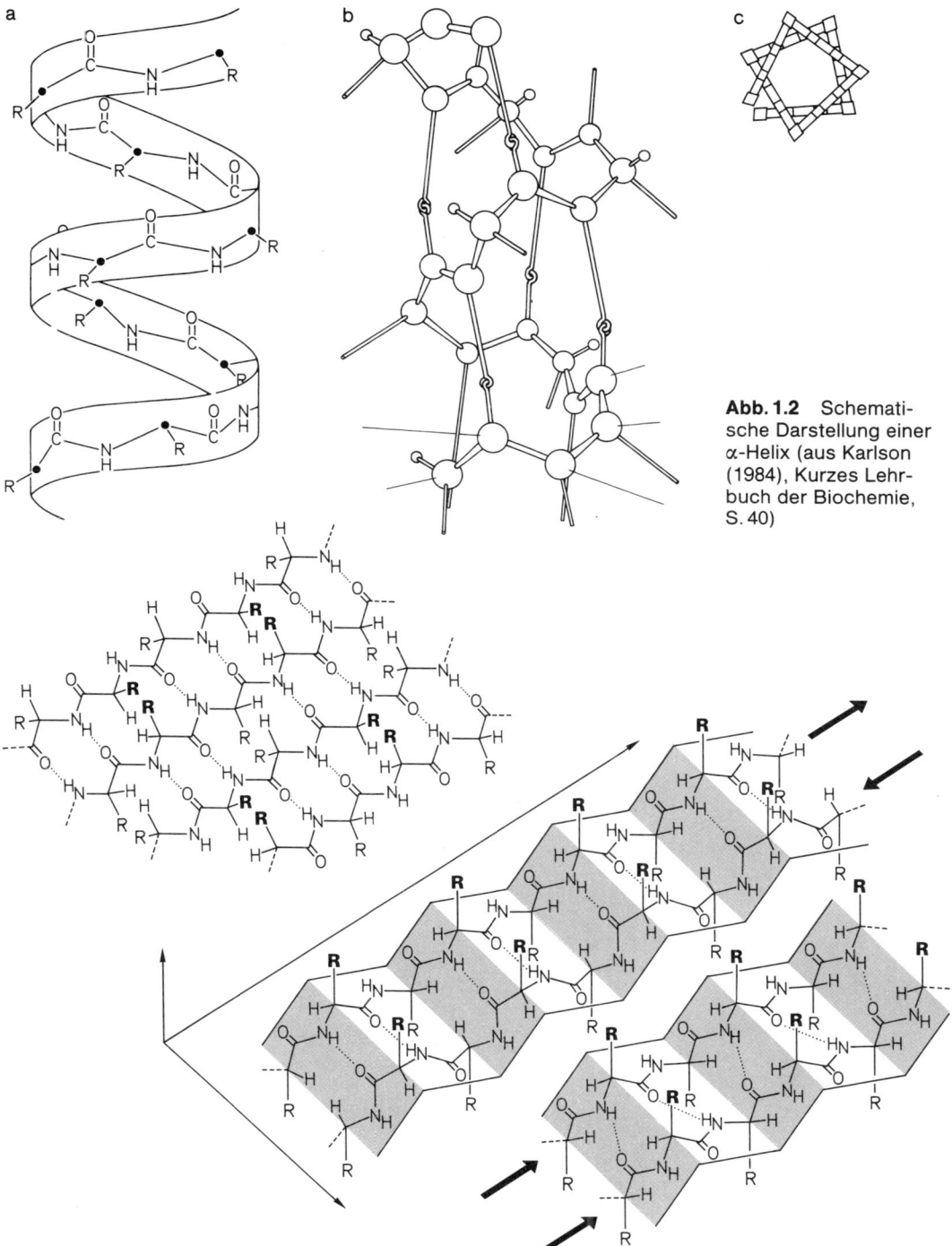

a

b

c

Abb. 1.2 Schematische Darstellung einer α-Helix (aus Karlson (1984), Kurzes Lehrbuch der Biochemie, S. 40)

Abb. 1.3 Schematische Darstellung eines β-Faltblattes mit gegenläufiger (antiparalleler) und gleichläufiger (paralleler) Anordnung (aus Karlson, S. 39)

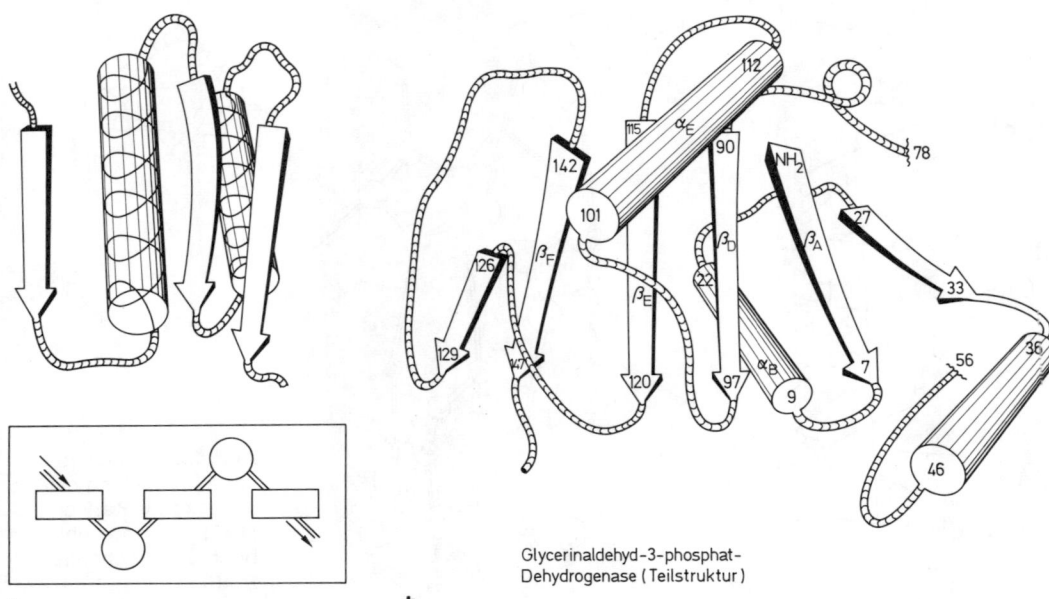

a   b

Glycerinaldehyd-3-phosphat-
Dehydrogenase (Teilstruktur)

Abb. 1.4 Ausschnitt aus der Tertiärstruktur der Glycerinaldehyd-3-Phosphat-Dehydrogenase (aus Karlson, S. 45). Ausgedehnte β-Faltblätter und α-Helices sind durch ungeordnete Peptidteile voneinander getrennt [nach Buehner, B., et al. (1974), J. Mol. Biol. **90**, 31]

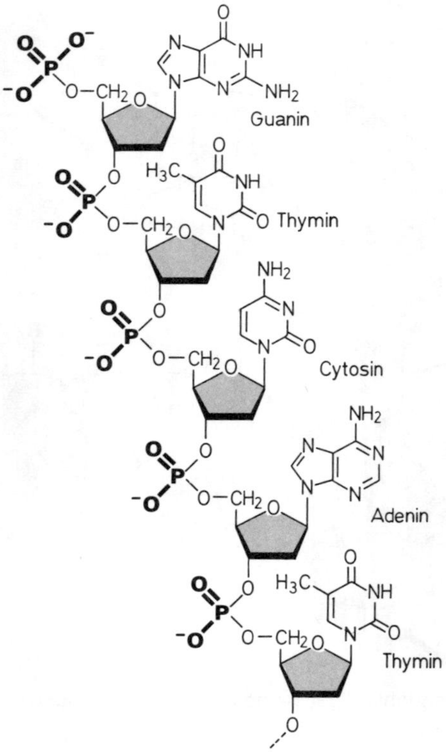

Eine zusätzliche Faltung des Proteins ergibt eine definierte Anordnung von Sekundärstrukturen. Wir erhalten die Tertiärstruktur. Abb. 1.4 demonstriert die komplexe Raumstruktur eines Proteins. Die α-Helices und β-Faltblätter sind durch ungeordnete Bereiche, sogenannte Zufallsknäuel, verbunden.

Die so gefalteten Peptid-Ketten können sich als Untereinheit durch nicht-kovalente Bindungen zu höheren Assoziaten zusammenschließen. Die dann erhaltene Quartärstruktur gibt dem Komplex eine regulierbare Funktion. Die meisten funktionellen Proteine sind aus einer Mehrzahl nicht identischer Untereinheiten aufgebaut.

2. Nukleinsäuren

Die Sequenz der Aminosäuren eines Proteins ist in der Desoxyribonucleinsäure (DNA) genetisch determiniert. Daher nehmen Nu-

Guanin

Thymin

Cytosin

Adenin

Thymin

Abb. 1.5 Formelausschnitt aus einer Desoxyribonukleinsäure (aus Karlson)

kleinsäuren unter den Makromolekülen eine Schlüsselfunktion ein. Chemisch sind sie Polymere aus den heterozyklischen Basen, aus Kohlenhydrat und aus Phosphorsäure (Abb. 1.5). Eine solche monomere Einheit der Nukleinsäuren nennen wir ein Nukleotid. In der DNA kommen Adenin, Guanin, Cytosin und Thymin als Basen und 2-Desoxyribose als Kohlenhydrat vor. In der RNA wird Uracil anstelle des Thymins und Ribose anstelle der Desoxyribose verwendet.

Nukleinsäuren haben wie die Proteine eine Primärstruktur. Diese Sequenz der Nukleotide ist bei der DNA der Träger der genetischen Information. Die Sekundärstruktur entsteht durch die Basenpaarung. Alle DNAs bilden unabhängig von ihrer Basensequenz einen Doppelstrang durch Paarung von Adenin und Thymin sowie Guanin und Cytosin. Die Stabilität der Doppelhelix wird durch die Ausbildung von zwei bzw. drei Wasserstoff-Brücken pro Basenpaar und durch die Stapelwechselwirkung zwischen den übereinander geschichteten Basenpaaren erreicht. Die Zucker- und die Phosphordiester-Brücken bilden das Rückgrat der Doppelhelix, die hydrophoben Basenpaare liegen innen (Abb. 1.6).

Durch Erwärmen einer DNA-Lösung über eine definierte Temperatur lassen sich die Stränge dissoziieren. In Analogie zu dem Aufbrechen der Gitterstruktur eines Kristalls spricht man vom Schmelzen der DNA. Dabei ändern sich die physikalischen Eigenschaften des Polymers (s. S. 19).

Die nächste Stufe der DNA-Strukturierung ist die Tertiärstruktur. Es stellt sich damit die Frage, ob ein Biegen oder Falten der DNA möglich ist. Erinnern wir uns an den Aufbau der Nukleosomen im Eukaryonten-Chromosom. Die Doppelhelix umwindet in einer linkshändigen Superhelix den Komplex der Histone (Abb. 1.7).

Dies setzt eine Flexibilität des DNA-Doppelstranges voraus. Durch Konformationsänderung an der Ribose entstehen laterale Versetzungen, die die Ausbildung einer Superhelix erlauben und somit eine Tertiärstruktur erzeugen. Bei der RNA ist die Tertiärstruktur offensichtlich. Die Existenz einer Quartärstruktur ist ungeklärt und Gegenstand der Forschung.

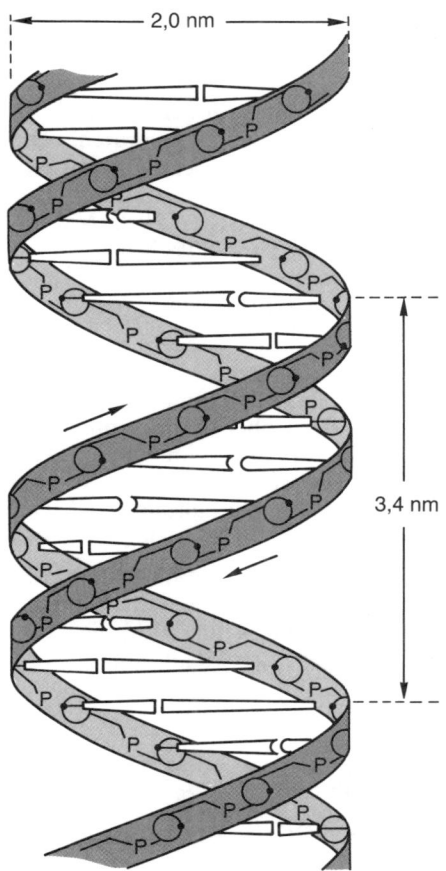

Abb. 1.6 Doppelhelix der DNA. Die Zucker **O** und die Phosphorsäurereste P bilden das Rückgrat, die Basen liegen gepaart im Inneren der Helix (aus Karlson, S. 113)

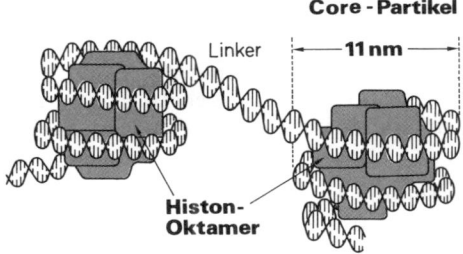

Abb. 1.7 Struktur eines Nucleosoms. Die Doppelhelix umwindet superhelikal den Histon-Komplex (aus Karlson, S. 114)

3. Lipid-Membranen

3.1 Biologische Membranen

Biologische Membranen bestehen aus Lipiden, Proteinen und Kohlenhydraten. Die Kohlenhydrate sind dabei überwiegend kovalent an Lipid oder Protein gebunden. Der Proteingehalt variiert zwischen 20 % (Myelinmembran der Nerven) und 80 % Massenanteil (innere Mitochondrienmembran) der Membrantrockenmasse; typisch sind Werte zwischen 40 % und 60 %.

Die Membranlipide setzen sich vorwiegend aus Phospholipiden, Glykolipiden und Cholesterol zusammen, wobei die Phospholipide den weitaus größten Anteil einnehmen. Etwa 20 % der Gesamtmasse ist Wasser, das fest gebunden für die Aufrechterhaltung der Membranstruktur erforderlich ist.

Nach dem Flüssig-Mosaik-Modell (Abb. 1.8) bildet eine bimolekulare Lipid-Schicht mit einer Dicke von ungefähr 4 nm (40 Å) die strukturelle Grundeinheit der Membran. In diese

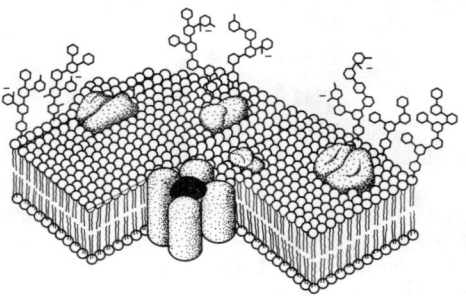

Abb. 1.8 Flüssig-Mosaik-Modell einer biologischen Membran [nach Singer, S.J., Nicolson, G.L., (1972)], Science **175:** 720 (aus Karlson, S. 273)

Lipid-Matrix eingebettet sind die integralen Membranproteine, die die Doppelschicht ganz oder teilweise durchdringen, während die peripheren Proteine mehr oder weniger stark an die Membranoberfläche adsorbiert sind (Abb. 1.9).

Die Membran kann folglich als eine zweidimensionale Lösung aus orientierten Proteinen und Lipiden aufgefaßt werden. Damit werden auch die dynamischen Eigenschaften von Membranen berücksichtigt, deren Komponenten zum großen Teil eine weitgehend freie

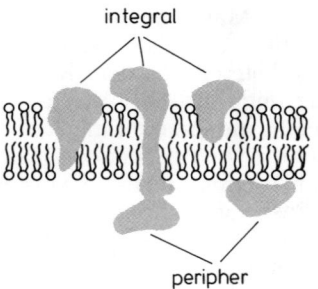

Abb. 1.9 Integrale und periphere Membranproteine

laterale Beweglichkeit besitzen und Rotationsbewegungen um eine Achse senkrecht zur Membranebene durchführen können.

3.2 Modellmembranen

Wegen der komplexen Eigenschaften biologischer Membranen wurden die meisten Erkenntnisse über die Struktur und die Dynamik natürlicher Membranen durch Untersuchungen an einfachen, künstlich hergestellten Modellsystemen erhalten. Diese Modellsysteme bestehen im allgemeinen aus sehr wenigen Komponenten, oftmals sogar nur aus einem einzigen Lipid. Die am häufigsten verwendeten Modellmembranen sind Doppelschichten aus Phospholipiden, die seit Mitte der 60er Jahre Gegenstand der Untersuchungen mit den verschiedensten spektroskopischen Methoden sind. Im folgenden wird ein kurzer Überblick über den derzeitigen Kenntnisstand der strukturellen Eigenschaften von Lipid-Doppelschichten als Modellsysteme biologischer Membranen gegeben.

3.2.1 Strukturen von Phospolipid-Doppelschichten

Phospholipide sind amphiphile Moleküle bestehend aus einer polaren Kopfgruppe und apolaren Kohlenwasserstoff-Ketten. Die wichtigsten Phospholipide künstlicher Membranen sind in Abb. 1.10 dargestellt.

Aufgrund ihres amphiphilen Charakters sind Phospholipide unter geeigneten Bedingungen in der Lage, spontan Doppelschichtstrukturen auszubilden. Diese sind im Aufbau den biologischen Membranen ähnlich und eignen sich daher als Modelle für die Untersuchung der Struktur und Dynamik von Membranen.

$$CH_3-(CH_2)_n-\overset{\overset{O}{\|}}{C}-O-CH_2$$
$$CH_3-(CH_2)_n-\underset{\underset{O}{\|}}{C}-O-CH$$
$$CH_2-O-\underset{\underset{O^-}{|}}{\overset{\overset{O}{\|}}{P}}-O-\mathbf{R}$$

⎵_____⎵   ⎵_____⎵
  apolar   polar

n		R	
10	Dilauroyl-	$CH_2-CH_2-N^+(CH_3)_3$	Phosphatidylcholin
12	Dimyristoyl-	$CH_2-CH-NH_3^+COO^-$	Phosphatidylserin
14	Dipalmitoyl-	$CH_2-CH_2-NH_3^+$	Phosphatidylethanolamin
16	Distearoyl-	H	Phosphatidsäure

Abb. 1.10 Strukturformeln einiger wichtiger Phospholipide

a
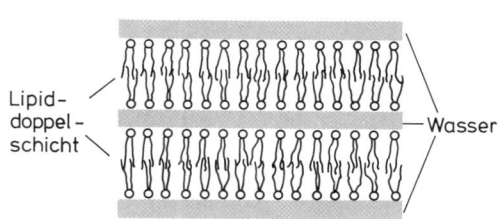

Lipid-doppel-schicht   Wasser

b   c
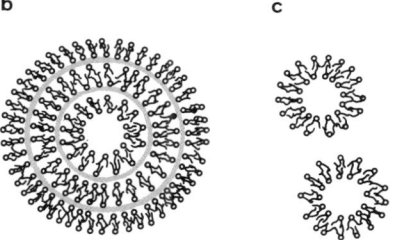

Abb. 1.11 Strukturelle Organisation von Phospholipiden **a** multilamellare Doppelschichten, **b** multilamellares Vesikel, **c** unilamellares Vesikel

Die makroskopische Struktur der Lipid-Doppelschichten ist von der Art der Phospholipide und vom Wassergehalt der Lipid-Dispersion abhängig. Wir bezeichnen dies als lyotropen Polymorphismus.

Phosphatidylcholine bilden bis zu einem Wassergehalt von etwa 30% (Massenanteil) eine lamellare Phase aus parallelen, übereinandergestapelten Doppelschichten. Bei höherem Wassergehalt entsteht eine heterogene Dispersion aus geschlossenen, multilamellaren Strukturen, die aufgrund ihrer Form als myelinartig bezeichnet werden. Sehr hoher Wasserüberschuß (Massenanteil >95%) führt zur Bildung sogenannter Liposomen oder Vesikel. Dies sind kugelförmige Teilchen aus konzentrisch angeordneten Doppelschichten. Durch Behandlung mit Ultraschall entstehen daraus unilamellare Vesikel mit Durchmessern zwischen 20 und 50 nm (Abb. 1.11).

Neben den gezeigten Strukturen bilden Phospholipide noch eine Reihe weiterer, nichtlamellarer lyotroper Zustände. Die in Abb. 1.12 dargestellten hexagonalen und micellaren Strukturen werden in letzter Zeit verstärkt als Bestandteil biologischer Membranen diskutiert, unter anderem im Zusammenhang mit der Fusion von Zellen oder auch als Zell-Zell-Kontakt z. B. bei den „tight-junctions" von Endothelzellen.

Neben dem lyotropen Polymorphismus beobachtet man bei Phospholipiden mindestens eine, in den meisten Fällen mehrere thermotrope Phasenumwandlungen.

In Abb. 1.13 sind drei vielfach auftretende thermotrope Phasen von Lipid-Doppelschichten aus Phosphatidylcholinen am Beispiel von Dipalmitoylphosphatidylcholin veranschaulicht. Man bezeichnet sie als L_α-, $P_{\beta'}$- und $L_{\beta'}$-Phase. Das zugehörige Phasendiagramm zeigt die Existenzbereiche der jeweiligen Phasen sowie das Auftreten nichtlamellarer Phasen bei niedrigem Wassergehalt.

Die $L_{\beta'}$-Phase ist kristallin und weist eine eindimensionale lamellare Anordnung auf. Die Kohlenwasserstoff-Ketten liegen gestreckt in *trans*-Konformation nebeneinander und sind um einen Winkel von ungefähr 30° gegen die Membrannormale geneigt. Die Neigung der Lipide ist auf den unterschiedlichen Flächenbedarf der Kopfgruppe (0,5 nm² für DPPC) und der gesättigten Kohlenwasserstoff-Ketten (0,4 nm²) zurückzuführen und ermöglicht die hohe laterale Packungsdichte der Ketten.

Die $L_{\beta'}$-Phase besitzt eine langreichweitige, zweidimensionale Ordnung, die sich in der

Anordnung der Lipide in einem verzerrten, quasi-hexagonalen Gitter äußert.

Die $P_{\beta'}$-Phase ist ebenfalls kristallin und unterscheidet sich von der $L_{\beta'}$-Phase durch eine laterale Überstruktur in Form einer periodischen „Wellung" der lamellaren Doppelschicht, die als „Ripple-Struktur" bezeichnet wird. Die gestreckten Kohlenwasserstoff-Ketten sind um etwa 30–50° gegen die lokale Membranebene geneigt und erscheinen in einem regulären hexagonalen Gitter gepackt.

Die L_α-Phase der Phospholipide ist gekennzeichnet durch eine hohe Beweglichkeit der Kohlenwasserstoff-Ketten. Diese ist auf die große Zahl an *gauche*-Isomeren der Kohlenwasserstoff-Ketten zurückzuführen, die daher

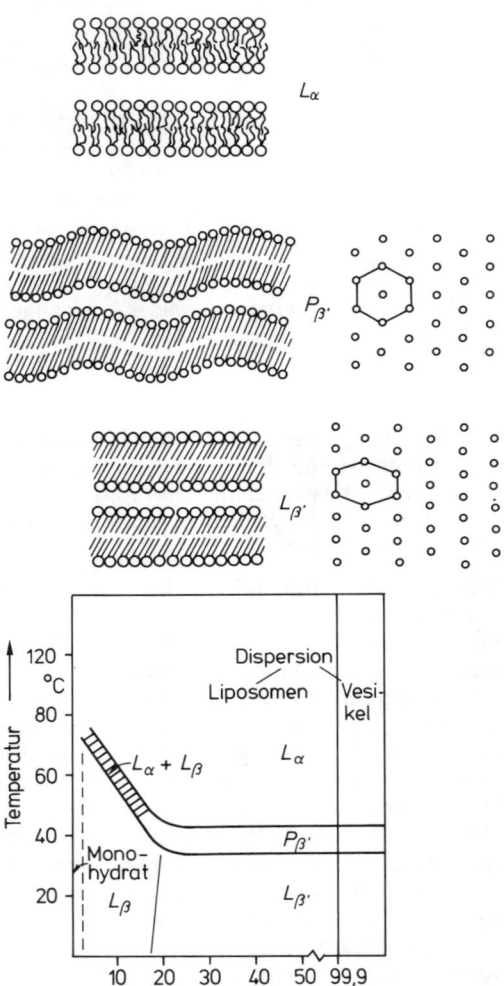

Abb. 1.13 Existenzbereich verschiedener Strukturen (Phasen) von Dipalmitoylphosphatidylcholin in wäßriger Dispersion. L_α: Lamellare Anordnung mit geschmolzenen Kohlenwasserstoff-Ketten (smektisch A). $L_{\beta'}$: Lamellare Anordnung mit gestreckten Kohlenwasserstoff-Ketten, die zur Membrannormalen geneigt sind. Die Lipide sind in einem verzerrt hexagonalen Gitter angeordnet. $P_{\beta'}$: Kristalline Phase mit gewellter Überstruktur (sogenannte „ripples"). [nach Powers, L., Pershan, P. S. (1977), Biophys. J. **20**, 137.]

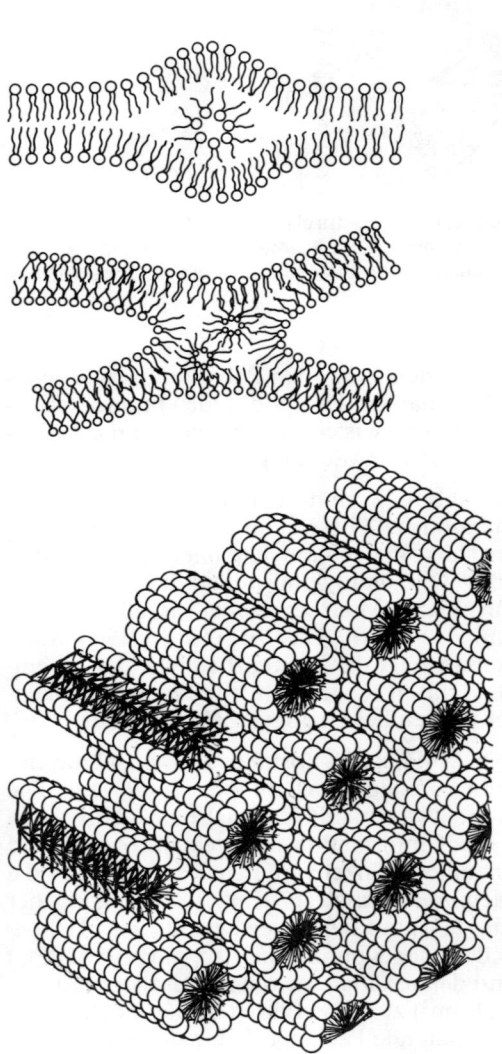

Abb. 1.12 Micellare und hexagonale Strukturen (aus Bauer, Pharmazeutische Technologie, S. 249)

oft als „geschmolzen" bezeichnet werden. Die lamellare Struktur bleibt erhalten, die Lipid-Moleküle sind jedoch weitgehend entkoppelt und es läßt sich nur noch ein mittlerer Molekülabstand angeben. Die Dicke der Lipid-Doppelschicht ist geringer als in der $L_{\beta'}$-Phase.

Aufgrund der genannten Eigenschaften spricht man bei der $L_{\beta'}$- und der $L_{\beta'}$-Phase oft von der Gelphase der Membran, während die L_{α}-Phase als fluide oder flüssigkristalline Phase bezeichnet wird.

Die Übergänge zwischen den verschiedenen Phasen sind endotherm und verlaufen kooperativ. Der Phasenübergang $L_{\beta'} \rightarrow L_{\alpha}$ bildet die Hauptumwandlung, der Übergang $L_{\beta'} \rightarrow P_{\beta'}$, die Vorumwandlung von Lipid-Membranen. Die zugehörigen Phasenumwandlungstemperaturen sind bei einem Wassergehalt der Dispersion von über 30% (Massenanteil) konstant.

In reinen Lipid-Membranen sind sie abhängig von der Struktur der Kopfgruppe, von der Länge und dem Sättigungsgrad der Kohlenwasserstoff-Ketten sowie bei geladenen Lipiden vom pH-Wert und der Ionenstärke der Dispersion.

3.2.2 Molekulare Dynamik in Lipid-Membranen

Eng verbunden mit der Struktur der Modellmembranen sind die molekularen dynamischen Prozesse in der Lipid-Matrix. Der deutliche Anstieg der Beweglichkeit der Lipide bei der Hauptumwandlung ist auf die thermisch induzierte Bildung von Rotationsisomeren der Kohlenwasserstoff-Ketten zurückzuführen. Eine Form der Rotationsisomeren stellt dabei die sogenannte *gauche-trans-gauche (gtg)*-Kinke dar (Abb. 1.14). Die *gtg*-Kinke entsteht aus einer gestreckten Kohlenwasserstoff-Kette in *all-trans*-Konformation durch Rotation um 120° um eine C-C-Bindung und einer simultanen Rotation um −120° um eine übernächste C-C-Bindung (Abb. 1.14 **b, c**). Eine isolierte *gauche*-Konformation ist aus sterischen Gründen in der Membran unwahrscheinlich.

Die Kinke bewirkt eine laterale Versetzung in der Kohlenwasserstoff-Kette. Dadurch ent-

steht ein freies Volumen in der Membran, in das Fremdmoleküle eingebaut werden können. Die Gesamtlänge der Kohlenwasserstoff-Kette wird durch eine *gtg*-Kinke um

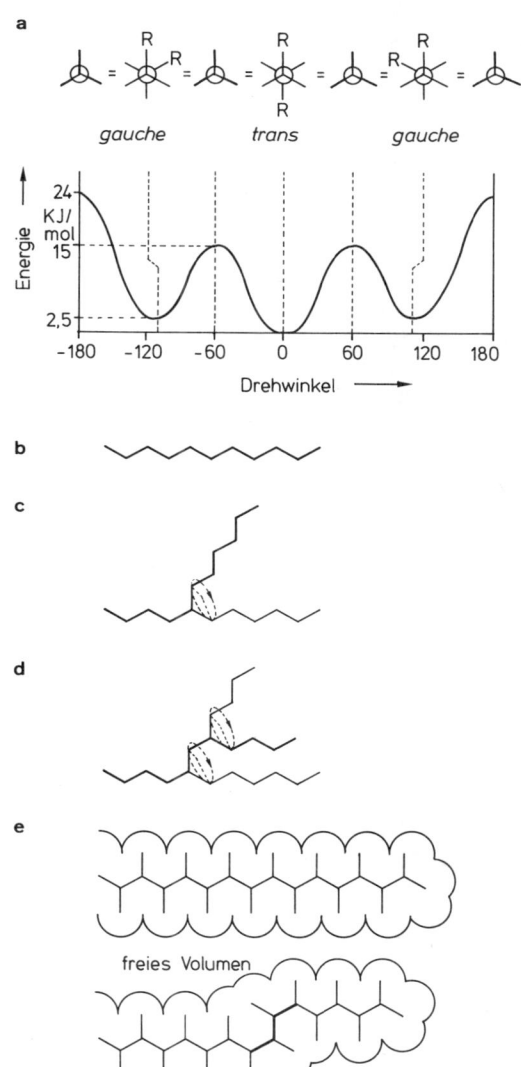

Abb. 1.14 Kettenkonformation von Alkanen und Lipiden **a** Potentialkurve für die Bildung von Rotationsisomeren, **b** *all-trans* Konformation, **c** Entstehung einer isolierten *gauche*-Konformation, **d** Bildung einer *gauche-trans-gauche*-Folge, **e** Projektion der van der Waals Dimensionen einer Lipidkette in *all-trans* Konformation neben einer Kette mit einer *gtg*-Kinke [nach Lagaly, G. (1976), Angew. Chemie **15**, 575]

0,127 nm verkürzt und führt somit zur Abnahme der Membrandicke. Nach ramanspektroskopischen Untersuchungen erhöht sich die mittlere Anzahl an *gauche*-Konformationen pro CH_2-Segment von 0,07 in der kristallinen Phase auf 0,4 beim Übergang in die fluide Phase.

4. Polysaccharide

Als Polysaccharide bezeichnen wir die Polymere der Zucker. Diese können linear oder verzweigt sein und aus einem oder aus verschiedenen Zuckern bestehen. Bei den linearen Homopolymeren sind die Verknüpfungsstellen identisch. So ist die Amylose als unverzweigte Form der Stärke aus Glucose-Einheiten aufgebaut, die durch α-$1 \rightarrow 4$-Bindungen verknüpft sind. Cellulose, das Strukturelement der Pflanzen, besteht ebenfalls aus Glucose, die jedoch β-$1 \rightarrow 4$ verknüpft ist (Abb. 1.15). Ersetzt man die OH-Gruppe in

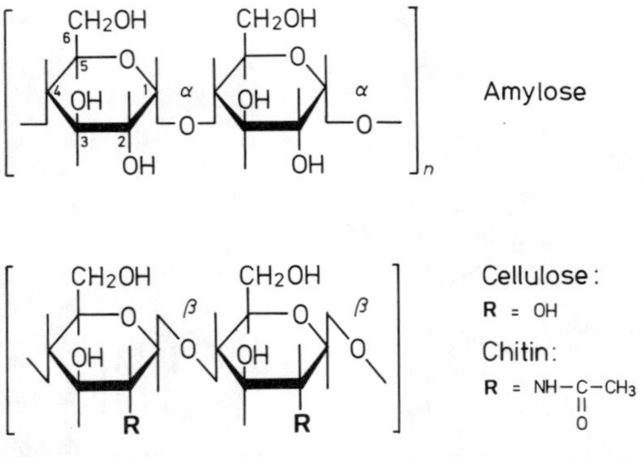

Abb. 1.15 Strukturformeln dreier Polysaccharide

Position 2 durch einen *N*-Acetylrest, so erhalten wir Chitin, das den Panzer von Insekten und Crustaceen aufbaut. Durch Verknüpfung über andere OH-Gruppen entstehen verzweigte Polymere der Zucker.

Neben der Primärstruktur besitzen Polysaccharide ausgeprägte Sekundärstrukturen. Die Xylane der Algen, das ist das β-$1 \rightarrow 3$ verknüpfte Polymer der Xylose bilden tripelhelikale Strukturen, die dem Aufbau des Collagens ähneln. Tertiär- und Quartärstrukturen sind die Regel. Cellulose z. B. bildet zwei-

strängige Bänder aus, die sich auf der Oberfläche von Pflanzenzellen zu einer regelmäßigen Quartärstruktur zusammenlagern. Copolymere der Zucker mit Lipiden und Proteinen bilden z. B. das Proteoglykan der bakteriellen Zellwand. Andere Copolymere sind die Glykoproteine, die neben ihrem Peptidanteil große Anteile an Polysacchariden aufweisen. Diese sind meist über ein Aspartat, ein Serin oder ein Threonin mit dem Peptid verbunden.

Literatur

Cantor, Ch. R., Schimmel, P. R. (1980), Biophys. Chem. Bd. I u. III, W. H. Freeman Comp., San Francisco.

Chapman, D. (Herausgeb.) (1982), Biol. Membranes Vol. 4, Academic Press, London.

Chapman, D. (Herausgeb.) (1984), Biol. Membranes Vol. 5, Academic Press, London.

Erbsubstanz DNA (1985), Spektrum d. Wissenschaft, Verlagsgesellschaft Heidelberg.

Fendler, J. H. (1982), Membrane Mimetic Chemistry, A. Wiley & Sons, New York.

Hoppe, W., Lohmann, W., Markl, H., Ziegler, H. (Herausgeb.) (1982), Biophysik, Springer Verlag, Berlin, Heidelberg, New York.

Karlson, p. (1984), Kurzes Lehrbuch der Biochemie, Georg Thieme Verlag, Stuttgart, New York.

Lehninger, A. L. (1983), Biochemie, Verlag Chemie, Weinheim, Deerfield Beach, Florida, Basel.

Schulz, G. E., Schirmer, R. H. (1979), Principles of Protein Structure, Springer Verlag, Berlin, Heidelberg, New York.

Small, D. M. (1986), The Physical Chemistry of Lipids, Plenum Press, New York.

Stryer, L. (1983), F. Vieweg und Sohn, Braunschweig.

Zubay, G. (1983), Biochemistry, Addison-Wesley Publish. Comp., Reading, Massachusetts.

Kapitel 2
Absorptionsspektroskopie im UV- und VIS-Bereich

Die Absorption von elektromagnetischer Strahlung durch Materie ist ein sehr allgemeines Phänomen. Der für die Spektroskopie an biologischen Molekülen interessante Wellenlängen-Bereich ist breit und reicht von $\lambda \sim 10^{-9}$ m bei Röntgen-Strahlen bis hin zu $\lambda \sim 1$ m bei den in der kernmagnetischen Resonanz verwendeten Radiowellen. Entsprechend breit gefächert ist die Energie der dazugehörigen Photonen (Abb. 2.1).

Dieses Kapitel wird sich nur mit der Absorption von Licht im ultravioletten (UV) bzw. sichtbaren (VIS) Bereich, also dem Wellenlängen-Bereich zwischen 180 und 800 nm beschäftigen. Spätere Kapitel beziehen die Absorption von Strahlung größerer Wellenlängen mit ein (IR, ESR, NMR).

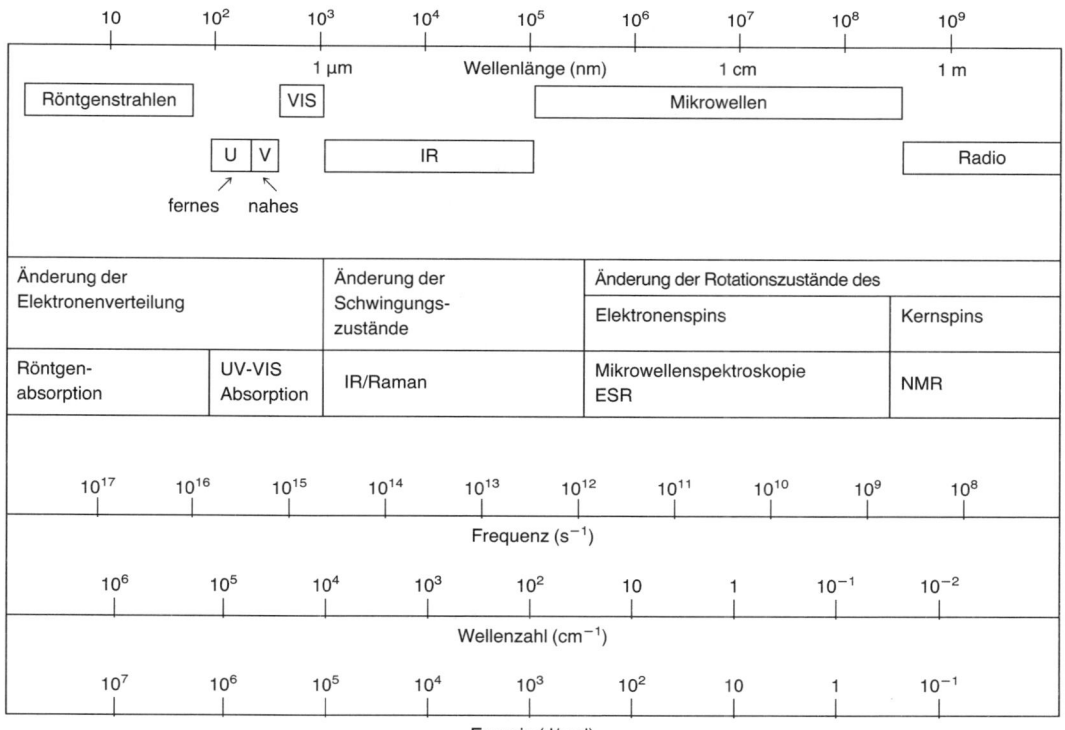

Abb. 2.1 Elektromagnetisches Spektrum des Wellenlängen-Bereichs zwischen 1 nm und 1 m. Die dazugehörige Energie ist in Joule pro mol Lichtquanten (1 mol Lichtquanten = 1 Einstein) angegeben

1. Physikalische Grundlagen

1.1 Wechselwirkung des Lichts mit Materie

Grundlage des Absorptionsprozesses ist die Wechselwirkung des Lichts mit den Bausteinen der Materie, in unserem Fall den Molekülen. Wir müssen daher zunächst den Begriff Licht definieren. Licht, oder allgemein elektromagnetische Strahlung, ist durch die Frequenz und die Wellenlänge charakterisiert. Das Produkt

$$\lambda \cdot \nu = c \qquad (2.1)$$

ergibt die Lichtgeschwindigkeit, die im Vakuum $c = 2{,}998 \cdot 10^8\,\mathrm{ms}^{-1}$ beträgt. Bei einer Wellenlänge λ von 300 nm erhalten wir also eine Frequenz von $\nu = 10^{15}\,\mathrm{s}^{-1}$. Die dazu gehörige Energie eines Lichtquants

$$E = h \cdot \nu \qquad (2.2)$$

beträgt mit dem Planckschen Wirkungsquantum $h = 6{,}63 \cdot 10^{-34}\,\mathrm{Js}$ etwa $E = 6{,}63 \cdot 10^{-19}\,\mathrm{J}$, was 4,14 eV entspricht. Bezogen auf ein mol Lichtquanten ($6{,}02 \cdot 10^{23} = $ 1 Einstein) errechnen wir einen Energiebetrag von etwa 400 kJ/mol.

Trifft elektromagnetische Strahlung auf Materie, so kann sie ihre Energie an die Moleküle abgeben und diese in einen angeregten Zustand versetzen. Um dies zu verstehen, müssen wir die Beschreibung des Lichtes erweitern und es als eine transversale Welle betrachten, die in Raum und Zeit oszilliert. Die oszillierenden Vektoren des elektrischen und des magnetischen Feldes stehen dabei senkrecht aufeinander. In der Abb. 2.2 schwingt der elektrische Feldstärkevektor E in der xz-

und der Vektor der magnetischen Induktionsflußdichte B in der yz-Ebene.

Beachte, daß hier die Vektorgröße B (die Induktionsflußdichte) verwendet werden muß. Diese ist proportional zur magnetischen Feldstärke H ($B = \mu \cdot \mu_0 \cdot H$) mit μ der relativen Permeabilität und μ_0 der Induktionskonstanten. Die Einheit von B ist Tesla ($1\,\mathrm{T} = 1\,\mathrm{vs/m^2}$) und entspricht der früheren Einheit 10^4 Gauss.

Die Einheit von H ist A/m. Die Einheit Oersted sollte nach DIN 1301 nicht mehr verwendet werden.

Für die hier betrachteten Absorptionsprozesse interessiert uns nur der elektrische Feldstärkevektor, der magnetische Vektor wird erst bei der ESR- bzw. NMR-Spektroskopie nähere Beachtung finden. Ferner können wir bei Molekülen, die klein gegenüber der Lichtwellenlänge sind, die Oszillation im Raum vernachlässigen und nur die zeitabhängige Änderung des elektrischen Feldstärkevektors

$$E_x = E_x^0 \cdot \cos 2\,\pi\,\nu\,t \qquad (2.3)$$

betrachten, wobei t die Zeit darstellt und E_x die Amplitude der Welle. Die Intensität des Lichtes ist dem Quadrat der Amplitude $(E_x^0)^2$ proportional.

Der lichtabsorbierende Teil eines Moleküls, der Chromophor, besitzt eine bestimmte räumliche Verteilung der elektrischen Ladung. Quantenmechanisch kann dies durch eine Wellenfunktion beschrieben werden. Aufgrund von Elektronegativitäts-Unterschieden zwischen den Atomen des Moleküls resultiert daraus ein Dipolmoment μ (Abb. 2.3).

Die Ladungsverteilung im Grundzustand soll mit ψ_0, das entsprechende Dipolmoment mit μ_0 bezeichnet werden. Bei der Absorption von Licht wird die Ladungsverteilung durch das oszillierende Strahlungsfeld verändert, d. h. man erhält ein verändertes Dipolmoment μ_1 und die Verteilung der negativen Ladung ist durch eine Wellenfunktion ψ_1 zu beschrei-

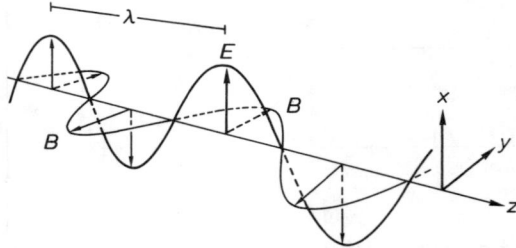

Abb. 2.2 Ausbreitung einer elektromagnetischen Welle im Raum. Der elektrische Feldstärkevektor E und die magnetische Induktion B stehen senkrecht aufeinander

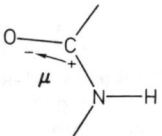

Abb. 2.3 Lage des permanenten Dipolmomentes einer Peptidbindung im Grundzustand

ben. Das Dipolmoment μ_{01}, also die Differenz zwischen dem permanenten Dipolmoment des Grundzustandes und dem Dipolmoment des angeregten Zustandes, bezeichnet man als Übergangsdipolmoment (Abb. 2.4).

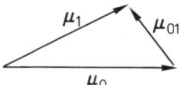

Abb. 2.4 Dipolmoment μ_0 im Grundzustand und μ_1 im angeregten Zustand. Das elektrische Übergangsdipolmoment ist μ_{01}

Es handelt sich ebenso wie bei μ_0 und μ_1 um einen Vektor mit einer Richtung und einem Betrag, der eine definierte Lage im Achsensystem eines Moleküls besitzt. Man beachte, daß die Orientierung des Übergangsdipolmomentes die Polarisationsebene der Absorption definiert. Licht geeigneter Frequenz kann optimal absorbiert werden, wenn die Schwingungsrichtung des elektrischen Feldstärkevektors der elektromagnetischen Welle mit der Richtung des Übergangsdipolmomentes übereinstimmt. Das Quadrat des Betrags des Übergangsdipolmoments ist die Dipolstärke D_{01}:

$$D_{01} = |\mu_{01}|^2 = 1{,}63 \cdot 10^{-38} \cdot \frac{\varepsilon_{max} \cdot \Delta\lambda}{\lambda} \quad (2.4)$$

Die Dipolstärke als Maß für die Übergangswahrscheinlichkeit kann aus dem maximalen molaren Extinktionskoeffizienten ε_{max}, der Halbwertsbreite der Absorptionslinie $\Delta\lambda$ gemessen in der Höhe ε/e und der Wellenlänge λ am Absorptionsmaximum bestimmt werden (Abb. 2.5). Eine Bestimmung von D_{01} ist auch aus der Fläche unter dem frequenzabhängigen Absorptionssignal möglich. Nur am Rande sei erwähnt, daß ein Übergang mit $D_{01} = 0$ auch bei erfüllter Resonanzbedingung Gl. (2.2) nicht möglich ist. Bei sehr kleinen Werten $D_{01} \sim 0$ spricht man von einem verbotenen Übergang, bei Werten nahe an 1 von erlaubten Übergängen.

1.2 Elektronische Übergänge und Struktur des Spektrums

Bei der Absorption von sichtbarem Licht oder von Licht im UV-Bereich werden Übergänge zwischen elektronischen Energieniveaus bewirkt. Die einfallende Strahlung hebt ein Elektron aus einem energetisch niedrigeren in ein energetisch höheres Orbital. Die elektronischen Niveaus sind in Schwingungsniveaus unterteilt. Diese resultieren aus den verschiedenen Molekülschwingungen wie das Strekken oder das Beugen einer kovalenten Bindung. Durch Rotationsniveaus ergibt sich eine weitere Unterteilung, die allerdings für die Absorptionsspektroskopie in Lösungen nicht von Bedeutung ist. Die Energieniveaus sind in Abb. 2.6 durch das Energieniveaudiagramm dargestellt.

Das Verhalten eines Moleküls wird durch das Modell eines zweiatomigen anharmonischen

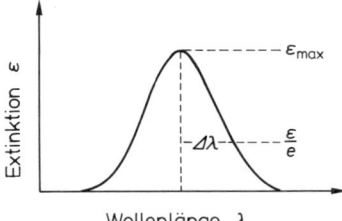

Abb. 2.5 Schematische Form einer Absorptionsbande. Die Dipolstärke läßt sich aus ε_{max} und $\Delta\lambda$ in der Höhe ε/e bestimmen

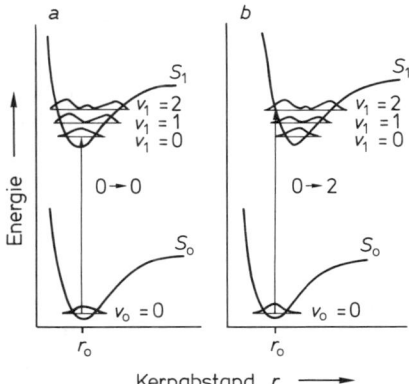

Abb. 2.6 Energieniveau-Diagramm und Übergänge zu verschiedenen Schwingungsniveaus des angeregten Zustandes. Der Übergang erfolgt vertikal von $v_0 = 0$ des elektronischen Grundzustandes (Franck-Condon-Prinzip) **a** $0 \rightarrow 0$ Übergang von $v_0 = 0 \rightarrow v_1 = 0$, **b** $0 \rightarrow 2$ Übergang von $v_0 = 0 \rightarrow v_1 = 2$

Oszillators wiedergegeben (für eine genaue Darstellung s. S. 32). Der elektrische Grundzustand und auch der hier gezeigte elektrisch angeregte Zustand sind durch Schwingungsniveaus unterteilt. Quanten-mechanisch ergibt sich, daß die Aufenthaltswahrscheinlichkeit der Elektronen in den einzelnen Schwingungsniveaus am Rande der Potentialkurve am größten ist. Nur in den untersten Schwingungsniveaus ($v_0 = 0$ bzw. $v_1 = 0$) hält sich das Elektron am wahrscheinlichsten in der Nähe der Ruhelage r_0 der Kerne auf.

Nach der Boltzmann-Statistik (s. Abschn. 2.5, S. 76) befinden sich bei Zimmertemperatur praktisch alle Moleküle im niedrigsten Schwingungszustand des elektronischen Grundzustandes, so daß von diesem aus die Lichtabsorption erfolgt. Nun ist der Absorptionsprozeß mit 10^{-15} s schnell im Vergleich zu einer Molekülschwingung mit etwa 10^{-13} s. Der Übergang erfolgt also bei fester Kernlage und ist nach diesem Franck-Condon-Prinzip durch eine vertikale Linie zwischen den Potentialkurven anzugeben. Bei Überlappung der Wellenfunktionen ist die Übergangswahrscheinlichkeit groß.

Je nach Lage der beiden Potentialkurven, die bei Abb. 2.6 b seitlich verschoben sind, können Übergänge nicht nur von $v_0 = 0$ zu $v_1 = 0$, sondern auch z. B. von $v_0 = 0$ zu $v_1 = 1$ oder $v_1 = 2$ usw. erfolgen. Ausgangsbasis ist jedoch immer das Schwingungsniveau $v_0 = 0$ im Grundzustand. Die Auftragung der Absorptionswahrscheinlichkeit in Abhängigkeit von der Wellenlänge bezeichnen wir als Absorptionsspektrum. Die molekülabhängige Strukturierung ergibt sich aus den Schwingungsniveaus, die entsprechend ihrer Numerierung als $0 \to 0$-, $0 \to 1$- oder $0 \to 2$-Übergänge bezeichnet werden.

Eine auf Jablonski zurückgehende Darstellung des nach ihm benannten Termschemas kennzeichnet die elektronischen Niveaus und die Schwingungsniveaus durch horizontale Energielinien (Abb. 2.7). Schematische Spektren sind in Abb. 2.8 dargestellt.

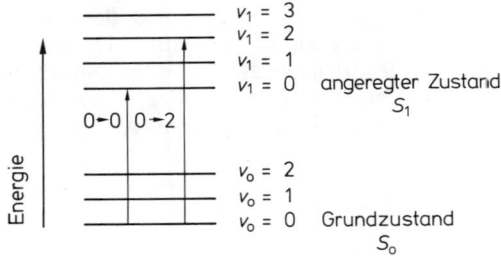

Abb. 2.7 Jablonski-Termschema mit dem $0 \to 0$ und dem $0 \to 2$ Übergang (s. Abb. 2.6)

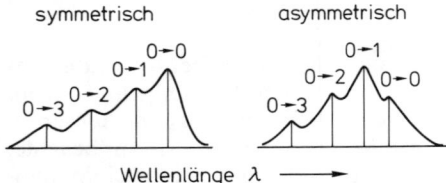

Abb. 2.8 Absorptionsspektren mit Schwingungsstruktur. Ist die $0 \to 0$ Bande am intensivsten, sprechen wir von einem symmetrischen sonst von einem asymmetrischen Spektrum

1.3 Molekülorbitale und elektronische Übergänge

Die elektronischen Übergänge lassen sich nach den beteiligten Molekülorbitalen klassifizieren. Im Grundzustand unterscheiden wir bindende σ-, π- und n-Orbitale. Besetzte bindende σ-Orbitale bilden die Einfachbindungen und die besetzten π-Orbitale die Mehrfachbindungen eines Moleküls. Bei Heteroatomen wie N oder O kommen nichtbindende n-Orbitale vor, die von einsamen Elektronenpaaren besetzt werden.

Von diesen Orbitalen des Grundzustandes kann ein Elektron in die leeren antibindenden Orbitale des angeregten Zustandes promoviert werden. Dort gibt es zwei Typen von Orbitalen, die σ^*- und die π^*-Orbitale. Beide haben in der Elektronendichteverteilung einen Knotenpunkt auf der Bindungsachse. Abb. 2.9 gibt die energetische Lage der Orbitale zueinander und die möglichen Übergänge wieder. Die energetisch hochliegenden $\sigma \to \sigma^*$- und die $n \to \sigma^*$-Übergänge sind für die Spektroskopie von Biomolekülen nicht von Interesse. Für unsere Anwendung sind die mit hoher Wahrscheinlichkeit auftreten-

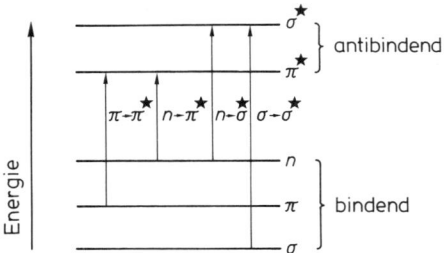

Abb. 2.9 Relative energetische Lage der Molekülorbitale und mögliche elektronische Übergänge

den $\pi \rightarrow \pi$ * – und die energetisch am niedrigsten liegenden $n \rightarrow \pi$ *-Übergänge wichtig.

Eine weitere gebräuchliche Klassifizierung von Absorptionsübergängen geht von der Spinanordnung aus. Elektronen in bindenden Orbitalen liegen normalerweise gepaart mit antiparalleler Spinorientierung vor. Die Multiplizität $M = 2S + 1$ ergibt für $S = 0$ den Wert $M = 1$, und diese Spinanordnung wird als Singulettzustand bezeichnet. Mit einigen Ausnahmen, z. B. beim Sauerstoff, ist der Grundzustand ein Singulettzustand, der dann als S_0-Zustand bezeichnet wird. Beim übergang zu antibindenden Orbitalen kann der antiparallele Spinzustand erhalten bleiben, wir bekommen z. B. den ersten angeregten Singulettzustand S_1 oder für höher liegende Zustände (Potentialkurven) z. B. auch S_2. Findet beim Absorptionsprozeß eine Spinumkehr zu parallelen Spins statt, so erhalten wir mit $S = 1$ den Wert $M = 3$, also einen Triplettzustand. Der erste angeregte Triplettzustand T_1 liegt energetisch unter dem entsprechenden S_1-Zustand. Der $S_0 \rightarrow S_1$-Übergang gehört zu den erlaubten Übergängen und besitzt eine hohe Übergangswahrscheinlichkeit. Der $S_0 \rightarrow T_1$-Übergang ist Spin-verboten, denn eine aus dem Drehimpulserhaltungssatz abgeleitete Auswahlregel besagt, daß sich der Gesamtspin und damit die Multiplizität bei einem Übergang nicht ändern darf. Dies bedeutet, daß auch bei erfüllter Resonanzbeziehung die Übergangswahrscheinlichkeit und damit die Intensität der Absorptionsbande für einen $S_0 \rightarrow T_1$-Übergang extrem klein ist.

1.4 Quantifizierung der Lichtabsorption

Die Wahrscheinlichkeit der Absorption bei einer gegebenen Wellenlänge λ wird durch den molaren Absorptionskoeffizienten ε, der meist molarer Extinktionskoeffizient genannt wird, charakterisiert.

Tritt Licht der Intenstität I_0 durch eine transparente Substanz mit der Schichtdicke d, so fällt die Intensität I längs des Weges exponentiell ab, wobei α ein für die Substanz charakteristischer Absorptionskoeffizient ist:

$$I = I_0 \cdot \exp(-\alpha \cdot d) \qquad (2.5a)$$

Für Lösungen einer absorbierenden Substanz der Konzentration c in mol $\cdot$ l^{-1} und in einem bei der betreffenden Wellenlänge nicht absorbierenden Lösungsmittel wird α durch $2,303 \cdot \varepsilon \cdot c$ ersetzt und man erhält das nach Lambert und Beer benannte Gesetz:

$$I = I_0 \cdot 10^{-\varepsilon \cdot c \cdot d} \qquad (2.5b)$$

oder

$$\lg \frac{I_0}{I} = \varepsilon \cdot c \cdot d \qquad (2.5c)$$

Die Schichtdicke d ist in cm zu messen, ε hat die meist nicht angegebene Dimension 1000 cm^{2}mol^{-1}. Der $\lg(I_0/I)$ und damit $\varepsilon \cdot c \cdot d$ wird häufig als Extinktion E, oder im englischsprachigen Raum als „absorbance" A bezeichnet. Ist $d = 1$ cm, dann bezeichnet man die Extinktion als optische Dichte OD. Da gebräuchliche Küvetten meist eine Kantenlänge von 1 cm haben, ist die Angabe von OD-Werten, also die Messung der optischen Dichte bei einer definierten Wellenlänge, üblich. Es gilt dann:

$$\lg \frac{I_0}{I} = \varepsilon \cdot c \cdot d = E \cong A \cong OD \qquad (2.5d)$$

An Spektrometern findet man auch mitunter die Angabe „% Transmission", was dem Wert $100 \cdot I/I_0$ entspricht. Man mache sich klar, daß eine optische Dichte $OD = 1$ einer Transmission von 10 % entspricht.

Zu beachten ist, daß in einer mehrkomponentigen Lösung die Extinktion eine additive Größe ist. Tritt bei hohen Konzentrationen z. B. eine Molekülassoziation auf, so sind sowohl positive als auch negative Abweichungen vom Lambert-Beer-Gesetz möglich.

Streulichteffekte die besonders bei Dispersionen auftreten, erhöhen die Extinktion artifiziell, da das Streulicht in der Bilanz des transmittierten Lichtes fehlt.

1.5 Lösungsmittel-Einflüsse

Bei vielen Substanzen beobachtet man eine Verschiebung des Absorptionsmaximums beim Wechsel in ein Lösungsmittel mit anderer Polarität. Das Lösungsmittel hat also einen Einfluß auf den Energieunterschied zwischen Grund- und Anregungszustand. Wir betrachten im folgenden immer eine Änderung von apolar zu polar und benennen den dabei beobachteten Effekt. Eine Verschiebung zu größeren Wellenlängen bezeichnen wir als **Bathochromie** (Rotverschiebung), eine zu kürzeren Wellenlängen als **Hypsochromie** (Blauverschiebung). Die Polaritätserhöhung wirkt sich auf $\pi \rightarrow \pi^*$- und auf $n \rightarrow \pi^*$-Übergänge verschieden aus. Während $\pi \rightarrow \pi^*$-Übergänge im allgemeinen eine bathochrome Verschiebung mit erhöhter Solvenspolarität erfahren, werden $n \rightarrow \pi^*$-Übergänge hypsochrom verschoben (Abb. 2.10). Um diese Beobachtung zu verstehen, müssen zwei physikalische Eigenschaften des Lösungsmittels beachtet werden (Abb. 2.11).

Die Polarisierbarkeit des Lösungsmittels, wiedergegeben durch die dielektrische Konstante, stabilisiert den Zustand mit dem größten Dipolmoment. Das ist in jedem Fall der angeregte Zustand. Stabilisierung bedeutet, der π^*-Zustand wird auf der Energieskala im polaren Medium stärker abgesenkt als der π-Zustand. Der $\pi \rightarrow \pi^*$-Übergang ist durch einen geringeren Energieunterschied gekennzeich-

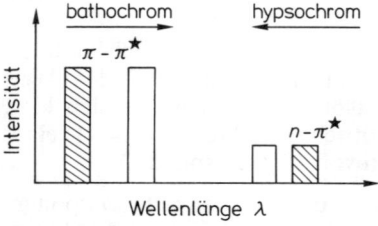

Abb. 2.10 Hypsochrome Verschiebungen eines n-π^*-Überganges (blauverschoben) und bathochrome Verschiebung eines π-π^*-Überganges (rotverschoben) beim Wechsel der Lösungsmittelpolarität von apolar zu polar

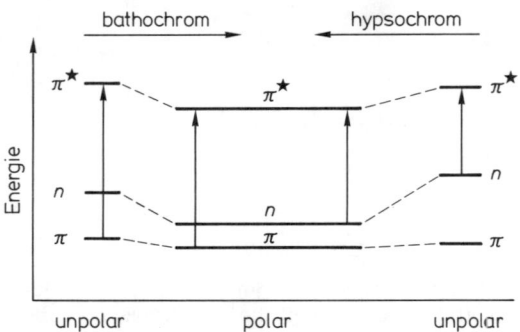

Abb. 2.11 Einfluß der Lösungsmittelpolarität auf die energetische Lage der Molekülorbitale

net, und die Absorption ist bathochrom (rot) verschoben.

Die Moleküle eines Lösungsmittels besitzen aber auch ein permanentes Dipolmoment. Die besetzten nichtbindenden Orbitale können dadurch eine starke Wechselwirkung mit dem Lösungsmittel eingehen. Nichtbindende Elektronen sind z. B. gute Akzeptoren von Wasserstoff-Brücken. Die energetische Absenkung des n-Zustandes ist stärker als die Absenkung des π^*-Zustandes und der Energieunterschied zwischen n und π^* wird im polaren Medium größer. Die Absorption ist hypsochrom (blau) verschoben.

2. Meßtechnik

Heute gehören Zweistrahlspektrometer häufig zur Ausstattung eines biochemischen Laboratoriums. Als Lichtquelle werden alternativ eine Glühlampe für den sichtbaren bzw. eine Deuterium-Lampe für den UV-Bereich verwendet. Ein Monochromator vor der Probe dient zur Selektion der gewünschten Wellenlänge oder die Wellenlänge kann bei Aufnahme eines Sepktrums automatisch in einem bestimmten Bereich variiert werden. Durch einen rotierenden Spiegel wird der Strahl geteilt. Ein Teilstrahl fällt auf die Meßküvette, der zweite auf eine Referenzküvette, die nur das Lösungsmittel enthält. Durch Subtraktion des Meß- und Lösungsmittelsignals erhält man das Absorptionsspektrum des gelösten Substrats. Meist werden Küvetten mit 1 cm Kantenlänge zur Messung verwendet. Gute Spektren erhält man bei einer $OD \sim 0,5$, d. h.

bei einem Extinktionskoeffizienten von $\varepsilon = 10^4$ benötigt man eine $5 \cdot 10^{-5}$ molare Lösung des Chromophors. Bei Verwendung von Küvetten mit kleinerer Schichtdicke muß die gemessene Extinktion E auf die Schichtdicke 1 cm umgerechnet werden.

3. Anwendungsbeispiele

3.1 Chromophore

Viele natürlich vorkommende Proteine enthalten Chromophore als prosthetische Gruppe. Beispiele sind die Porphyrine im Hämoglobin, in den Cytochromen oder im Chlorophyll. Coenzyme wie NADH oder der Isoalloxazin-Rest beim $FADH_2$ haben hohe Extinktionskoeffizienten. Der Retinalteil des Rhodopsins ist ein Chromophor, dessen *cis-trans*-Isomerisierung absorptionsspektroskopisch verfolgt werden kann. Aber auch einige Aminosäuren (Tryptophan, Tyrosin, Phenylalanin), sowie die Basen der Nukleinsäuren weisen eine intensive Absorption auf.

Die Wellenlängen bei maximaler Absorption λ_{max} der einzelnen Banden und die dazugehörigen molaren Extinktionskoeffizienten einiger biologisch interessanter Chromophore sind in Tab. 2.1 wiedergegeben.

Tab. 2.1 Spektroskopische Eigenschaften einiger biologisch interessanter Chromophore

Chromophor	λ_{max} (nm)	ε bei λ_{max} $(l \cdot mol^{-1} \cdot cm^{-1})$
Peptid $\pi \rightarrow \pi^*$	~190	~7 000
Peptid $n \rightarrow \pi^*$	~220	~100
Phenylalanin	257	200
	206	9 300
	188	60 000
Tyrosin	274	1 400
	222	8 000
	193	48 000
Tryptophan	280	5 600
	219	47 000
Adenosin	259	14 900
Guanosin	276	9 000
Cytidin	271	9 100
Thymidin	267	9 700
Uridin	261	10 100
FAD	438	14 600
Chlorophyll	362	60 000
	780	85 000

3.2 Aminosäuren und Peptide

Die Peptid-Bindung selbst stellt einen Chromophor mit einem Extinktionskoeffizienten von $\varepsilon \sim 7000$ für den $\pi \rightarrow \pi^*$-Übergang dar. Der symmetrieverbotene $n \rightarrow \pi^*$-Übergang hat nur ein $\varepsilon \sim 100$.

Der Grundzustandsdipol der Peptid-Bindung liegt nahezu entlang der $C = O$-Bindungsachse. Die Absorption ist dadurch empfindlich von der Konformation eines Polypeptids abhängig. Sowohl die Wellenlänge λ_{max} als auch der Extinktionskoeffizient ε einer α-Helix, eines β-Faltblatts oder eines Zufallsknäuels sind verschieden (Abb. 2.12). Der $n \rightarrow \pi^*$-Übergang bei 210 bis 220 nm ist wenig aussagekräftig. Da die Absorption der Seitenketten bei Aminosäure wie Aspartat, Asparagin, Glutamat, Glutamin oder Arginin die Absorption der Peptid-Bindung überlagern, kann diese nur schwer für die Quantifizierung z. B. des Proteingehalts herangezogen werden.

Besser geeignet ist die Absorption der aromatischen Aminosäuren Tryptophan, Tyrosin und Phenylalanin mit λ_{max}-Werten im Bereich um 280 bzw. 260 nm (Abb. 2.13). Tryptophan kommt allerdings selten vor, in vielen Proteinen gar nicht, so daß zur Abschätzung des Proteingehaltes meistens die Tyrosin-Absorption gemessen wird.

Liegt jedoch als Glücksfall für den Spektroskopiker ein Protein mit einem Tryptophan

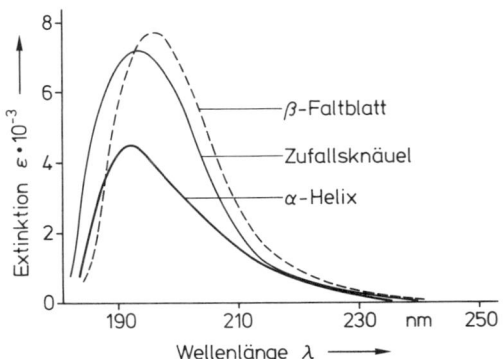

Abb. 2.12 Absorptionsspektrum des Poly-Lysins in wäßriger Lösung: α-Helix bei pH 10,8 und 25 °C, β-Faltblatt bei pH 10,8 und 52 °C, Zufallsknäuel bei pH 6 und 25 °C [nach Rosenheck, K., Doty, P. (1961), Proc. Natl. Acad. Sci. USA **47**, 1775]

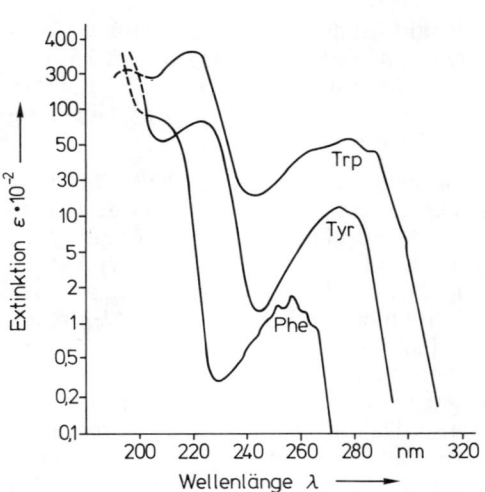

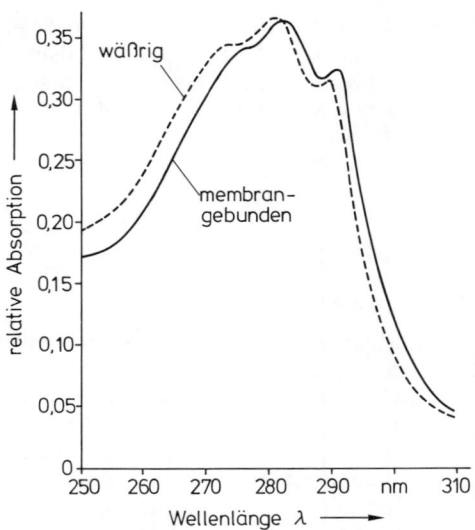

Abb. 2.13 Absorptionsspektren der aromatischen Aminosäuren Tryptophan, Tyrosin und Phenylalanin [nach Wettlaufer, D. B. (1962), Adv. Protein Chem. **17**, 303]

Abb. 2.14 Blauverschiebung des Absorptionsspektrums von Melittin bei Inkorporation in eine Lipidmembran [nach: Georghiou, S., Thompson, M., Mukhopadhyay, A. K. (1982), Biochim. Biophys. Acta, **688**, 441]

vor, so kann er z. B. die Polaritätsänderung in der Umgebung dieser natürlichen Sonde bei Konformationsänderungen oder bei der Wechselwirkung mit hydrophoben Bereichen von Membranen verfolgen.

Abb. 2.14 zeigt die Verschiebung des Absorptionsmaximums λ_{max} vom Tryptophan im Melittin, einem 27 Aminosäuren langen Peptid des Bienengifts. Bei Titration dieses Peptids mit Lipiden bildet sich eine Membran als hydrophobe Umgebung aus, was wir durch den hypsochromen Effekt verfolgen können.

3.3 Lineardichroismus

Am Beispiel des Poly-Lysins (Abb. 2.12) wurde auf den $n \rightarrow \pi^*$-Übergang neben dem $\pi \rightarrow \pi^*$-Übergang hingewiesen. Es handelt sich dabei um zwei Übergänge mit verschieden orientierten Übergangsdipolmomenten. Bewirkt man eine Ausrichtung der Moleküle in der Probe, so besitzen die Übergangsdipolmomente damit eine feste Orientierung. Der Lineardichroismus ist eine orientierungsabhängige Methode. Zur Unterscheidung verschiedener Übergänge wird die Extinktion parallel ($\varepsilon_{\parallel}$) und senkrecht ($\varepsilon_{\perp}$) zur Orientie-

rungsachse des Moleküls gemessen (Abb. 2.15) und das dichroitische Verhältnis bestimmt:

$$d = \frac{\varepsilon_{\parallel} - \varepsilon_{\perp}}{\varepsilon_{\parallel} + \varepsilon_{\perp}} \qquad (2.6)$$

Die Verwendung linear polarisierten Lichtes ist zwingend. Steht das Übergangsdipolmoment parallel zur Orientierungsachse der Moleküle ist $d > 0$, bei senkrechter Orientierung ist $d < 0$. Wenn $\boldsymbol{\mu}_{\pi\pi^*}$ nicht parallel zu $\boldsymbol{\mu}_{n\pi^*}$ steht, ist eine Unterscheidung möglich (Abb. 2.16).

Kennt man die Lage des Übergangsdipolmomentes, so kann aus dem Dichroismus bei bekannter Struktur eine Aussage über die Orientierung der Chromophore im Makromolekül getroffen werden. An einer orientierten Lösung von DNA-Molekülen in der B-Form wurde z. B. ein dichroitisches Verhältnis $d < 0$ bestimmt. Da das Übergangsdipolmoment in der Ebene der Basen liegt, müssen die Basenpaare senkrecht zur Moleküllängsachse orientiert sein.

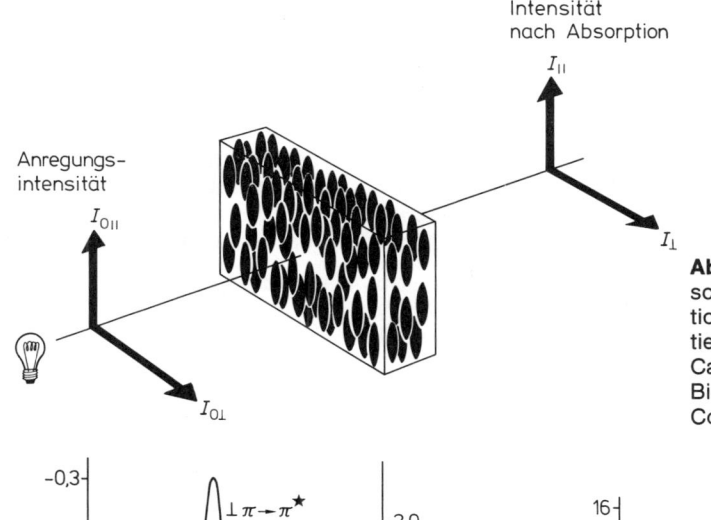

Intensität
nach Absorption

$I_{||}$

Anregungs-
intensität

$I_{O||}$

$I_{\perp}$

$I_{O\perp}$

Abb. 2.15 Messung des dichroitischen Verhältnisses aus der Extinktion parallel und senkrecht zur Orientierungsachse der Moleküle [aus
Cantor, Ch. R., Schimmel, S. (1980),
Biophys. Chem., W. H.-Freemann &
Comp.]

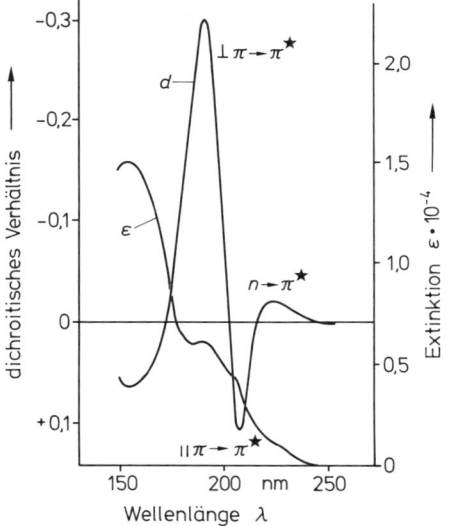

Abb. 2.16 Lineardichroitisches Spektrum und
Absorptionsspektrum des Poly-L-Glutamins [nach
Brahms, J., Pilet, J., Damang, H., Chandrasekha-
ran, V. (1968), Proc. Natl. Acad Sci. USA **60**, 1130]

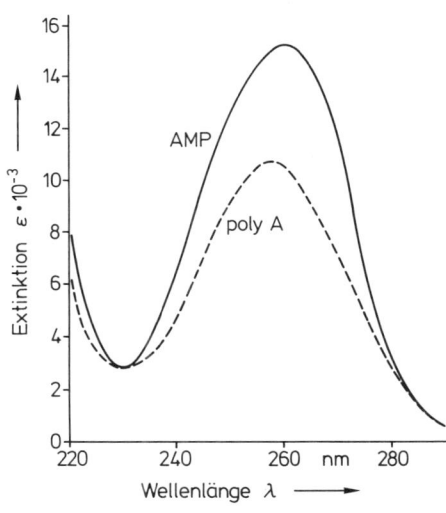

Abb. 2.17 Absorptionsspektren von Adenosinmonophosphat und polymerem Adenosin (Poly A)
bei gleicher Nukleotid-Konzentration [nach K. E.
Van Holde, Physical Biochemistry (Englewood
Cliffs, N. J. (1971), Prentice-Hall), S. 168]

3.4 Hypochromie

Dem aufmerksamen Leser wird in Abb. 2.12
aufgefallen sein, daß beim Poly-Lysin die α-
Helix im Vergleich zum Zufallsknäuel eine
geringere Extinktion aufweist, obwohl die
Konzentration nicht verändert wurde. Ebenso
ist die Extinktion einer Lösung von polymerem Adenosin (Poly A) geringer als die einer
Lösung von Adenosinmonophosphat bei gleicher Nukleotid-Konzentration (Abb. 2.17).

Der höher organisierte Zustand, d. h. eine
Konformation mit intensiver Wechselwirkung
zwischen den Chromophoren, scheint an eine
Extinktionsabnahme gekoppelt zu sein. Dies
erkennt man auch daran, daß eine native
DNA bei 260 nm eine niedrigere Extinktion
hat, als eine thermisch denaturierte bzw. enzymatisch gespaltene DNA (Abb. 2.18).

Die Beobachtung, daß die Extinktion im geordneten Zustand eines Makromoleküls nied-

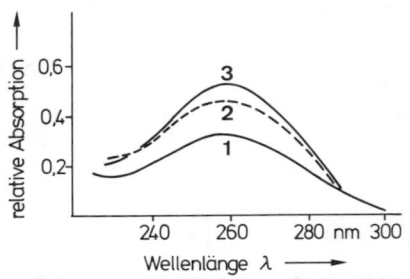

Abb. 2.18 Absorptionsspektren einer nativen **1**, einer denaturierten **2** und einer enzymatisch gespalteten DNA **3** [nach Voel, D., Gratzer, W. B., Cox, R. A., Doty P., (1963), Biopolymers **1**, 193]

riger ist, bezeichnet man als Hypochromie (weniger Farbe). Besitzt der geordnete Zustand eine höhere Extinktion, sprechen wir von Hyperchromie. Die Hypochromie von Nukleinsäure kann ausgenutzt werden, um das temperaturabhängige Aufschmelzen des Doppelstranges zu Einzelsträngen zu verfolgen (Abb. 2.19).

Die physikalische Erklärung dieses Effektes ist nicht einfach. Wir betrachten ein Dimer, das aus zwei miteinander wechselwirkenden Monomeren 1 und 2 besteht. Die Spezies sind ungeladen, so daß wir es mit einer reinen Di-

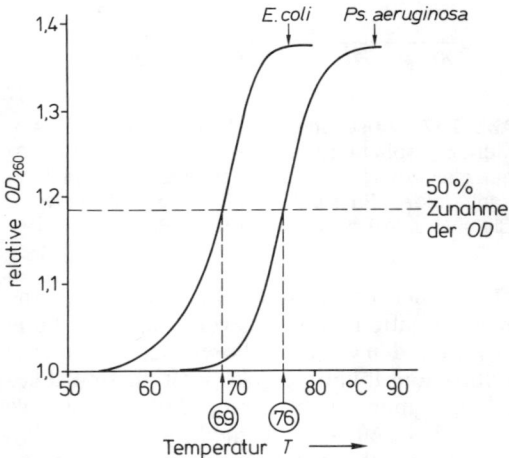

Abb. 2.19 Thermische Umwandlungskurven von *E. coli* DNA (40 % GC-Gehalt) und von *Ps. aeruginosa* (68 % GC-Gehalt) [nach Freifelder (1982), Biophys. Chem., W. H. Freeman Comp. S. 508]

pol-Dipol-Wechselwirkung zu tun haben. Eine Wechselwirkungsenergie V_{12} im Dimer kann zu einer Absenkung (negatives V_{12}) oder zu einer Anhebung (positives V_{12}) der Energie des Überganges führen (Abb. 2.20).

Wir wollen nun verschiedene Orientierungen des Übergangsdipolmomentes und da dieses im Molekül eine feste Lage besitzt, verschiedene Molekülorientierungen, betrachten.

Liegt eine Stapelanordnung vor (Abb. 2.20a), so müssen wir eine parallele von einer antiparallelen Orientierung unterscheiden. Der parallele Fall gibt die klassische Abstoßung zweier Dipole wieder und erhöht die Energie E_a um den Betrag V_{12}. Der antiparallele Fall gibt die klassische Anziehung wieder und erniedrigt E_a um das Wechselwirkungspotential V_{12}. Hierbei erhält man jedoch durch Addition der beiden vektoriellen Übergangsdipolmomente den Wert Null, d. h. der rotverschobene Übergang kann nicht beobachtet werden, und wir erhalten eine Blauverschiebung des Spektrums.

Ordnet man die Dipole hintereinander an (Abb. 2.20), so gibt die Kopf-Schwanz-Anordnung den Fall der Anziehung (negatives V_{12}) und die Kopf-Kopf-Anordnung den Fall der Abstoßung (positives V_{12}) wieder. Bei der Kopf-Kopf-Anordnung heben sich die Dipole auf, der blauverschobene Übergang wird nicht beobachtet, und es resultiert eine Netto-Rotverschiebung der Absorptionsbande. Sind die Dipole unter einem bestimmten Winkel angeordnet (Abb. 2.20c), so sind beide Übergänge möglich, und wir erhalten eine Aufspaltung in zwei Absorptionslinien, deren Intensitätsverteilung vom Winkel zwischen den Dipolen abhängt. Die in Folge der Anregungsresonanz auftretende Aufspaltung der Absorptionsbande wird in Analogie zur kollektiven Anregung von Phononen in Festkörpern als Exciton- oder auch nach dem Entdecker dieses Effekts als Davydov-Aufspaltung bezeichnet.

Die spektrale Folge dieser Anregungsdelokalisation ist die Hypo- bzw. Hyperchromie. Bei einer Stapelanordnung (Blauverschiebung) nimmt die spektrale Intensität am niederenergetischen Ende der Absorptionsbande ab. Nach der Kuhn-Thomas-Regel ist jedoch die Summe aller Intensitäten konstant. Wenn

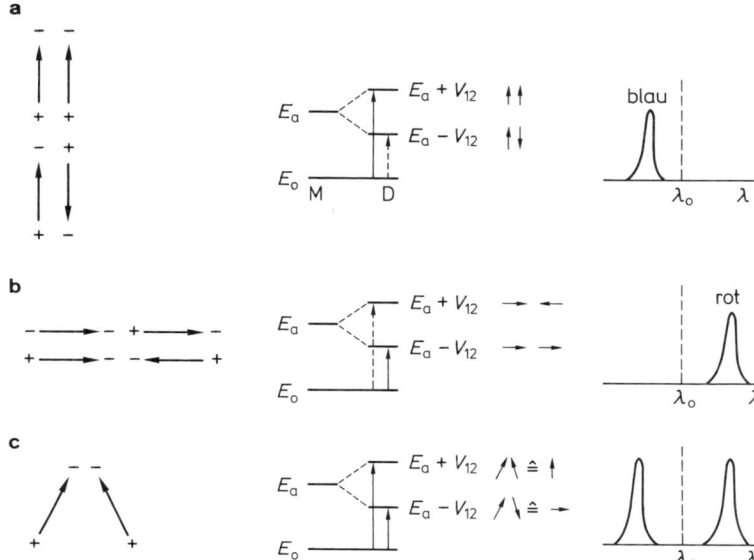

Abb. 2.20 Vektormodell zur Erklärung der Hypochromie, der Hyperchromie und der Excitonaufspaltung

a Stapelanordnung,
b Lineare Anordnung,
c Anordnung unter einem bestimmten Winkel

z. B. im Falle der Nukleinsäuren die Intensität bei 260 nm im Polymer kleiner ist als bei gleicher Zahl von Monomeren, so muß in einem anderen Bereich des Spektrums die Intensität zunehmen. Diese Zunahme, die an der betrachteten Stelle dann als Hyperchromie bezeichnet würde, liegt im Falle der polymeren Nukleinsäuren bei kleinen Wellenlängen außerhalb des im UV-VIS-Spektrum registrierten Bereichs und wird daher nicht beobachtet. Hypochromie bei einer Wellenlänge ist immer an Hyperchromie bei einer anderen Wellenlänge gekoppelt.

Für hintereinander angeordnete Chromophore bewirkt die Rotverschiebung eine Zunahme der Intensität an der niederenergetischen Seite des Spektrums, es liegt Hyperchromie vor.

Literatur

Banwell, C. N. (1983), Fundamentals of Molecular Spectroscopy, McGraw Hill Book Comp. Maidenhead, Berkshire.

Birks, J. B. (1970), Photophysics of Aromatic Molecules, Wiley Interscience, New York.

Cantor, Ch. R., Schimmel, P. R. (1980), Biophysical Chemistry, Kap. 7 Band II, W. H. Freeman Comp. San Francisco.

Freifelder, D. (1982), Physical Biochemistry, Kap. 14, W. H. Freeman Comp., New York.

Hesse, M., Meier, H., Zeeh, B. (1987), Spektroskopische Methoden in der organischen Chemie, Kap. 1., Georg Thieme Verlag, Stuttgart, New York.

Hofrichter, J., Eaton, W. (1976), Linear Dichroism of Biological Chromophores, Ann. Rev. Biophys. Bioeng. **5**, 511.

Kapitel 3
Optische Rotationsdispersion und Circulardichroismus

Die optische Rotationsdispersion (ORD) und der Circulardichroismus (CD) sind spezielle Arten der Absorptionsspektroskopie im UV- bzw. im VIS-Bereich des Spektrums. Grundlage beider Methoden ist die Wechselwirkung linear polarisierten Lichts mit optisch aktiven Substanzen. Wird die linear polarisierte Welle beim Durchlaufen des Mediums wellenlängenabhängig in ihrer Polarisationsrichtung gedreht, so sprechen wir von einer optischen Rotationsdispersion. Werden die beiden circular polarisierten Komponenten, aus denen eine linear polarisierte Welle zusammengesetzt ist, zusätzlich verschieden stark absorbiert, so liegt Circulardichroismus vor.

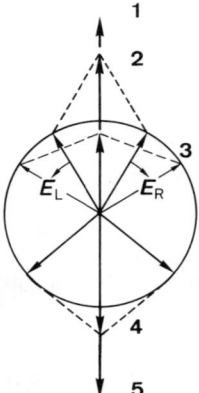

Abb. 3.1 Zeigerdiagramm der Kombination von links- und rechtscircular polarisiertem Licht zu einer linear polarisierten Welle. Die zwei circular polarisierten Wellen haben die gleiche Amplitude. Die Amplitude der linear polarisierten Welle oszilliert zwischen Position 1 und 5; die Position 2, 3 und 4 geben willkürliche Zwischenwerte an

1. Physikalische Grundlagen

Bei einer natürlichen Lichtquelle sind die Vektoren des elektrischen (und auch des magnetischen) Feldes isotrop im Raum verteilt. Schwingt der E-Feldvektor (s. Abb. 2.2, S. 12) nur in einer Ebene senkrecht zur Ausbreitungsrichtung, so erhalten wir linear polarisiertes Licht. Die Richtung des E-Feldvektors gibt die Polarisationsrichtung an.

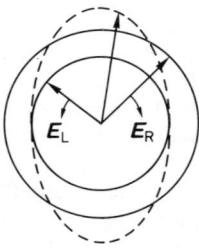

Abb. 3.2 Elliptisch polarisiertes Licht entsteht, wenn die zwei circular polarisierten Wellen unterschiedliche Amplituden besitzen

1.1 Polarisationszustände des Lichts

Eine linear polarisierte Welle läßt sich in zwei circular polarisierte Komponenten zerlegen, bei denen die E-Feldvektoren um die Ausbreitungsrichtung rotieren. Dem Umlaufsinn entsprechend werden diese als links- bzw. rechtscircular polarisiert bezeichnet, wobei die Blickrichtung dem Strahl entgegengerichtet ist. Die Summe der beiden Vektoren ergibt zu jeder Zeit den E-Feldvektor des linear polarisierten Lichts (Abb. 3.1). Sind die Ampli-

tuden der zwei Wellen verschieden, entsteht elliptisch polarisiertes Licht (Abb. 3.2).

Linear polarisiertes Licht kann im einfachsten Fall durch einen **Polarisationsfilter** erzeugt werden. Dieser besteht aus einem Material, das vorwiegend für eine Orientierung des Lichtes durchlässig ist. Meist handelt es sich um Kunststoffolien, in die submikroskopische dichroitische Kristalle parallel zueinander eingelagert sind. Diese absorbieren z. B. Licht, das parallel zur Vorzugsrichtung orientiert ist und lassen den senkrecht orientierten Anteil mit nur geringer Schwächung passieren. Aber auch die klassischen, auf Doppelbrechung, Streuung oder Reflexion basierenden Polarisatoren finden daneben breite Verwendung (z. B. das Nicol-Prisma). Vorteil der Polarisationsfolien ist ihr niedriger Preis.

Schwieriger ist die Erzeugung circular bzw. elliptisch polarisierten Lichts zu verstehen. Wir benötigen für den ersten Fall zwei linear polarisierte Wellen, deren Phasen um eine viertel Wellenlänge gegeneinander verschoben sind. Die Spitze des resultierenden Summenvektors umläuft dann die Ausbreitungsrichtung auf einer Spiralbahn (Abb. 3.3a). In der Projektion beschreibt die Spitze des Vektors eine Kreisbahn (Abb. 3.3b).

Der Gangunterschied von 90° wird durch ein $\lambda/4$-Plättchen (Viertelwellenlängen-Plättchen) erzeugt. Dabei handelt es sich um eine Platte aus doppelbrechendem Material, das parallel zur optischen Achse geschnitten ist. Für natürliches Licht erhalten wir in Durchstrahlrichtung zwar keine Doppelbrechung, der ordentliche und der außerordentliche

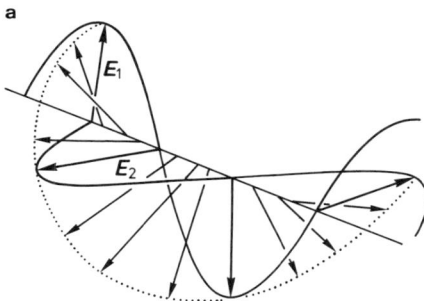

a

b

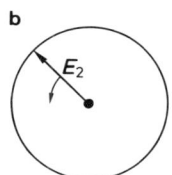

Abb. 3.3 Entstehung des linkscircularen polarisierten Lichts aus zwei linear polarisierten Wellen. Die **E**-Feldvektoren stehen senkrecht aufeinander, und die Wellen sind um eine Viertelwellenlänge gegeneinander verschoben, wobei E_2 dem Wellenzug E_1 vorausläuft. Hinkt E_2 dem Wellenzug E_1 um $\lambda/4$ hinterher, so erhalten wir rechtscircular polarisiertes Licht **a** Spiralbahn um die Ausbreitungsrichtung, **b** Projektion entlang der Ausbreitungsrichtung

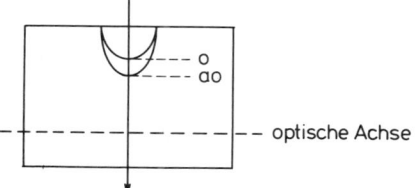

Abb. 3.4 Ausbreitung der Wellenflächen des außerordentlichen und des ordentlichen Strahls in doppelbrechendem Material bei senkrechtem Einfall auf die Grenzfläche. Die Platte ist parallel zur optischen Achse geschnitten

Strahl stehen jedoch wie immer senkrecht aufeinander. Wegen der verschiedenen Lichtgeschwindigkeiten läuft der außerordentliche Strahl dem ordentlichen voraus (Abb. 3.4). Beim Verlassen der Platte haben die beiden Strahlen einen Gangunterschied, der bei geeigneter Plattendicke gerade eine Viertelwellenlänge betragen kann. Dann entsteht das in Abb. 3.3 gezeigte circular polarisierte Licht. Der **E**-Feldvektor des ordentlichen Strahls steht senkrecht zur optischen Achse (langsame Achse), der des außerordentlichen Strahls parallel dazu (schnelle Achse).

Nun läßt man linear polarisiertes Licht auf die doppelbrechende Platte fallen, wobei die Polarisationsebene um 45° geneigt zwischen der langsamen und der schnellen Achse liegt. Die Welle wird in zwei linear polarisierte Komponenten gleicher Intensität aufgespalten, wobei eine entlang der „schnellen" die andere entlang der „langsamen" Achse des Kristallplättchens schwingt. Mit dieser Anordnung erhalten wir rechts circular polarisiertes Licht. Bei einem Winkel von 315° = −45° sind die „langsamen" und „schnellen" Achsen vertauscht, und wir erhalten links circular polarisiertes Licht (Abb. 3.5). Dabei wurde die Amplitude der Orthogonalstrahlen nicht beeinflußt. Ist dies der Fall, erhalten wir elliptisch polarisiertes Licht (Abb. 3.2).

Zusammengefaßt ist elliptisch polarisiertes Licht der allgemeinste Polarisationszustand. Amplitude und Phase der Orthogonalstrahlen sind frei wählbar. Spezialfälle sind das circular polarisierte Licht mit gleicher Amplitude und um $\lambda/4$ verschobener Phase und das linear polarisierte Licht mit gleicher Amplitude und gleicher Phase der Orthogonalstrahlen.

a   **b**

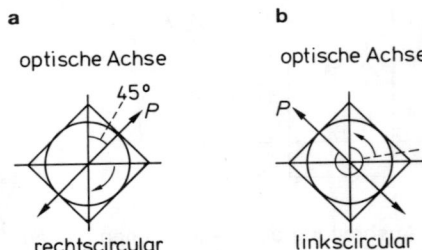

Abb. 3.5 Wirkung eines Viertelwellenlängen-Plättchens **a** rechtscircular polarisiertes Licht entsteht bei einem Winkel von 45° zwischen optischer Achse und Polarisationsebene des Lichts, **b** bei 315° (−45°) sind schnelle und langsame Achse gegeneinander vertauscht. Es resultiert linkscircular polarisiertes Licht

1.2 Optische Rotationsdispersion

Durchläuft linear polarisiertes Licht ein optisch aktives Medium, so wird die Polarisationsebene um einen Winkel α gedreht. Der Drehwinkel ist der Schichtdicke und in Lösungen der Konzentration des optisch aktiven Substrats proportional. Als Dispersion wird die Abhängigkeit des Rotationsvermögens von der Wellenlänge des verwendeten Lichts bezeichnet.

Zur Erklärung dieses Phänomens muß man beachten, daß die Lichtgeschwindigkeiten für links- bzw. rechtscircular polarisiertes Licht in einer optisch aktiven Substanz unterschiedlich sind. Das Verhältnis zwischen Lichtgeschwindigkeit im Vakuum c_0 und in Materie c ist aber die Brechzahl n

$$n = \frac{c_0}{c} \qquad (3.1)$$

Durchläuft linear polarisiertes Licht eine Schicht der Dicke d, so wird die eine circular polarisierte Komponente eine Zeitverzögerung gegenüber der zweiten erfahren (Abb. 3.6).

Durch Kombination der beiden Komponenten hinter der Probe erhält man eine Polarisationsrichtung, die gegenüber der des einfallenden Strahls um den Winkel α gedreht ist. Für jede Substanz mit einer solchen asymmetrischen Wechselwirkung gilt für den Drehwinkel in Abhängigkeit von der Wellenlänge

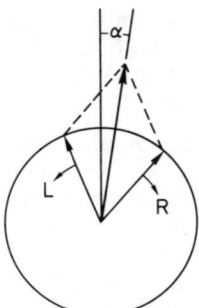

Abb. 3.6 Optische Rotationsdispersion. Die linkscircular polarisierte Welle ist gegenüber der rechtscircular polarisierten Welle retardiert. Die Ebene des resultierenden linear polarisierten Lichts wird um den Winkel α gedreht

$$\alpha_{(\lambda)} = \frac{180° \cdot d}{\lambda} \cdot (n_L - n_R) \text{ (Grad)}, \qquad (3.2)$$

wobei n_L bzw. n_R die Brechzahlindizes für links- bzw. rechtscircular polarisiertes Licht darstellen. Als Stoffkonstante wird durch Normierung auf die Konzentration c und die Schichtdicke d meist die spezifische Drehung

$$[\alpha]_\lambda = \frac{\alpha_{(\lambda)}}{c \cdot d} \left(\frac{\text{Grad} \cdot \text{cm}^2}{g} \right) \qquad (3.3)$$

angegeben. Die Einheit ist $\text{grad} \cdot \text{cm}^2 \cdot \text{g}^{-1}$, wenn c in $\text{g} \cdot \text{cm}^{-3}$ und d in cm gemessen werden. Bezogen auf die relative Molekülmasse M_r in $\text{g} \cdot \text{mol}^{-1}$ erhält man die molare Rotation

$$[M]_\lambda = \frac{\alpha_{(\lambda)} \cdot M_r}{10 \cdot d \cdot c} \left(\frac{\text{Grad} \cdot \text{cm}^2}{\text{mol}} \right). \qquad (3.4)$$

Bei polymeren Substanzen wie z. B. Peptiden bezieht man sich auf die mittlere Molekülmasse der Monomeren-Einheiten. Typische molare Drehungen z. B. von Aminosäuren liegen im Bereich um $10^5 \, \text{grad} \cdot \text{cm}^2 \cdot \text{mol}^{-1}$. Das bedeutet, daß eine 10^{-4} molare Lösung einer optisch aktiven Substanz bei einer Schichtdicke von $d = 1$ cm eine Drehung der Polarisationsebene um ein Grad bewirkt. Aus Gl. (3.2) läßt sich berechnen, daß dies bei $\lambda = 300$ nm der äußerst geringen Brechzahldifferenz $\Delta n = 1,6 \cdot 10^{-6}$ entspricht.

Die optische Rotation kann positiv (rechtsdrehend) oder negativ (linksdrehend) sein, wobei Richtung und auch Größe von der Wellenlänge abhängen. Ein Chromophor mit positivem Cotton-Effekt ist mit steigender Frequenz zunächst rechts- und dann linksdrehend, ein Chromophor mit negativem Cotton-

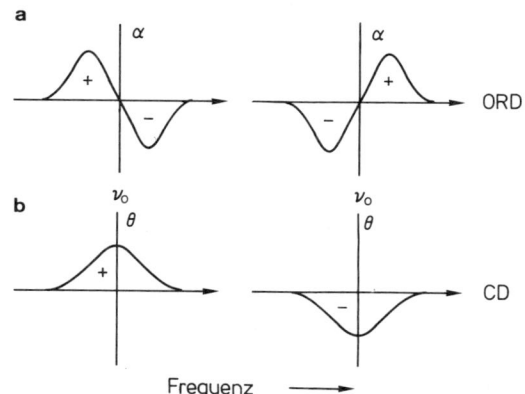

Abb. 3.7 Positiver und negativer Cotton-Effekt bei einer Absorptionsbande **a** im ORD-Spektrum (+ = rechtsdrehend), **b** im CD-Spektrum

Effekt geht von einer Links- in eine Rechtsdrehung über (Abb. 3.7**a**).

1.3 Circulardichroismus

Beim Durchgang des linear polarisierten Lichts durch eine optische aktive Substanz können nicht nur die Lichtgeschwindigkeiten der beiden circular polarisierten Komponenten, sondern auch die Extinktionskoeffizienten ε_L und ε_R verschieden sein. Im Zeigerdiagramm der Abb. 3.2, S. 22, ist die stärkere Absorption durch eine Verkürzung des Vektors der linkscircular polarisierten Komponente angedeutet. Der Unterschied $\Delta\varepsilon = \varepsilon_L - \varepsilon_R$ ist die eigentliche Meßgröße. In der praktischen CD-Spektroskopie wird jedoch aus historischen Gründen die Elliptizität

$$\theta_{(\lambda)} = \text{konst} \cdot (\varepsilon_L' - \varepsilon_R') \cdot c \cdot d \ (\text{Grad}) \quad (3.5)$$

angegeben, wobei d die Schichtdicke in cm, c die Konzentration in $g \cdot cm^{-3}$ und ε' der Extinktionskoeffizient in $cm^2 \cdot g^{-1}$ ist. Der konstante Vorfaktor konst $= \ln 10 \cdot 180/2\pi$ hat den Betrag von etwa 33.

Analog zur ORD kann man eine molare Elliptizität

$$[\theta]_\lambda = \frac{M_r \cdot \theta_{(\lambda)}}{10 \cdot d \cdot c} \left(\frac{\text{Grad} \cdot cm^2}{\text{mol}} \right) \quad (3.6)$$

angeben, wenn M_r die Molekülmasse in $g \cdot mol^{-1}$ ist. Unter Verwendung der molaren Extinktionskoeffizienten erhält man

$$[\theta]_\lambda = 3300 \cdot \Delta\varepsilon, \quad (3.7)$$

als meistgebrauchte Form der molaren Elliptizität.

Die Abhängigkeit der Elliptizität von der Wellenlänge des Lichts ergibt das CD-Spektrum (Abb. 3.7 **b**). Es hat die Form einer Absorptionsbande, wobei wieder ein positiver bzw. ein negativer Circulardichroismus unterschieden wird, je nachdem ob die rechts- oder linkscircular polarisierte Komponente stärker absorbiert wird.

2. Konzept des optisch aktiven Chromophors

Pasteur fand bereits 1848, daß die Weinsäure in zwei Enantiomeren vorkommt. Solche **Konfigurationsisomere,** die sich wie Bild und Spiegelbild verhalten, drehen polarisiertes Licht mit gleichem Betrag jeweils nach links oder nach rechts. Diese optischen Antipoden werden biochemisch als D- bzw. L-Konfiguration bezeichnet. Sie besitzen weder eine Spiegelebene noch eine Drehspiegelachse (Abb. 3.8).

Optische Aktivität tritt nur bei vorhandener Chiralität auf. Diese ist notwendig und hinreichend für das Auftreten von Enantiomerie. Ein asymmetrisches C-Atom, also ein C mit vier verschiedenen tetraedrisch angeordneten Liganden ist häufig, aber nicht notwendigerweise die Ursache der Chiralität (Abb. 3.8). Beim Quarz z. B. liegt eine chirale Kristallstruktur vor, die die optische Aktivität verursacht.

In organischen Substanzen kommt ebenfalls Chiralität ohne asymmetrische C-Atome vor. Substituierte Allene sind durch die senkrechte Anordnung ihrer Liganden chiral. Ebenso ist das Hexahelicen, das durch sterische Behin-

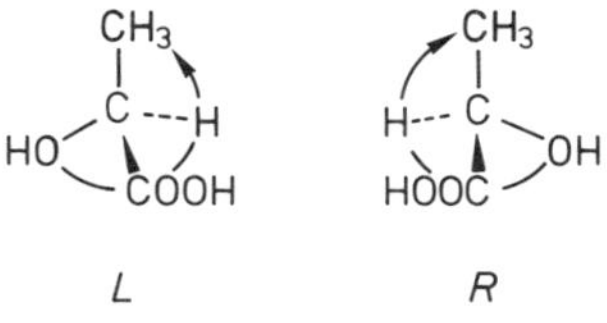

Abb. 3.8 Chiralität durch ein asymmetrisches C-Atom am Beispiel der Milchsäure

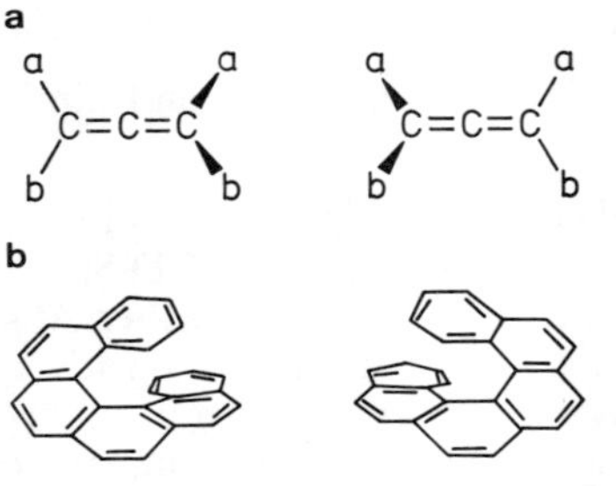

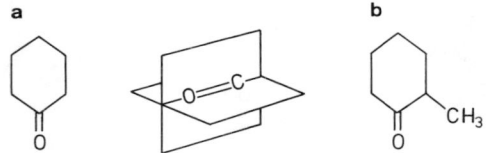

Abb. 3.9 Chiralität ohne asymmetrisches C-Atom **a** substituierte Allene, **b** Hexahelicen

derung der endständigen H-Atome eine spiralförmige Struktur besitzt, chiral (Abb. 3.9).

Für die Spektroskopie ist also nicht primär die räumliche Anordnung des Moleküls von Interesse, sondern die daraus resultierende Asymmetrie der Elektronenverteilung. Bedingung für das Auftreten von optischer Aktivität ist die molekulare Gegebenheit, daß einfallendes Licht eine helikale Ladungsverschiebung erzeugen kann. Daraus erklärt sich die Präferenz für die circular polarisierte Welle, die einen der möglichen Ladungsverschiebung entsprechenden Drehsinn besitzt. Wir sprechen von einem chiralen Chromophor.

Chromophore mit lokaler Symmetrie sollten keine optische Aktivität besitzen. So ist z. B. Cyclohexanon optisch inaktiv, denn der Chromophor besitzt zwei Spiegelebenen (Abb. 3.10 a). Methylcyclohexanon (Abb. 3.10 b) dagegen ist optisch aktiv, denn es liegt durch die Methyl-Gruppe bedingt eine induzierte Asymmetrie vor. Dies ist für die biochemische Anwendung der ORD- und CD-Spektroskopie an Proteinen von großer Bedeutung. Hier ist der Chromophor die C=O-Gruppe der Peptid-Bindung. Aufgrund des benachbarten asymmetrischen C-Atoms tritt

eine induzierte Asymmetrie auf, die den Chromophor optisch aktiv werden läßt. In Proteinen ist aber nicht nur dieser statische Einfluß von Bedeutung, sondern es muß zusätzlich die Kopplung mit anderen Chromophoren berücksichtigt werden. So erzeugt eine asymmetrische Sekundärstruktur, wie z. B. eine α-Helix, optisch aktive Chromophore durch Bildung gekoppelter Oszillatoren ohne Symmetriezentrum oder Symmetrieebene. Chiralität eines Materials kann also auch aus der Struktur eines Makromoleküls resultieren. Dies ist die Grundlage für die Anwendung der CD-Spektroskopie zur Bestimmung der Konformation von Proteinen.

3. Meßtechnik

Die instrumentelle Ausstattung für ein ORD-Experiment ist einfach. Von einer Lichtquelle wird durch einen Monochromator die jeweils gewünschte Wellenlänge ausgeblendet. Das monochromatische Licht fällt auf einen Polarisator, der linear polarisiertes Licht erzeugt. Ein zweiter Polarisator hinter der Probenkammer wird als Analysator der Polarisationsebene des Lichtes verwendet. Ist die Probe optisch inaktiv, so erhalten wir maximale Intensität am Photovervielfacher (Photomultiplier) bei paralleler Orientierung von Polarisator und Analysator. Bei einer optischen aktiven Probe wird die Polarisationsebene des Lichts gedreht, und der Analysator muß um den entsprechenden Winkel nachgeführt werden, um maximale Intensität zu erlangen. In modernen Geräten wird die Wellenlänge automatisch variiert und der jeweilige Drehwinkel als Funktion der Wellenlänge aufgezeichnet. Wir erhalten ein ORD-Spektrum.

Zur Aufnahme von CD-Spektren müssen wir grundsätzlich die Absorption für links- bzw. rechtscircular polarisiertes Licht messen. Wir benötigen wieder eine Lampe, einen Monochromator und einen Polarisator zur Erzeugung des linear polarisierten Lichts. Dieses muß nun in die zwei circular polarisierten Komponenten zerlegt werden. Grundsätzlich ist dies mit einem Viertelwellenlängen-Plättchen möglich. Ist die Polarisationsebene des linear polarisierten Lichts um 45° gegen die optische Achse geneigt, so erhalten wir zwei linear polarisierte Wellen, die senkrecht auf-

Abb. 3.10 Optische Aktivität durch induzierte Asymmetrie **a** Cyclohexanon (inaktiv), **b** Methylcyclohexanon (aktiv)

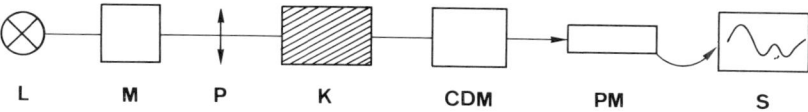

Abb. 3.11 Aufbau eines Spektralphotometers zur Messung des Circulardichroismus. **LQ** Lichtquelle, **M** Monochromator, **P** Polarisator, **K** Küvet- te (mit optisch aktiver Substanz), **CDM** CD-Modu- lator, **PM** Photomultiplier, **S** Spektrum

einanderstehen und eine Phasenverschiebung von $\lambda/4$ haben. Daraus resultiert eine links- circular polarisierte Welle. Bei einem Winkel von 315° (= −45°) ist die Phasenverschie- bung $-\lambda/4$, und wir erhalten eine rechtscir- cular polarisierte Welle. Durch Drehen des $\lambda/4$-Plättchens um 90° kann man somit ab- wechselnd bei jeder Wellenlänge die Probe abwechselnd mit dem links- bzw. rechtscir- cular polarisierten Licht durchstrahlen und den Intensitätsverlust messen. Nach dem Lambert-Beer-Gesetz sind ε_L und ε_R und so- mit die Elliptizität $\theta \sim \varepsilon_L - \varepsilon_R$ bestimmbar (Abb. 3.11).

In der Praxis dreht man nicht ein $\lambda/4$-Plätt- chen, sondern man legt seitlich an eine Kri- stallscheibe, die als Viertelwellenlängen-Plätt- chen fungiert, ein elektrisches Wechselfeld an. Im Takt des Wechselfeldes wird somit un- ter Ausnutzung des piezoelektrischen Effekts die Molekülorientierung im Kristall variiert, was einer Drehung des Viertelwellenlängen- Plättchens entspricht. Ein Photomultiplier mißt zeitabhängig im Takt dieses CD-Modu- lators nach Durchstrahlen der Probe die Lichtintensität I_L und I_R. Nach Berechnung der Elliptizität mit einem Mikroprozessor kann θ automatisch als Funktion der Wellen- länge, also als CD-Spektrum ausgedruckt werden.

4. Anwendungsbeispiele

Anhand des Cotton-Effektes ist es möglich, durch Vergleich mit Standardsubstanzen Konformationen von biologischen Makromo- lekülen zu bestimmen. Die ORD-Spektrosko- pie ist dabei stark in den Hintergrund getre- ten. Heute wird fast ausschließlich die CD- Spektroskopie insbesondere als schnelle Me- thode zur Sekundärstrukturanalyse von Pro- teinen und auch von Polynukleotiden einge- setzt.

4.1 Analyse der Sekundärstruktur von Proteinen

Proteine stellen häufig eine komplexe Kombi- nation der zwei klassischen Peptid-Konfor- mationen (α-Helix und β-Faltblatt) dar. Diese geordneten Regionen können durch Bereiche im ungeordneten Zufallsknäuel (random coil) unterbrochen sein. Die Konformationszuord- nung und die Verfolgung möglicher Konfor- mationsänderungen sind für den Biochemiker von Interesse.

In Kap. 2 wurde bereits im Absorptionsspek- trum des Poly-Lysins auf die Überlagerung der $\pi \rightarrow \pi^*$- und $n \rightarrow \pi^*$-Übergänge einge- gangen. Mit Hilfe des Lineardichroismus konnte die Anisotropie der Absorptionsbande demonstriert werden. Abb. 3.12 stellt am Bei- spiel des Poly-L-Alanins das in die Einzel- komponenten zerlegte Absorptionsspektrum dem CD-Spektrum mit seinen Komponenten gegenüber. Grundsätzlich können die elektro- nischen Übergänge mit beiden Arten der Ab- sorptionsspektroskopie beobachtet werden.

Es ist aber bereits beim bloßen Betrachten der Spektren deutlich der Vorteil der CD-Spek- troskopie zu erkennen. Die senkrecht bzw. parallel polarisierte Absorptionsbande und auch der $n \rightarrow \pi^*$-Übergang sind im CD-Spek- trum deutlich aufgelöst. Das Spektrum ist ty- pisch für ein α-helikales Polypeptid.

Die Form des CD-Spektrums ändert sich cha- rakteristisch mit der Konformation eines Pep- tids. Poly-Lysin liegt bei pH-Werten unter- halb seines pK-Werts als Zufallsknäuel und bei pH-Werten oberhalb des pK-Werts als α- Helix vor. Durch Erhitzen auf Temperaturen über 50 °C läßt sich die α-Helix in eine β- Faltblattstruktur überführen. Die Konfor- mationsänderung ist deutlich in den CD-Spek- tren zu erkennen (Abb. 3.13). Der Bereich um 190 nm und zwischen 210 und 220 nm ist da- her sehr gut geeignet, Konformationsände-

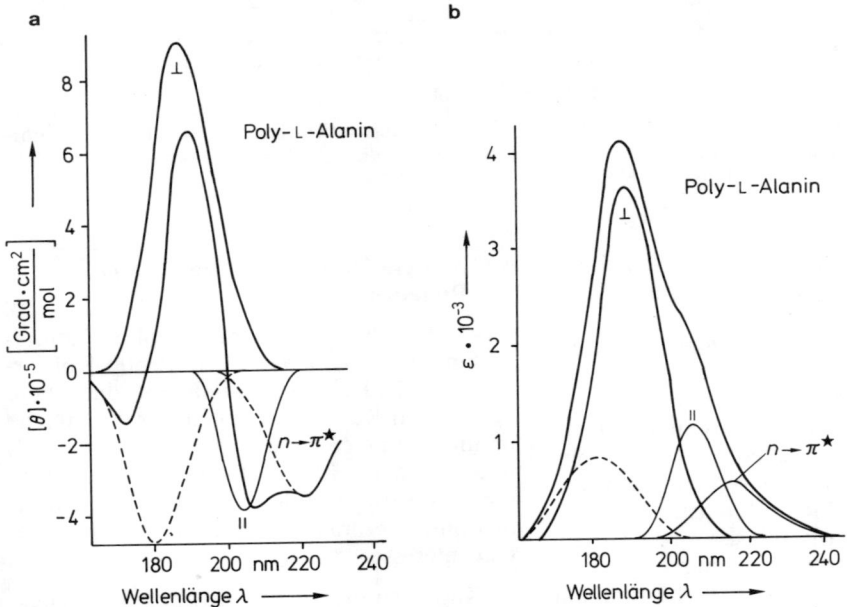

Abb. 3.12 CD-Spektrum **a** und Absorptions-spektrum **b** von Poly-L-Alanin in α-helikaler Struktur. Die drei aufgelösten Banden des parallel und des senkrecht polarisierten $\pi \rightarrow \pi$ *-Überganges

bei 204 nm bzw. 190 nm sowie des $n \rightarrow \pi$ *-Überganges bei 220 nm, führen zur beobachteten Spektrenform [nach Quadrifoglio, F., Urry, D. W. (1968), J. Ann. Chem. Soc. **90**, 2755]

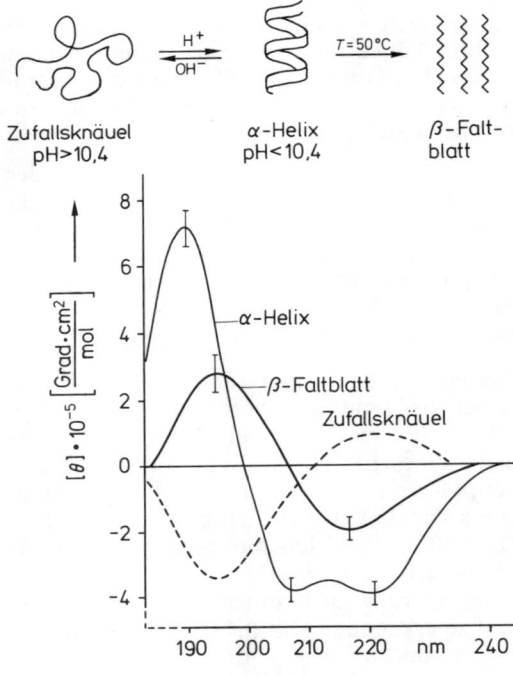

rungen in Proteinen, z. B. bei der thermischen Denaturierung, zu verfolgen.

Durch Computer-gestützte Spektrenaddition kann eine Konformationsanalyse von natürlichen Proteinen durchgeführt werden. Dazu müssen die CD-Spektren der drei Grundformen so oft anteilig überlagert werden, bis eine Übereinstimmung mit dem experimentellen Spektrum des Proteins erreicht ist. Abb. 3.14a bis **c** zeigen typische spektrale Veränderungen anhand berechneter Summenspektren.

Mit dieser Methode konnte die Konformationsanalyse vieler Proteine in guter Übereinstimmung mit den Röntgen-Strukturdaten durchgeführt werden (Abb. 3.15). Es muß ausdrücklich betont werden, daß die CD-Spektroskopie an Proteinen nicht auf die Absorption der Peptid-Bindung beschränkt ist. Prosthetische Gruppen mit häufig typischen Absorptionsspektren im sichtbaren Bereich

Abb. 3.13 Konformationsänderung und CD-Spektren des Poly-L-Lysins in wäßriger Lösung [nach Greenfield, N., Fasman, G. (1969), Biochemistry **8**, 4108]

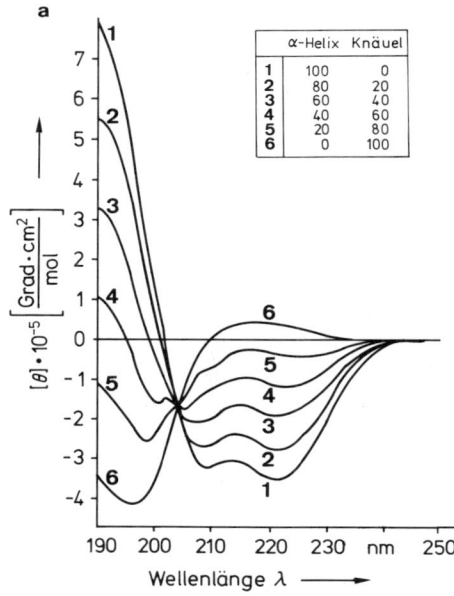

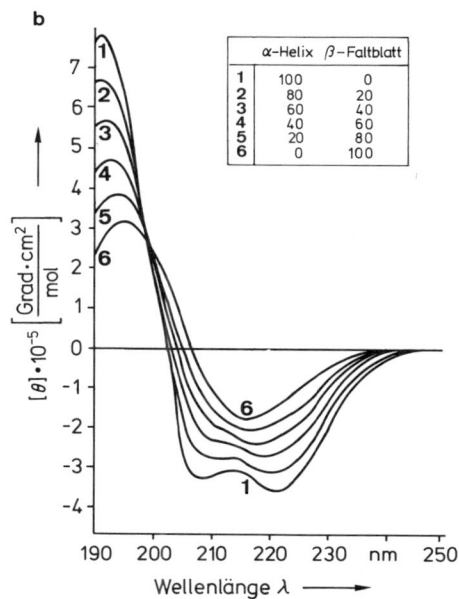

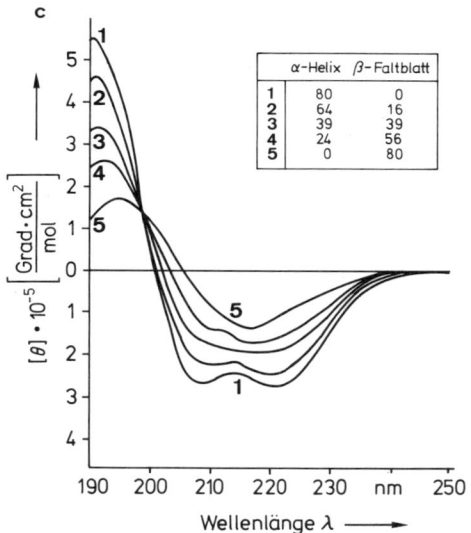

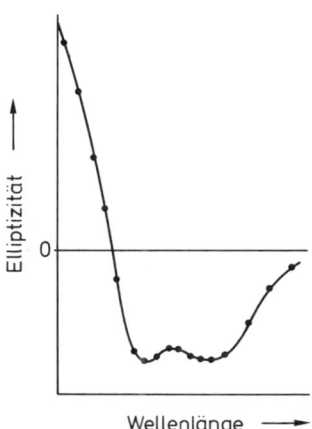

Abb. 3.14 Berechnete CD-Spektren mit verschiedenem Gehalt an α-Helix, β-Faltblatt und Zufallsknäuel. Die in Abb. 3.13 gezeigten CD-Spektren der Grundstrukturen wurden anteilig aufsummiert **a** variabler Anteil an α-Helix und Zufallsknäuel, kein β-Faltblatt, **b** variabler Anteil an α-Helix und β-Faltblatt, kein Zufallsknäuel, **c** variabler Anteil an α-Helix und β-Faltblatt bei 20% Zufallsknäuel [nach Greenfield, N., Fasman, G. (1969), Biochemistry **8**, 4108]

Abb. 3.15 CD-Spektrum des Myoglobins. Die Punkte wurden aus den in Abb. 3.13 gezeigten Daten des Poly-L-Lysins berechnet und ergaben einen Anteil von 68,3% α-Helix, 4,7% β-Faltblatt und 27% Zufallsknäuel [nach Greenfield, Fasman, G. (1969), Biochemistry **8**, 4108]

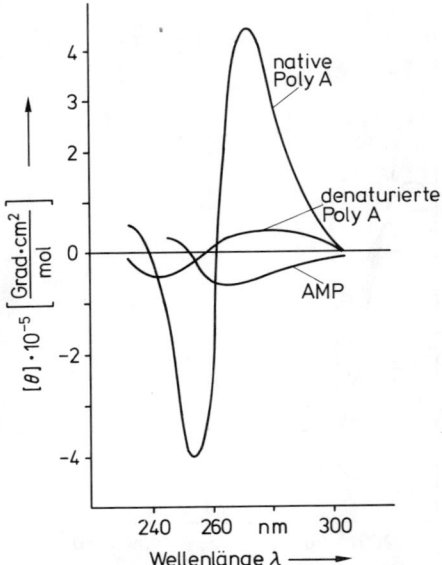

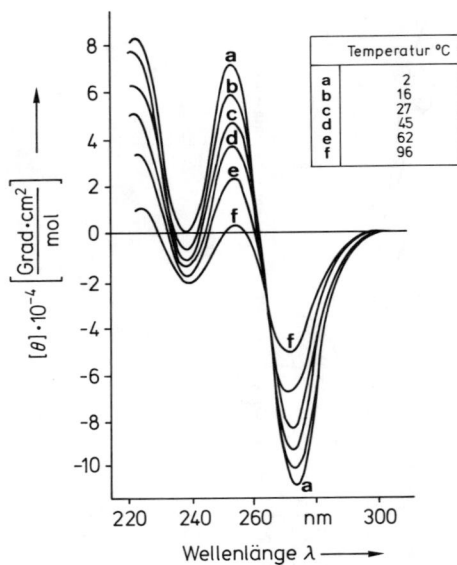

Abb. 3.16 CD-Spektrum von Adenosinmono-phosphat, denaturierter Poly A und nativer Poly A. Bei der Polymerisation ändert sich das Vorzeichen des Cotton-Effekts (negativ bei AMP und positiv bei Poly A) [aus: Freifelder, D. (1982), Physical Biochemistry, Freeman, W. H. & Comp., S. 594]

Abb. 3.17 Temperaturabhängigkeit des CD-Spektrums von Adenosin-5'-mononicotinat in 2molarer NaCl-Lösung. Bei tiefen Temperaturen liegen die beiden Basen gestapelt, bei hohen Temperaturen dissoziiert vor [nach Miles, D. W., Urry J., D. W. (1967), Phys. Chem. **71**, 4448]

wurden intensiv mit der CD-Spektroskopie untersucht.

4.2 Polynukleotide und Nukleinsäuren

Die optisch aktiven Gruppen in Nukleotiden sind die Purin- und die Pyrimidin-Basen. Weder die Ribose noch die Phosphoester-Bindung absorbieren im betrachteten Wellenlängen-Bereich des UV-VIS-Spektrums. Die optische Aktivität der an sich symmetrischen Basen wird durch die *N*-glykosidische Bindung und durch die helikale Anordnung im Polymer induziert. Damit sind die CD-Spektren von Polynukleotiden von der Basen-Stapelung abhängig, und es können sowohl Konformationsänderungen als auch Ligandenbindungen untersucht werden (Abb. 3.16 und 3.17).

Literatur

Cantor, Ch. R., Schimmel, P. R. (1980), Biophys. Chem. Bd II, Kap. 8.1, W. H. Freeman Comp, New York.

Charney, E. (1979), The Molecular Basis of Optical Activity, Wiley Interscience, New York.

Long, M. M., Urry, D. W. (1981), Absorption and Circular Dichroism Spectroscopies, in: Membrane Spectroscopy, E. Grell, (Herausgeb.), Springer Verlag, Berlin, Heidelberg, New York.

Sears, D., Beychock, S. (1973), Circular Dichroism, in: Physical Principles and Techniques of Protein Chemistry, Vol. C, Leach, S. J., (Herausgeb.), Academic Press, New York.

Tinoco, I., Cantor, Ch. R. (1970), Applications of Optical Rotatory Dispersion and Circular Dichroism to the Study of Biopolymers. Methods Biochem. Anal. **18**, 81.

Urry, D. W. (1985), Absorption, Circular Dichroism and Optical Rotatory Dispersion of Polypeptids, Proteins, Prosthetic Groups and Biomembranes, in: Modern Physical Methods in Biochemistry, Neuberger, A., van Deenen, L. L. M., (Herausgeb.), Elsevier, Amsterdam.

Van Holde, K. E. (1971), Physical Biochemistry, Prentice-Hall, Englewood Cliffs, New Jersey. Kap. 10.

Wollmer, A. (1982), ORD- und CD-Spektroskopie, in: Biophysik, Hoppe, W., Lohmann, W., Markl, H., Ziegler, H. (Herausgeb.), Springer Verlag, Berlin, Heidelberg, New York.

Kapitel 4
Infrarot-Spektroskopie

Die *Infra*rot (IR)-Spektroskopie ist eine Absorptionsmethode im Wellenlängenbereich zwischen 2,5 und 250 μ m. Im elektromagnetischen Spektrum (Abb. 2.1, S. 11) schließt sich der Infrarot-Bereich direkt an das langwellige Ende des sichtbaren Bereichs an. Durch diese im Vergleich zum UV/VIS-Bereich energiearme Strahlung, die wir wegen unserer Empfindung auch als Wärmestrahlung bezeichnen, können nicht mehr elektronische Übergänge mit Energieunterschieden von etwa 400 kJ/ mol, sondern nur noch Molekülschwingungen ($\Delta E \sim$ 40 kJ/mol) und Molekülrotationen ($\Delta E \sim$ 4 kJ/mol) angeregt werden. Dies bedeutet, daß die im IR-beobachteten Absorptionsbanden in der Feinstruktur der UV/ VIS-Spektren bereits vorhanden und nur nicht genügend aufgelöst waren.

Abgesehen vom Energieunterschied sind die physikalischen Prinzipien dieser Vibrations-Absorptions-Spektroskopie die gleichen wie für elektronische Spektren. Die Absorption wird durch das Lambert-Beer-Gesetz beschrieben und die Übergangsdipolmomente bestimmen die Intensität der Absorptionsbande. Ebenso treten Dichroismus-Phänomene auf, wenn polarisierte IR-Strahlung verwendet wird.

1. Das IR-Spektrum

Die Darstellung des IR-Spektrums ist verschieden von der des UV-VIS-Spektrums (Abb. 4.1). Auf der Ordinate wird nicht der molare Extinktionskoeffizient, sondern meist die prozentuale Transmission aufgetragen:

$$\% \, T = \frac{I}{I_0} \cdot 100 \qquad (4.1a)$$

I ist wieder die gemessene Intensität nach dem Durchgang des Lichts durch die Probe, und I_0 ist die eingestrahlte Intensität.

Zum Teil wird die prozentuale Absorption

$$\% \, A = 100 - \% \, T \qquad (4.1b)$$

verwendet.

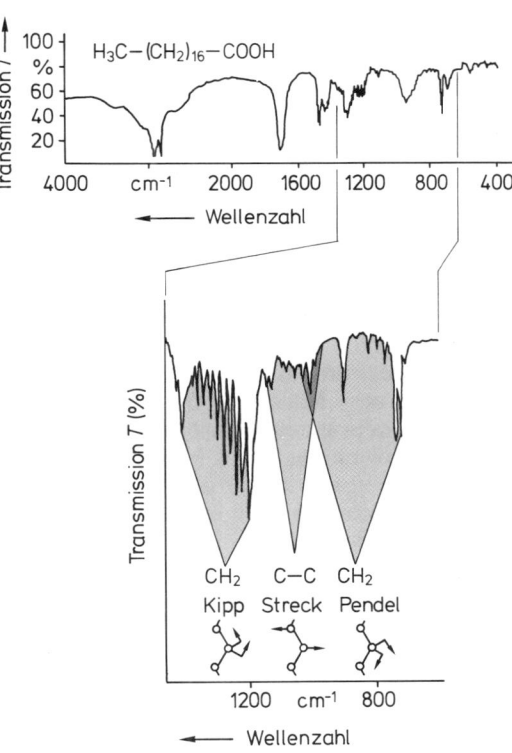

Abb. 4.1 IR-Spektrum der Stearinsäure. Der Bereich um 800–1200 Wellenzahlen ist charakteristisch für die CH- und C-C-Schwingungen der Fettsäure-Kette (s. Tab. 4.4, S. 44) [nach Fischmeister, I. (1975), Prog. Chem. Fats and Other Lipids, XIV, **91**]

Dies bedeutet, daß bei einem IR-Spektrum eine starke Absorptionsbande mit entsprechend geringer Durchlässigkeit nach unten zeigt. Auf der Abszisse ist nicht die Wellenlänge λ, sondern von rechts nach links steigend deren Reziprokwert, die Wellenzahl $\tilde{v}$ aufgetragen. Die gebräuchliche Einheit der Wellenzahl $\tilde{v}$ ist cm^{-1} und gibt an, wieviele Wellenlängen einen Zentimeter ergeben. Das Umrechnen von Wellenlängen in Wellenzahlen ist einfach:

$$\text{Wellenzahl } \tilde{v} \, [cm^{-1}] = \frac{10^4}{\text{Wellenlänge } \lambda \, (\mu m)} \quad (4.2)$$

Die Angabe in Wellenzahlen ist vorteilhaft, da sie der Frequenz v und damit dem Energieunterschied ΔE proportional ist:

$$v = \frac{c}{\lambda} = c \cdot \tilde{v} \quad (4.3a)$$

und

$$E = hv = h \cdot c \cdot \tilde{v} \quad (4.3b)$$

Dabei ist c die Lichtgeschwindigkeit im Vakuum und h das Plancksche Wirkungsquantum.

2. Physikalische Grundlagen

Wie bereits gesagt, werden die im IR-Bereich beobachteten Absorptionsbanden durch Molekülschwingungen verursacht. Sowohl innermolekulare, also Schwingungen von Atomkernen eines Moleküls in Richtung der Kernverbindungsachse, und auch intermolekulare Schwingungen der Moleküle zueinander, tragen zur Struktur des Spektrums bei. Die Eigenschwingungen eines mehratomigen Moleküls mit einer definierten Frequenz lassen sich anhand der Schwingungen eines zweiatomigen Oszillators durch eine klassisch mechanische Betrachtung erklären.

2.1 Schwingungen eines zweiatomigen Moleküls

Zwei Atome, die durch kovalente Bindung ein Molekül bilden, befinden sich in einem mittleren Abstand zueinander, den wir als Bindungslänge bezeichnen (z. B. 0,107 nm für eine CH-Bindung). Dieser Gleichgewichtsabstand r_0 ist durch eine Kräftebalance festgelegt. Die Abstoßung der beiden positiven Kerne und der beiden negativen Elektronenwolken hält der Anziehung zwischen den Kernen und den Elektronen des jeweiligen Partners bei diesem Abstand die Waage. Versucht man die Kerne zusammenzudrücken, steigt die abstoßende Kraft stark an; zieht man die Kerne auseinander, so muß Energie gegen die Anziehung aufgewendet werden. Betrachtet man die Atome als Punktmassen m_1 und m_2, dann kann man eine Schwingung klassisch mechanisch wie in Abb. 4.2 dargestellt beschreiben. Die elastische Feder bewirkt die rücktreibende Kraft F.

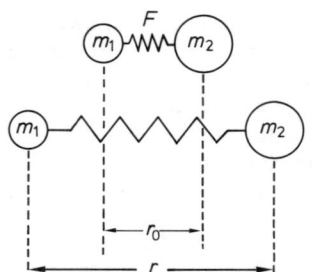

Abb. 4.2 Modell eines schwingenden zweiatomigen Moleküls

2.1.1 Harmonischer Oszillator

Wir nehmen an, die Bindung zwischen zwei Atomen verhält sich wie eine Feder. Die Kompression oder die Extension wird dann durch das Hooksche Gesetz

$$F = -k(r - r_0) \quad (4.4)$$

beschrieben. Hierbei ist k eine Kraftkonstante, r der Abstand der beiden Massenpunkte und r_0 der Gleichgewichtsabstand. Das negative Vorzeichen ist erforderlich, da die Kraft F der Auslenkung $(r - r_0)$ entgegengesetzt gerichtet ist.

Die potentielle Energie des schwingenden Systems

$$E = 1/2 \cdot k \cdot (r - r_0)^2 \quad (4.5)$$

steigt bei einer Auslenkung aus der Gleichgewichtslage symmetrisch auf einer parabolischen Kurve an (Abb. 4.3a). Der Scheitelpunkt der Parabel liegt bei r_0.

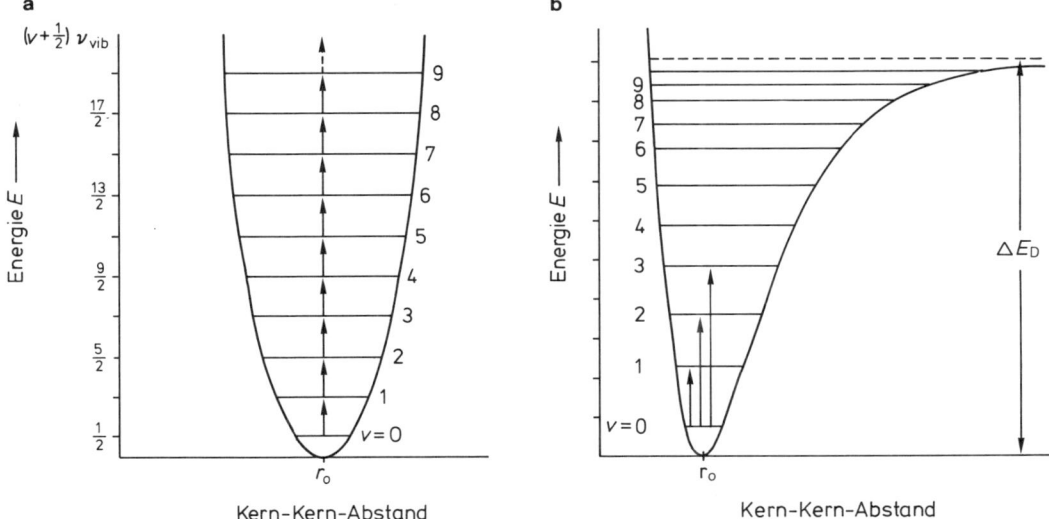

Abb. 4.3 Potentialkurve des **a** harmonischen, **b** anharmonischen Oszillators

Ein solcher Oszillator schwingt harmonisch mit der Frequenz

$$\nu_{vib} = \frac{1}{2\pi} \sqrt{\frac{k}{\mu}} \, (s^{-1}),$$ (4.6a)

wobei μ die reduzierte Masse des Systems $m_1 \cdot m_2 / (m_1 + m_2)$ ist. Die Schwingungsfrequenz hängt also nur von der Kraftkonstanten und den schwingenden Massen ab, wobei die Kraftkonstante eines Moleküls ein Maß für dessen Bindungsstärke ist. Die Auslenkung hat keinen Einfluß auf die Schwingungsfrequenz. Durch Division mit der Lichtgeschwindigkeit läßt sich die Schwingungsfrequenz in die entsprechende Wellenzahl $\tilde{\nu}$

$$\tilde{\nu} = \frac{1}{2\pi \cdot c} \sqrt{\frac{k}{\mu}}$$ (4.6b)

umrechnen. Soweit konnte uns die einfache Mechanik helfen. Zur Erklärung der auftretenden Schwingungsniveaus muß allerdings die Quantentheorie hinzugezogen werden. Diese besagt, daß den Schwingungsenergien, wie allen anderen molekularen Energien, durch eine Quantzahl diskrete Beiträge zugeordnet werden müssen.

Die erlaubten Energieniveaus eines harmonischen Oszillators,

$$E_{(v)} = \left(v + \frac{1}{2}\right) h \cdot \nu_{vib},$$ (4.7)

sind äquidistant. Die Quantenzahl v kann die Werte 0, 1, 2, 3 usw. annehmen. Die Einheit von $E_{(v)}$ ist Joule, wenn ν_{vib} in s^{-1} und cm^{-1}, wenn ν_{vib} durch die Wellenzahl $\tilde{\nu}$ gemessen in cm^{-1} ersetzt wird.

Die Anregung einer Schwingung erfolgt, wenn das Molekül durch Aufnahme eines Lichtquants von einem Schwingungszustand zum nächst höheren übergeht. Damit Resonanz auftritt, muß die Energiedifferenz $E_{(v)}$ = $E_{v+1} - E_v = h\nu_{vib}$ der Energie des Lichtquants entsprechen, d. h., die Frequenz der Strahlung muß mit der Frequenz der Schwingung übereinstimmen. Voraussetzung für ein beobachtbares Spektrum ist allerdings, daß sich das Dipolmoment des Moleküls ändert. Dies besagt bereits, daß eine Schwingung nur in heteronuklearen zweiatomigen Molekülen IR-aktiv sein kann. Ein homonukleares zweiatomiges Molekül hat kein Dipolmoment und kann demzufolge auch nicht geändert werden. In einem symmetrischen mehratomigen Molekül kann nur eine Schwingung, die unsymmetrisch zum Symmetriezentrum erfolgt, IR-aktiv sein (s. Abschn. 2.2).

2.1.2 Anharmonischer Oszillator

Für reale Moleküle kann das Modell des harmonischen Oszillators nicht verwendet werden. Bindungen sind nur in einem kleinen Bereich um ihre Gleichgewichtslänge elastisch und können bei großen Schwingungsamplituden brechen, und das Molekül dissoziiert in Atome. Die Potentialkurve geht von der harmonischen Parabel in die Form der Abb. 4.3b über. Dies wird nach P. M. Morse, der dafür einen mathematischen Ausdruck entwickelt hat, Morse-Kurve genannt. Wichtig ist, daß beim anharmonischen Oszillator die Abstände zwischen den Energieniveaus nicht mehr äquidistant sind, und daß das Molekül bei Überschreiten eines bestimmten Energiebetrages ΔE_D in die Atome dissoziiert. Die Auswahlregeln für die Übergänge besagen, daß nicht nur Übergänge zum nächsten Niveau ($\Delta v = \pm 1$) sondern auch zum übernächsten oder noch höherem Niveau ($\Delta v = \pm 1, \pm 2, \pm 3 \ldots$) möglich sind. Allerdings wird die Übergangswahrscheinlichkeit immer geringer.

Aus dem Energieunterschied zwischen E_0 und E_1 lassen sich über die Boltzmann-Verteilung die Besetzungszahlen der beiden Niveaus E_0 und E_1 ausrechnen (S. 76).

Bei Zimmertemperatur beträgt die Besetzungszahl des $v_0 = 1$ zugeordneten Niveaus E_1 nur etwa 1% der Besetzungszahl des Grundzustandes E_0, so daß praktisch auch bei der IR-Absorption alle Übergänge von $v_0 = 0$ ausgehen. Zu beachten ist, daß die Schwingungsenergie des Grundzustandes mit der Quantenzahl $v_0 = 0$ nicht Null ist, sondern einen endlichen Wert besitzt. Der Energiebetrag $E_0 = \frac{1}{2} h\nu_{vib}$ wird Nullpunktsenergie genannt. Dies zeigt noch einmal die Grenze der Anwendung klassisch-mechanischer Modelle. Die klassische Mechanik läßt ein ruhendes Atom zu, während die Wellenmechanik festlegt, daß ein Molekül immer Schwingungen aufweist.

2.2 IR-aktive Schwingungen eines mehratomigen Moleküls

Bei einem Molekül mit N Atomen kann die Lage jedes Atoms im Raum durch drei Koordinatenwerte x, y und z festgelegt werden. Die Gesamtzahl der Koordinatenwerte ist also $3 N$. Wir sagen, das Molekül hat $3 N$ Freiheitsgrade. Damit sind die Lage des Moleküls und auch Größen wie der Bindungsabstand und Bindungswinkel festgelegt.

Die Bewegung des Gesamtmoleküls im Raum, die Translation, wird durch drei Freiheitsgrade beschrieben. Für die Beschreibung der Rotation eines nichtlinearen Moleküls benötigen wir ebenso drei Freiheitsgrade, so daß für die in der IR-Spektroskopie interessanten Vibrationen für ein

nichtlineares Molekül: $3 N - 6$

und für ein

lineares Molekül: $3 N - 5$

(N = Zahl der Atome)

Schwingungsfreiheitsgrade verbleiben. Bei einem linearen Molekül entfällt ein Rotationsfreiheitsgrad wegen des geringen Trägheitsmoments der Drehung um die Längsachse. Für ein drei-atomiges nichtlineares Molekül wie H_2O ergeben sich drei, für ein lineares Molekül wie CO_2 vier Schwingungsfreiheitsgrade (s. Abb. 4.4).

Die so berechnete Zahl von Schwingungen nennt man die Normalschwingungen.

Wir unterscheiden symmetrische und asymmetrische Schwingungen, je nachdem, ob eine vorhandene Molekülsymmetrie erhalten bleibt oder nicht. Bei einer Einteilung nach der Schwingungsform unterscheidet man zwischen Valenzschwingungen und Deformationsschwingungen.

Bei Valenzschwingungen ändert sich die Bindungslänge, und sie werden deshalb auch Streckschwingungen genannt. Als Abkürzungssymbol für Streckschwingungen verwendet man ν_s (symmetrisch) und ν_{as} (asymmetrisch) (s. Abb. 4.4). Bei Deformationsschwingungen ändert sich der Bindungswinkel bei annähernd konstantem Bindungsabstand. Diese Schwingungsart wird daher auch Beugeschwingung genannt und mit dem Symbol δ gekennzeichnet. Auch hier können symmetrische (δ_s) und asymmetrische (δ_{as}) Schwingungen vorkommen. Bei einer zweidimensionalen Abbildung, wie in diesem Buch, muß beachtet werden, daß Deformationsschwingungen in der Papierebene (in plane) oder senkrecht zur Papierebene (out of plane)

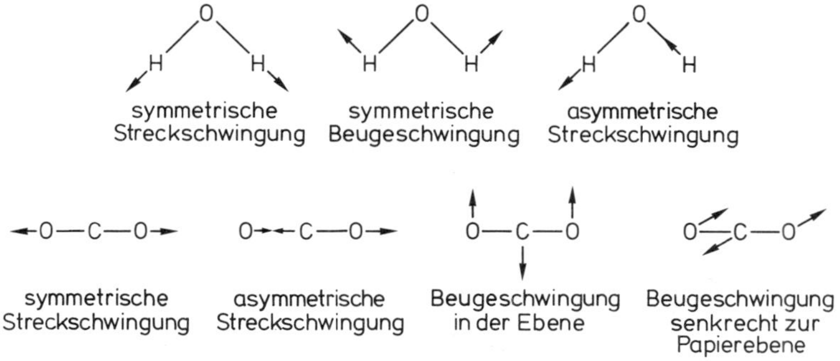

symmetrische
Streckschwingung

symmetrische
Beugeschwingung

asymmetrische
Streckschwingung

symmetrische
Streckschwingung

asymmetrische
Streckschwingung

Beugeschwingung
in der Ebene

Beugeschwingung
senkrecht zur
Papierebene

Abb. 4.4 Schwingungs-
freiheitsgrade des H_2O-
und des CO_2-Moleküls

möglich sind. Einige typische Schwingungen der Kohlenwasserstoff-Ketten, wie wir sie z. B. in IR-Spektren von Lipiden finden, sind in Abb. 4.5a wiedergegeben. Zur Charakterisierung der Banden im IR-Spektrum wird nach Zuordnung der Schwingungsart noch die betrachtete Gruppe nachgestellt. So bezeichnet das Symbol ν_{as} (CH_3) z. B. eine asymmetrische Valenzschwingung der CH_3-Gruppe. Kopplungen zwischen Schwingungen benachbarter Gruppen (Abb. 4.5b) haben einen Einfluß auf das IR-Spektrum. Schwingungen, die charakteristisch für das Gesamtmolekül sind, bezeichnet man als Gerüstschwingungen. Diese erschweren häufig die Zuordnung der lokalisierten Schwingungen.

Jedoch nicht jede Schwingung ist IR-aktiv. Auch wenn die Eigenfrequenz der Schwingung mit der des eingestrahlten Lichts übereinstimmt, muß nicht zwingend Absorption auftreten. Eine Schwingung ist nur dann IR-aktiv, wenn sich das Dipolmoment des Moleküls im Verlauf der Schwingung ändert (Abb. 4.6).

Dies ist bei den drei Schwingungen des Wassers erfüllt, diese sind IR-aktiv. Beim CO_2 ändert sich jedoch bei der symmetrischen Streckschwingung das Dipolmoment nicht. Die Schwingung ist trotz der Eigenfrequenz von $1330\,cm^{-1}$ nicht im IR-Spektrum zu erfassen. Da die meisten funktionellen Gruppen von Biomolekülen kein Symmetriezentrum besitzen, kann die IR-Spektroskopie in einem breiten Bereich zur Strukturuntersuchung eingesetzt werden (s. Tab. 4.1, 4.2 und 4.4, S. 44).

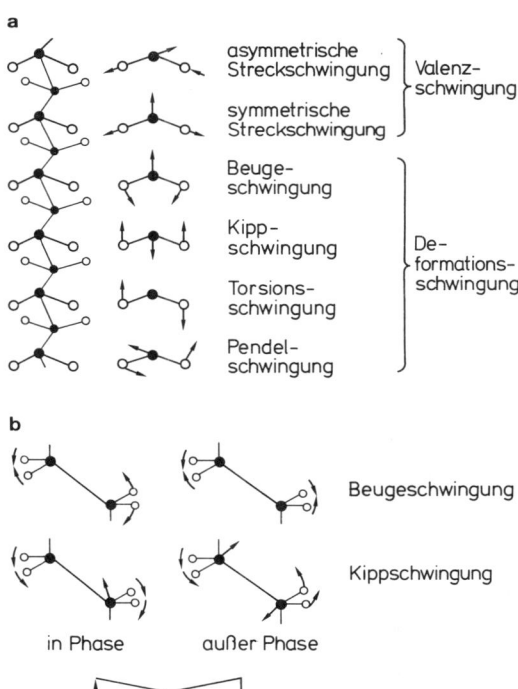

a

asymmetrische
Streckschwingung

symmetrische
Streckschwingung
} Valenz-
schwingung

Beuge-
schwingung

Kipp-
schwingung

Torsions-
schwingung

Pendel-
schwingung
} De-
formations-
schwingung

b

in Phase   außer Phase

Beugeschwingung

Kippschwingung

Inversion

Abb. 4.5 Typische Schwingungen der Kohlenwasserstoff-Kette **a** Valenz- und Deformationsschwingungen der CH_2-Gruppen, **b** gekoppelte Schwingungen zwischen benachbarten CH_2-Gruppen [nach Fischmeister, I. (1975), Prog. Chem. Fats and Other Lipids, XIV, **91** und Snyder, R. G. (1960), J. mol. Spektrosc. **4**, 411]

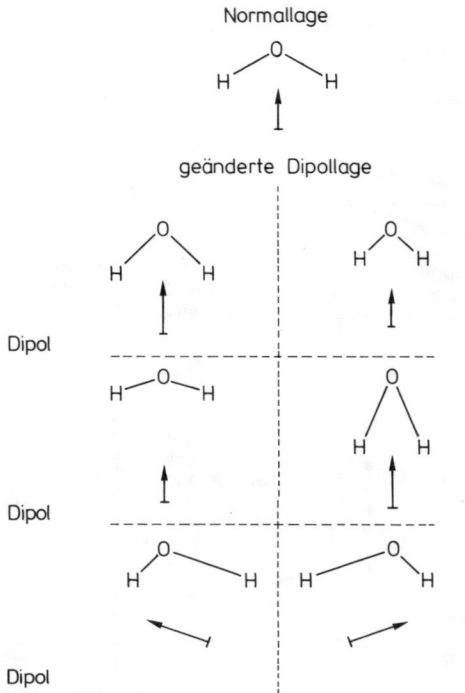

Normallage

geänderte Dipollage

Dipol

Dipol

Dipol

Abb. 4.6 Änderung des Dipolmomentes bei einer Schwingung am Beispiel des Wassermoleküls

2.3 Einbeziehung der Rotation

In Abb. 4.7 ist dargestellt, daß jedes Schwingungsniveau in mehrere **Rotationsniveaus** unterteilt wird. Analog zur Strukturierung des

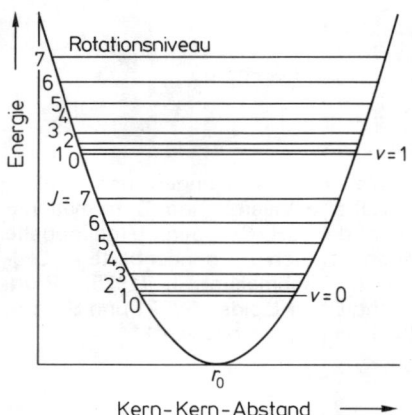

Rotationsniveau

$v = 1$

$J = 7$

$v = 0$

Energie

Kern-Kern-Abstand

Abb. 4.7 Unterteilung der Schwingungsniveaus in Energieniveaus der Molekülrotation

UV/VIS-Absorptionsspektrums durch die Vibrationsniveaus führen die Rotationsniveaus grundsätzlich zur Strukturierung einer IR-Absorptionsbande. Rotationsspektren können aber nur bei Molekülen in der Gasphase beobachtet werden, so daß für biologisches Material in fester oder gelöster Form dieser niederenergetische Übergang nicht von Interesse ist.

3. Meßtechnik

Die Messung erfolgt wie bei der UV/VIS-Absorption in Transmission meist unter Verwendung eines Zweistrahlspektrometers mit gleichem Aufbau. Da es sich jedoch um einen anderen Wellenlängenbereich handelt, müssen andere Materialien verwendet werden. Als Lichtquelle wird ein auf Rot- oder Weißglut geheizter Festkörper aus Oxiden „Seltener Erden" oder Siliciumcarbid verwendet. Der **Nernst-Stift** besteht aus Zirkonoxid und muß vorgeheizt werden, damit er elektrisch leitend wird und dann durch den Strom auf hoher Temperatur (1500 K) gehalten werden kann. Eine häufig verwendete Lichtquelle ist ein als **Globar** bezeichneter Siliciumcarbid-Stift.

Für Gitter oder Prismen in den Monochromatoren müssen spezielle Materialien verwendet werden, da Glas die IR-Strahlung absorbiert. Ebenso wie für Linsen, Spiegel oder Probengefäße werden die Mineralsalze NaCl, KBr oder NaF verwendet. Für wäßrige Lösungen werden spezielle Meßzellen aus CaF_2 angeboten.

Als Detektoren für die IR-Strahlung werden Halbleiterdioden verwendet, deren Leitfähigkeit durch die einfallende IR-Strahlung erhöht wird. Trägt man die Leitfähigkeit als Funktion der Wellenzahl auf, so erhält man direkt das Transmissionsspektrum der Probe.

4. Spezielle IR-Techniken

4.1 Abgeschwächte Totalreflexion

Die Anwendbarkeit der IR-Spektroskopie zur Strukturuntersuchung biologischer Systeme ist in der konventionellen Transmissionsspektroskopie durch die Gegenwart des Wassers als natürliche Umgebung stark eingeschränkt.

Die für Biomoleküle interessanten Resonanzen der $C = N$-, $C = O$-, NH- oder OH-Schwingungen werden durch die starke IR-Absorption des Wassers um 1600 und $3400\,cm^{-1}$ überdeckt. Messungen in wäßrigen Medien sind daher nur bei extrem kleiner Schichtdicke und bei hoher Substrat-Konzentration möglich. Die Löslichkeit z. B. von Makromolekülen ist jedoch häufig gering, oder aber sie neigen bei hohen Konzentrationen zur Assoziation. Bei der Alternative, IR-Messungen an trockenem biologischen Material durchzuführen, mußte der Verlust der biologischen Relevanz in Kauf genommen werden.

Einen Ausweg und eine erhebliche Steigerung der Leistungsfähigkeit der IR-Spektroskopie im Bereich der Biomoleküle bot die Einführung der Technik der *a*bgeschwächten *T*otal*re*flexion (ATR). Das Prinzip der ATR-Methode ist in Abb. 4.8 gezeigt.

Das Probenmaterial wird als Schicht für eine für IR-Strahlung transparente Platte mit einer großen Brechzahl aufgetragen. Geeignete Materialien für die ATR-Platte sind Silberchloride, Thalliumhalogenide oder Germanium. Der Lichtstrahl wird nun an der polierten Grenzfläche einer trapezförmigen Platte unter einem definierten Winkel eingestrahlt. Da die

Brechzahl der Platte n_1 groß gegenüber der Brechzahl der aufgetragenen Probe n_2 ist, tritt beim Überschreiten eines kritischen Einstrahlwinkels θ Totalreflexion auf, und der Strahl wird durch die Platte geleitet. Im Gegensatz zur Reflexion an einer verspiegelten Oberfläche dringt die elektrische Feldstärke jedoch hier bei jeder Reflexion ein wenig in das optisch dünnere Medium ein. Die Eindringtiefe ist abhängig vom Einfallswinkel und von der verwendeten Wellenlänge. Sie kann weniger als 1 aber auch bis zu $10\,\mu m$ betragen.

Liegt nun das Probenmaterial dicht auf der Oberfläche, so wird Licht absorbiert und der reflektierte Lichtstrahl ist abgeschwächt. Daraus resultiert der Name abgeschwächte Totalreflexion. Verläßt das Licht die ATR-Platte am anderen Ende, so trägt es die Absorptionscharakteristika der an der Oberfläche liegenden Probensubstanz. Diese Methode erreicht bei bis zu 100 Reflexionen eine hohe Empfindlichkeit und ist besonders für schichtenbildende Materialien (Lipide, Proteine) und für stark streuende Proben (z. B. fibrilläre Proteine) geeignet, da bei hohem Streulicht die Absorptionsmessung in Transmission nicht möglich ist. Das aufgetragene Material kann entsprechend seinem natürlichen Milieu hydratisiert sein, da aufgrund der geringen Eindringtiefe eine wäßrige Umgebung der auf die Platte aufgetragenen Proben nicht registriert wird. Durch Variation des Einfallwinkels können sogar unterschiedliche Tiefen im aufgetragenen Material untersucht werden. Die Verwendung polarisierten Lichts erlaubt an orientierten Schichten die Bestimmung eines dichroitischen Verhältnisses (s. S. 18). Aus der Lage der Übergangsdipolmomente lassen sich Orientierung und Flexibilität von Molekülsegmenten ermitteln.

a

b

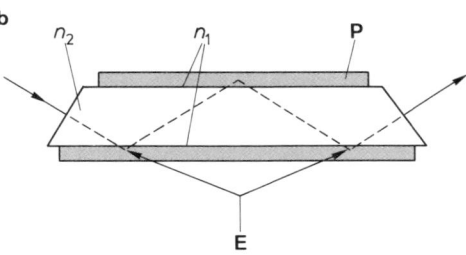

Abb. 4.8 Technik der abgeschwächten Totalreflexion (ATR-IR) **a** Totalreflexion, **b** abgeschwächte Totalreflexion, der Lichtstrahl wird im transparenten Block reflektiert und dringt dabei mit geringer Tiefe in die aufgetragene Probe ein, **P** Proben, **E** Eindringtiefe des Lichts, **n₁** Brechzahl (Probe), **n₂** Brechzahl (Platte)

4.2 Fourier-Transform-IR-Spektroskopie

Eine moderne Art der IR-Spektroskopie ist die Fourier-Transform (FT)-Technik. Der Vorteil dieser Technik liegt in einer hohen Aufnahmegeschwindigkeit und in einer hohen spektralen Auflösung. Der Einsatz des für diese Technik unerläßlichen Computers erlaubt eine zuverlässige Korrektur (z. B. Lösungsmittel-Absorptionen) und eine automatische Spektrenauswertung.

Da FT-Techniken heute bei verschiedenen Spektroskopien eine Anwendung finden (s. Kap. 7, S. 98), wollen wir uns kurz das Grundsätzliche der Methode klarmachen. Abb. 4.9a zeigt zwei sich überlagernde Wellen mit verschiedener Frequenz. Zu jeder Zeit addieren sich die Amplituden und ergeben die in Abb. 4.9b gezeigte Überlagerung.

a

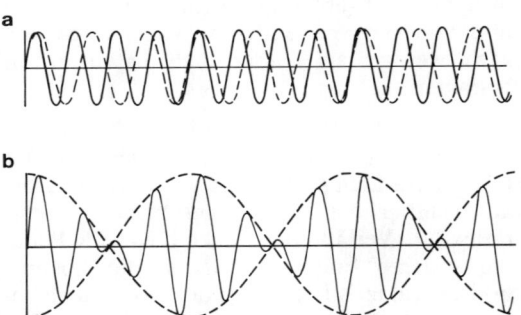

b

Abb. 4.9 a Überlagerung zweier Sinuswellen mit leicht verschiedener Frequenz, **b** die Summierung ergibt eine Schwebung

Die Frequenz der Einhüllenden, die Schwebungsfrequenz, entspricht der Differenz der Frequenzen der einzelnen Wellen. Fällt eine solche Welle auf einen genügend schnellen Detektor, so kann mit einem angeschlossenen Rechner aus der zeitabhängigen Aufnahme der Amplitudenänderung die Frequenz der Schwebung und damit der Frequenzunterschied der sich überlagernden Wellenzüge ermittelt werden. Dies gilt auch für eine komplizierte Überlagerung vieler Wellenzüge, wobei jeder einzelne durch seine Frequenz und eine Amplitude definiert ist. Zur Analyse des überlagerten Spektrums muß also zunächst die am Detektor registrierte zeitabhängige Änderung des Signals in einem Rechner gespeichert werden. Typische Zeitintervalle liegen bei 1 ms und es werden in ca. 1000 bis 2000 aufeinanderfolgenden Zeitintervallen die gemessenen Intensitäten abgespeichert. Die Gesamtzeit zur Aufnahme des Spektrums in dieser **Zeitdomäne** beträgt etwa 1 s. Durch einen nach dem Mathematiker Jean Baptiste Fourier benannten Prozeß, der Fourier-Transformation, kann eine komplexe Wellenform in die einzelnen Sinusfunktionen zerlegt, und es können die Frequenzen der an der Überlage-

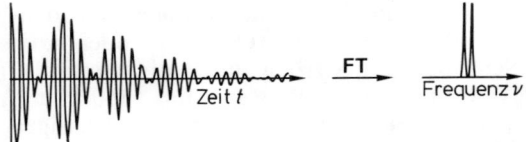

Abb. 4.10 Überführung der überlagerten Sinuswellen in das Frequenzspektrum durch Anwendung der Fourier-Transformation **FT**

rung beteiligten Schwingungen ermittelt werden. Aus dem ursprünglichen Interferogramm erhalten wir das Frequenzspektrum der Strahlung (Abb. 4.10).

Die FT-IR-Spektroskopie ist eine nach diesem Prinzip arbeitende Interferenzmethode. Die Probe wird mit dem insgesamt von der Lichtquelle zur Verfügung gestellten Frequenzspektrum bestrahlt. Findet keine Absorption statt, so stellt die Fourier-Transformation des Interferogramms das Frequenzspektrum der Lampe dar. Werden jedoch bestimmte Frequenzbereiche absorbiert, so fehlen diese in der Fourier-Transformation und nach entsprechend umgewandelter Darstellung erhalten wir das normale, also wellenlängenabhängige Absorptionsspektrum (Abb. 4.11).

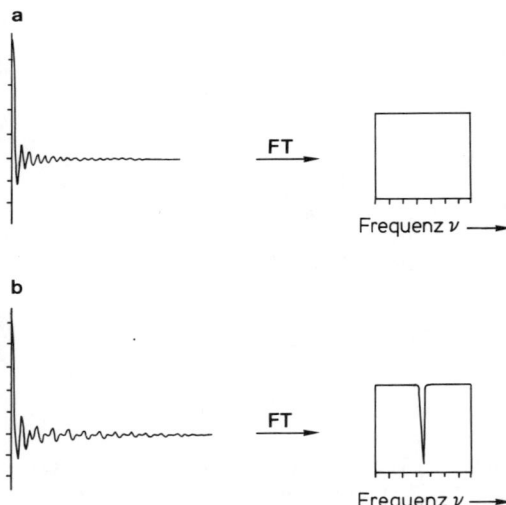

Abb. 4.11 Darstellung des Absorptionsspektrums durch Fourier-Transformation **FT** des „weißen" Frequenzspektrums der Lampe **a** ohne, **b** mit Absorption

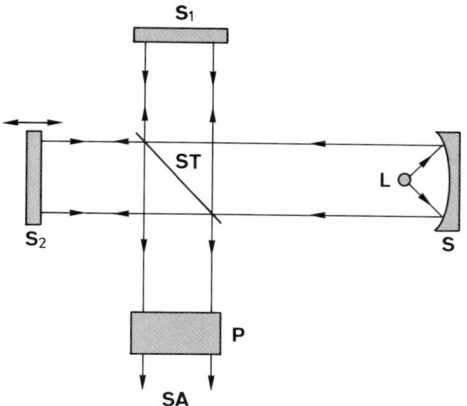

Abb. 4.12 Funktion eines Interferometers in einem FT-IR-Spektrometer: **ST** Strahlteiler, **S**, **S₁** und **S₂** Spiegel, **SA** Spektrenaufnahme, **P** Probe, **L** Lichtquelle

Aufbau und Funktion eines **Interferometers** nach Michelson sind in Abb. 4.12 dargestellt. Die Strahlung der Lichtquelle enthält ein breites Frequenzband im IR-Bereich. Das Interferometer besteht aus einem Strahlteiler **ST** und zwei Spiegeln **S₁** und **S₂**. Der Strahlteiler ist ein halbdurchlässiger Spiegel, der die eine Hälfte des Lichts auf **S₁** fallen läßt und die zweite Hälfte auf **S₂** reflektiert. Die zurücklaufenden Wellenzüge kommen am Strahlteiler zur Interferenz.

Ist die Weglänge **S₁** − **ST** gleich der Weglänge **S₂** − **ST**, so erhalten wir eine konstruktive Interferenz zwischen Wellenzügen gleicher Frequenz und ein heller Strahl verläßt den Strahlteiler in Richtung Detektor. Das gleiche gilt für Wegunterschiede, die ein ganzzahliges Vielfaches der entsprechenden Wellenlänge ausmachen. Bei halbzahligen Vielfachen kommt es zur Auslöschung am Strahlteiler.

Beim Michelson-Interferometer ist der Spiegel **S₂** beweglich. Er kann in etwa 1 s um ca. 1 cm in Strahlrichtung ausgelenkt werden. Mißt man nun in der Zeit des Spiegelvorschubs die Intensität der rücklaufenden Strahlung, so erhält man ohne absorbierende Probe ein vollständiges Interferogramm. Die Fourier-Transformation ermöglicht die Umwandlung in ein Frequenzspektrum. Bringt man eine Probe in den Strahlengang und findet Absorption statt, dann fehlen diese cha-

rakteristischen Frequenzen, und in der entsprechend umgewandelten Darstellung erhalten wir das konventionelle Absorptionsspektrum.

Der Vorteil der FT-Spektroskopie wird deutlich. Es muß nicht mehr kontinuierlich der ganze Wellenlängenbereich vermessen werden, sondern das gesamte Spektrum kann simultan aufgenommen werden. Die Aufnahmezeit eines Spektrums wird von ca. 10 bis 15 Minuten in der konventionellen IR-Spektroskopie auf unter eine Minute reduziert.

Weitere Vorteile der FT-Technik liegen im Fortfall optischer Bauteile wie Monochromator und Spalte zur Abbildung der Lichtquelle. Diese begrenzen das Auflösungsvermögen des Spektrometers, wobei eine gute Auflösung (z. B. kleiner Spalt) stets mit einem Intensitätsverlust verbunden ist. Die bei Verwendung eines FT-Spektrometers ohnehin bessere Signalintensität im Vergleich zum Untergrund (das Signal-Rauschen-Verhältnis) läßt sich durch Spektrenakkumulation weiter verbessern.

Dem resultierenden IR-Spektrum ist außer durch die Qualitätsmerkmale die Aufnahme mit der FT-Technik nicht anzusehen.

5. Anwendungsbeispiele

In Abschn. 2.2, S. 34, haben wir gesehen, daß ein *N*-atomiges Molekül 3 *N*-6 Schwingungen aufweist. Für ein Makromolekül mit einigen hundert Atomen erwarten wir ein äußerst komplexes Spektrum, dessen vollständige Analyse sicher nicht möglich ist. Anhand einiger charakteristischer Übergänge läßt sich jedoch eine Aussage über die strukturelle Organisation und insbesondere über die Wechselwirkungen verschiedener Gruppen gewinnen. Schwingungen von Atomen, die an der Ausbildung von Wasserstoff-Brückenbindungen beteiligt sind, unterliegen besonders starken Veränderungen.

5.1 Konformationen und Wechselwirkungen bei Proteinen

In Peptiden und Proteinen sind drei Absorptionsbanden von besonderer Bedeutung (Tab. 4.1). Die **Amid-A-Bande** um 3300 cm⁻¹

Tab. 4.1 Wichtige Amid-Banden in Proteinen und Polypeptiden

Bezeichnung	Wellenzahl $\tilde{\nu}$ (cm^{-1})
Amid A	3300
Amid B	3100
Amid I	1650
Amid II	1550

Tab. 4.2 Konformationsabhängige Lage der Amid-Banden

Konformation	Bande		
	Amid A (cm^{-1})	**Amid I** (cm^{-1})	**Amid II** (cm^{-1})
α-Helix	~3290	~1650	1545–1550
β-Faltblatt	3290–3260	1690 (schwach) 1630 (stark)	1520–1530
Zufallsknäuel	3250	1655	1520–1545

Tab. 4.3 Prozentualer Anteil der α-Helix, des β-Faltblatts und des Zufallknäuels von sechs Proteinen und die Lage des Maximalwerts der IR-Absorption um 16050 cm^{-1}

Nr.	Protein	β-Faltblatt	α-Helix	Zufallsknäuel	λ_{max} (cm^{-1})
1.	Concanavalin A	38	2	60	1636
2.	Ribonuclease	36	12	52	1639
3.	Insulin	24	49	27	1647
4.	Lysozym	10	35	55	1646
5.	Methämoglobin	0	71	29	1650
6.	Cytochrom C	0	39	61	1650

charakterisiert die N-H-Streck-Schwingung, die **Amid-I-Bande** bei 1650 cm^{-1} die C=O-Streck- und die **Amid-II-Bande** bei 1550 cm^{-1} die N–H-Beugeschwingung (Abb. 4.13).

Alle drei Schwingungen gehören zum Grundgerüst des Polypeptids und sind daher besonders intensiv. Die Schwingungen benachbarter Peptid-Gruppen im Rückgrat des Proteins

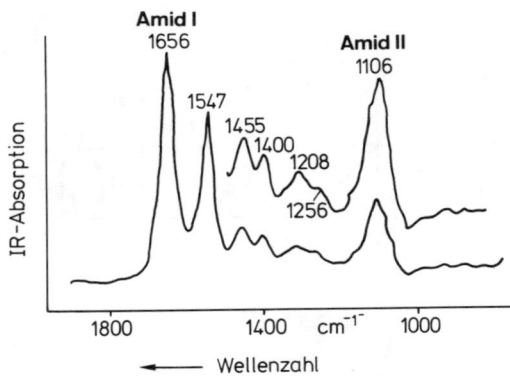

Abb. 4.13 IR-Spektren von Hämoglobin in wäßriger Lösung [nach Koenig, J. L., Tabb, D. L. (1980), in: Analytical Application of FT-IR to Molecular and Biological Systems, Durig, J. R., ed., Reidel Holland, S. 241]

sind aber nicht voneinander unabhängig. Die C=O- und die N–H-Gruppe sind intensiv an der Ausbildung von Wasserstoff-Brücken beteiligt, so daß das Peptid-Rückgrat eine Reihe schwach gekoppelter Oszillatoren darstellt. Die Kopplung und damit Frequenzlage, Linienbreite und Intensität der Banden hängen von der Konformation des Peptids ab (Tab. 4.2).

Abb. 4.14 demonstriert dies deutlich am Beispiel des Poly-Lysins. Die **Amid-I-Bande,** die für eine freie C=O-Schwingung bei 1700 cm^{-1} liegt, erscheint im ungeordneten Zufallsknäuel bei 1655 cm^{-1} und in der α-helikalen Struktur bei 1650 cm^{-1}. Beim Übergang in eine β-Faltblattstruktur erfolgt eine Aufspaltung in eine schwache Bande bei 1690 cm^{-1} und eine starke bei 1620 cm^{-1}.

Der deutliche Unterschied zwischen β-Faltblatt und α-helikaler Konformation kann auch in natürlichen Proteinen beobachtet werden (Abb. 4.15).

Tab. 4.3 gibt den prozentualen Anteil an α-helikaler Konformation, β-Faltblatt und Zufallsknäuel in verschiedenen Proteinen wieder. Die Proteine wurden nach steigendem β-Faltblatt-Anteil geordnet. Aus Abb. 4.15 ist deutlich zu erkennen, daß die **Amid-I-Bande** von 1650 cm^{-1} beim Cytochrom C oder beim Methaemoglobin mit niedrigem Faltblatt- und hohem α-Helix-Anteil auf 1636 cm^{-1}

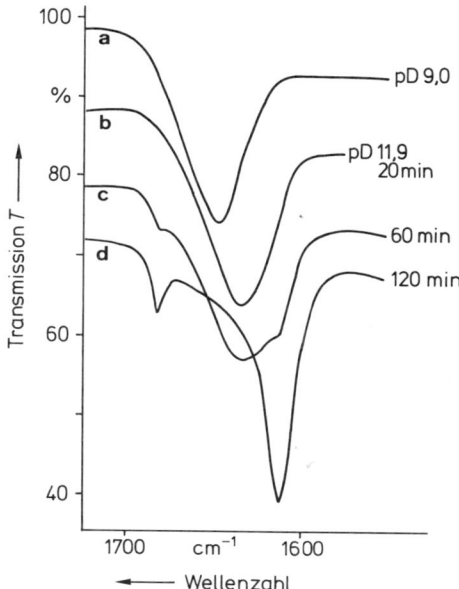

Abb. 4.14 Verschiebung der Amid-I-Bande des Poly-Lysins in D_2O **a** Zufallsknäuel bei *p*D 9, **b** α-Helix bei *p*D 11,9 nach 20 min., **c** Übergang zum β-Faltblatt nach 1 h, **d** ausgebildetes β-Faltblatt nach 2 h [nach Susi, H. (1967), et. al. J. Biol. Chem. **242**, 267]

beim Concanavalin mit 38 % β-Faltblatt abfällt.

Wir haben gesehen, daß bei Ausbildung von Wasserstoff-Brücken im Rückgrat der Proteine die **Amid-A-Bande** zu niedrigeren Wellenzahlen verschoben wurde. Der Effekt war deutlich aus dem Spektrum ableitbar. Zwischen polaren Seitengruppen bilden sich häufig sehr starke Wasserstoff-Brücken aus, die die Banden des IR-Spektrums zu einem Kontinuum verbreitern können. In Abb. 4.16 ist dies am Beispiel des Poly-L-Histidins demonstriert. Die N–H–···N-Brücken verbreitern den Bereich um $3000\,\mathrm{cm}^{-1}$ erheblich. Entsprechend würde die Brückenbildung zwischen Glutamat und Glutaminsäure $-0\cdots H-O-$ den Bereich um $1600\,\mathrm{cm}^{-1}$ stark verbreitern.

5.2 Konformationen und Wechselwirkungen bei Nukleinsäuren

Ebenso wie bei den Proteinen kann bei Nukleinsäuren die Ausbildung von Wasserstoff-Brücken bei der Basenpaarung anhand der Verschiebung der entsprechenden Schwingungen zu kleineren Wellenzahlen beobachtet

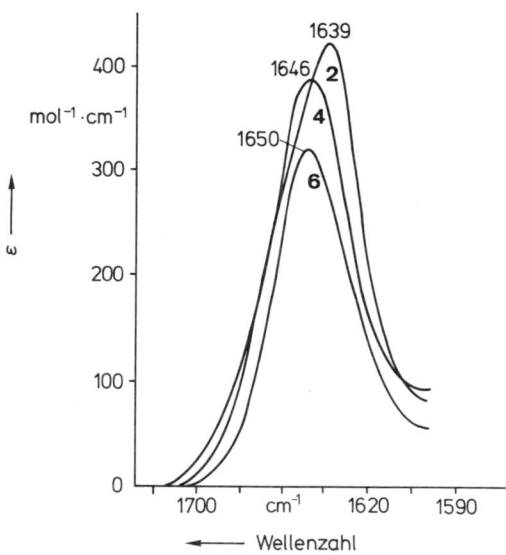

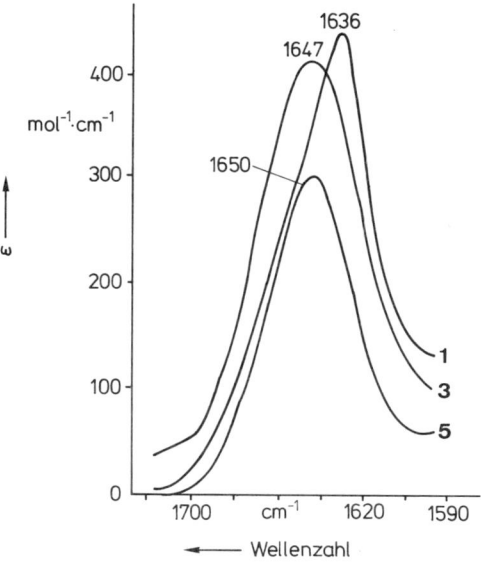

Abb. 4.15   IR-Absorption um $1650\,\mathrm{cm}^{-1}$ von Concanavalin A **1**, Ribonuclease **2**, Insulin **3**, Lysozym **4**, Methämoglobin **5** und Cytochrom C **6** [nach Ekkert, K. (1977), et. al. Biopolymers **16**, 2549]

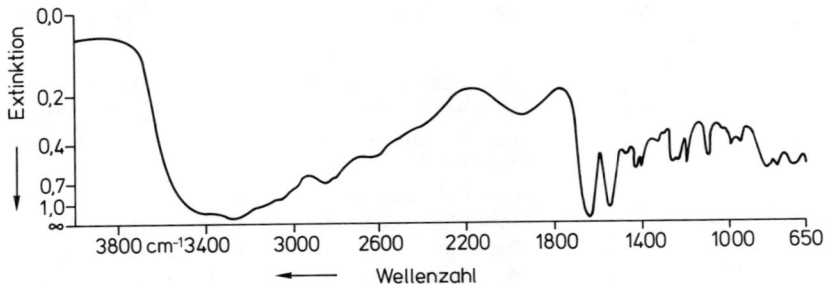

Abb. 4.16   IR-Spektrum von Poly-L-Histidin, das zu 50% protoniert ist [nach Lindemann, H., Zundel, G. (1978), Biopolymers, **17**, 1285]

werden. Abb. 4.17 zeigt dies am Beispiel der Bildung von A–U-Paaren. Die Modellsubstanz 9-Ethyladenin liefert in verdünnter Lösung Banden für die N–H-Valenzschwingung der Monomeren bei 3482 und 3416 cm^{-1}. Cyclohexylbromuracil, ein Uracil-Derivat, hat die entsprechende Bande bei 3380 cm^{-1}. Mischt man diese beiden Basen, so treten Assoziatbanden z. B. bei 3210, 3260 oder 3330 cm^{-1} auf.

Bei C=O-Valenzschwingung in einer G–C-Paarung beobachtet man eine Aufspaltung der Bande um 1700 cm^{-1} (Abb. 4.18). Anhand dieser „Strukturbande" der Polynukleotide kann das Aufschmelzen der Doppelhelix und damit der Verlust der Basenpaarung verfolgt werden.

5.3 Modell- und Biomembranen

IR-Messungen an Modellmembranen wurden in den letzten Jahren vorwiegend mit der ATR-Technik durchgeführt. Einige typische Wellenzahlen von Schwingungen des Lipid-Moleküls sind in Tab. 4.4 zusammengefaßt. Da bei dieser Technik die Lipid-Schichten in orientierter Form auf der ATR-Platte vorliegen, bietet sich die Möglichkeit, durch Verwendung polarisierter IR-Strahlung orientierungsabhängige Spektren aufzunehmen.

Abb. 4.19 zeigt das ATR-IR-Spektrum von Dipalmitoylphosphatidylcholin (DPPC) bei einer Temperatur unterhalb der Phasenumwandlungstemperatur.

Das Dublett der asymmetrischen CH$_2$-Streckschwingung der Kohlenwasserstoff-Ketten um 2900 cm^{-1} ist in Abb. 4.20 gespreizt ge-

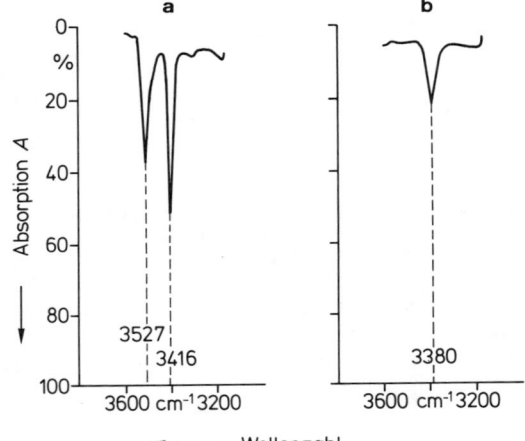

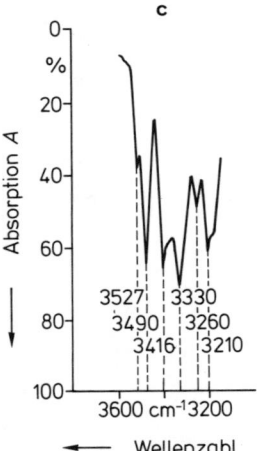

Abb. 4.17   Ausschnitt aus den IR-Spektren von **a** 9-Ethyladenin, **b** Cyclohexylbromuracil, **c** equimolare Mischung von beiden [nach Miller, J. H., Sobell, H. M. (1967), J. Mol. Biol. **24**, 345]

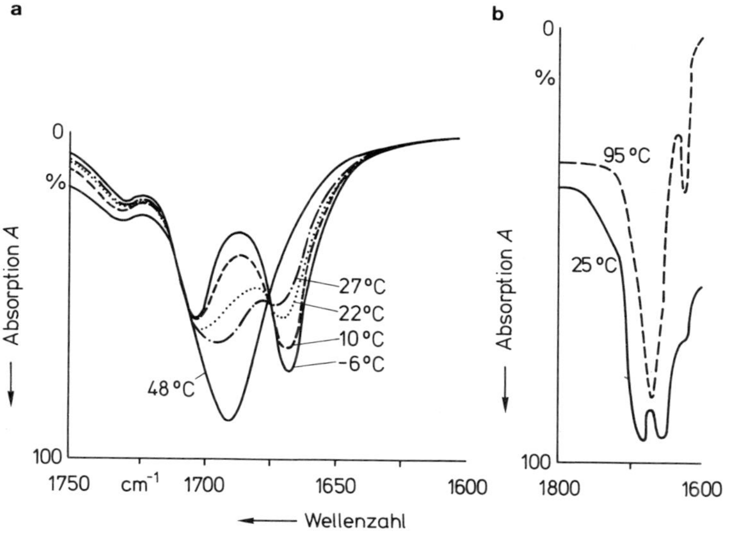

a

Absorption A

0
%

100

1750   cm⁻¹   1700   1650   1600

27°C
22°C
10°C
−6°C
48°C

⟵ Wellenzahl

b

Absorption A

0
%

100

1800   1600

95°C

25°C

Abb. 4.18 Ausschnitt aus den IR-Spektren von **a** Poly-Cytidin/5'-Guanosinmonophosphat, **b** DNA in Abhängigkeit von der Temperatur [nach Howard, F. B. (1969), et al., Proc. Natl. Acad. Sci USA **64**, 451 und nach Kolkenbeck, K., Zundel, G. (1975), Biophysics Struct. Mech. **1**, 203]

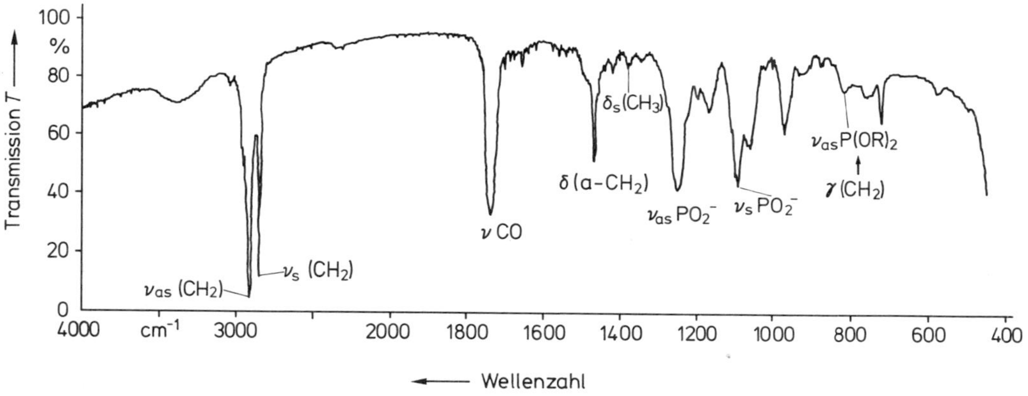

Transmission T

100
%
80

60

40

20

0

4000   cm⁻¹   3000   2000   1800   1600   1400   1200   1000   800   600   400

ν_{as} (CH₂)
ν_s (CH₂)
ν CO
δ (α-CH₂)
δ_s (CH₃)
ν_{as} PO₂⁻
ν_s PO₂⁻
ν_{as} P(OR)₂
γ (CH₂)

⟵ Wellenzahl

Abb. 4.19 ATR-IR-Spektrum von Dipalmitoylphosphatidylcholin (DPPC) bei 22 °C [nach Fringeli, U. P. (1981), in: Membrane Spectroscopy, E. Grell, ed., Springer Verlag, Berlin, Heidelberg, New York, S. 270]

zeigt. Beim Überschreiten der Phasenumwandlungstemperatur von 41 °C verschiebt sich die Bande bei 2918 cm⁻¹ durch vermehrt auftretende *gauche*-Konformationen um ca. 6 cm⁻¹ zu größeren Wellenzahlen.

Diese an sich geringe Frequenzverschiebung des Absorptionsmaximums ist mit der moder-

Abb. 4.20 Bereich der CH₂-Streckschwingungen ▶ um 2900 cm⁻¹ von DPPC bei einer Temperatur unterhalb ($T = 10$ °C) und oberhalb ($T = 51$ °C) der Phasenumwandlungstemperatur von 41 °C [nach Cortijo, M., et al., (1982), J. Mol. Biol. **157**, 597]

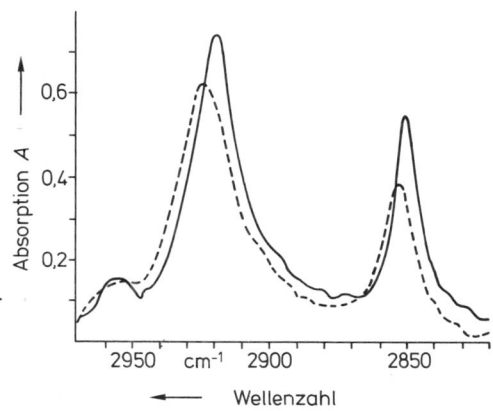

Absorption A

0,6

0,4

0,2

2950   cm⁻¹   2900   2850

⟵ Wellenzahl

Tab. 4.4 Einige charakteristische Schwingungen zur Analyse von IR-Spektren biologisch relevanter Moleküle

Gruppe	Schwingung	Symbol	Wellenzahl (cm^{-1})
C–CH$_3$	asymmetrische-Streck-	ν_{as} (CH$_3$)	2960 ± 10
	symmetrische-Streck-	ν_s (CH$_3$)	2870 ± 10
	asymmetrische-Beuge-	ν_{as} (CH$_3$)	1450 ± 20
	symmetrische-Beuge-	ν_s (CH$_3$)	1375 ± 5
–CH$_2$–	asymmetrische-Streck-	ν_{as} (CH$_2$)	2926 ± 10
	symmetrische-Streck-	ν_s (CH$_2$)	2853 ± 10
	C–C-Streck-	ν (C–C)	1030–1200
	CH$_2$-Beuge-	σ (CH$_2$)	1465 ± 20
	CH$_2$-Kipp-	γ_w (CH$_2$)	1180–1345
	CH$_2$-Torsions-	γ_t (CH$_2$)	1180–1345
	CH$_2$-Pendel	γ_r (CH$_2$)	720–1000
$\overset{\text{O}}{\overset{\|}{\text{R–C–OH}}}$	OH-Streck-	ν (OH)	3500–3560 / 2500–2700
	C=O-Streck-	ν (C=O)	1700–1725
	OH-Beuge-	σ (OH)	1210–1320
$\overset{\text{O}}{\overset{\|}{\text{R–C–}\overline{\text{O}}}}$	asymmetrische Doppel-Streck-	ν_{as}(COO–)	1550–1610
	symmetrische-Doppel-Streck-	ν_s (COO–)	1300–1420
R–NH$_3^+$	asymmetrische-Streck-	ν_{as} (NH$_3^+$)	3200
	symmetrische-Streck-	ν_s (NH$_3^+$)	3020
	symmetrische-Beuge-	ν_{as} (NH$_3^+$)	1570–1620
–N–(CH$_3$)$_3^+$	asymmetrische CH$_3$-Streck-	ν_{as} (CH$_3$)	3020–3030
	asymmetrische N–CH$_3$-Streck-	ν_{as} (N–CH$_3$)	950–970
	symmetrische-Beuge	σ_{as} (N–CH$_3$)	1470–1480
$\overset{\text{O}}{\overset{\|}{\text{R–O–P–O–R}}}\!\!\overset{\|}{\underset{\text{|O|}}{}}$	asymmetrische P=O-Streck-	ν_{as} (PO$_2^-$)	1220–1260
	symmetrische –P=O-Streck-	ν_s (PO$_2^-$)	1085–1110
	asymmetrische –P–O-Streck-	ν_{as} [P–(OR)$_2$]	815–825
H$_2$O	breite Valenz		3200–3600
	und Deformation		1200–1400

nen FT-IR-Spektroskopie problemlos nachzuweisen und kann zur Detektion der Lipid-Phasenumwandlung verwendet werden (Abb. 4.21). Integrale Proteine, wie die Ca^{2+}-ATPase oder das Bacteriorhodopsins, erzeugen unterhalb der Phasenumwandlungstemperatur eine starke Zunahme der Wellenzahl des Absorptionsmaximums, also eine Zunahme der *gauche*-Lagen im hydrophoben Bereich der Lipid-Membranen.

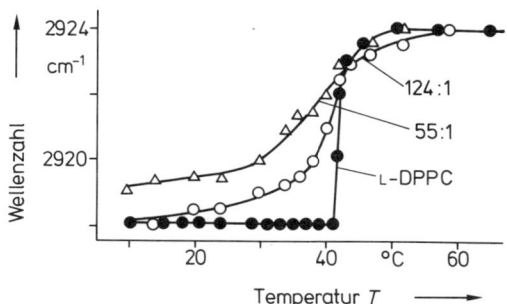

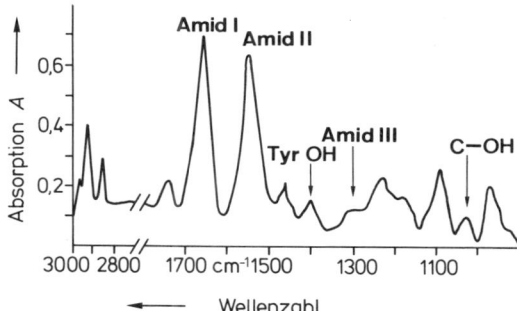

Abb. 4.21 Temperaturabhängigkeit der Wellenzahl am Absorptionsmaximum der CH₂-Streckschwingungen in reinen DPPC-Membranen und in DPPC/Cholesterol-Mischungen [nach Cortijo, M., et al., (1982), J. Mol. Biol. **157**, 597]

Abb. 4.22 IR-Spektrum von Membranen des Sarcoplasmatischen Retikulums in wäßriger Suspension bei 30 °C. Die Proteinbanden sind bezeichnet [nach Amey, R. L., Chapman, D. (1984), in: Biomembrane Structure and Function, Chapman, D., ed., Verlag Chemie, S. 199]

Schwingungen der Phosphat-Gruppe oder der N(CH₃)₃-Gruppe im Cholinteil liefern Informationen über die Beweglichkeit und Orientierung im Kopfgruppenbereich.

IR-Spektren biologischer Membranen können aufgenommen und zugeordnet werden (Abb. 4.22). Aus der Lage der **Amid-I-Bande** bei 1650 cm⁻¹ kann geschlossen werden, daß die Proteine des Sarcoplasmatischen Reticulums vorwiegend in α-helicaler Form oder als Zufallsstrang vorliegen.

Literatur

Amey, R. L., Chapman, D. (1984), Infrared Spectroscopic Studies of Model and Natural Biomembranes, in: Biomembrane Structure and Function, D. Chapman, (Herausgeb.), Verlag Chemie, Weinheim, Deerfield Beach, Florida, Basel.

Banwell, C. N. (1983), Fundamentals of Molecular Spectroscopy, Kap. 3, McGraw Hill Book Comp., New York.

Chamberlain, J. (1979), Principles of Interferometric Spectroscopy Wiley Interscience, New York.

Fringeli, U. P., Günthard, Hs. H. (1981), Infrared Membrane Spectroscopy, in: Membrane Spectroscopy, Grell, E., (Herausgeb.), Springer Verlag, Berlin, Heidelberg, New York.

Hesse, M., Meier, H., Zeeh, B. (1987), Spektroskopische Methoden in der organischen Chemie, Georg Thieme Verlag, Stuttgart, New York.

Kapitel 5
Fluoreszenz-Spektroskopie

Die Absorption elektromagnetischer Strahlung mit einer Frequenz im ultravioletten oder sichtbaren Bereich führt, wie wir in Kap. 2, S. 11, gesehen haben, zu einem elektronisch angeregten, energiereicheren Zustand eines Moleküls.

1. Physikalische Grundlagen

Im folgenden sollen die Prozesse betrachtet werden, durch die das angeregte Molekül wieder in seinen energetischen Grundzustand übergehen kann. Als Lumineszenz werden dabei diejenigen Vorgänge bezeichnet, die mit einer Emission von Strahlung verbunden sind und die allgemein in Fluoreszenz und Phosphoreszenz unterteilt werden. Daneben kann die Anregungsenergie durch verschiedene nichtstrahlende Prozesse abgegeben werden. Fluoreszenz und Phosphoreszenz wird meistens bei aromatischen und heterozyklischen Molekülen beobachtet, insbesondere bei solchen mit zwei oder mehreren kondensierten Ringen. Man bezeichnet diese Moleküle auch als Fluorophore. Die Anregungszustände niedrigster Energie sind bei diesen Molekülen die des π-Elektronensystems. Durch Absorption eines Photons wird ein Elektron aus einem bindenden π-Orbital in ein antibindendes π^*-Orbital höherer Energie überführt (Abb. 5.1).

1.1 Absorptions- und Emissionsübergänge

Im Grundzustand eines Moleküls mit gerader Elektronenzahl sind die niedrigsten Orbitale in der Regel paarweise mit Elektronen besetzt. Nach dem Pauli-Prinzip müssen die Spins der beiden Elektronen eines Orbitals antiparallel ausgerichtet sein. Der Gesamt-

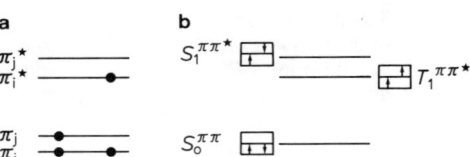

Abb. 5.1 Darstellung elektronischer Zustände von Molekülen **a** Besetzung der Orbitale im angeregten Zustand, **b** Energieniveaus unter Berücksichtigung der Elektronenwechselwirkung

spin S des Moleküls im Grundzustand ist dann Null und man bezeichnet den zugehörigen Energiezustand entsprechend seiner Multiplizität als Singulettzustand. Im angeregten Zustand des Moleküls können die Elektronenspins in den Orbitalen π und π^* parallel oder antiparallel orientiert sein. Die dadurch entstehenden angeregten Singulett- ($S = 0$) oder Triplettzustände ($S = 1$) besitzen als Folge unterschiedlicher Elektronenwechselwirkung verschiedene Energie, wobei die Energie des Triplettzustandes im allgemeinen niedriger als die des entsprechenden Singulettzustandes ist.

In Abb. 5.2 sind die Energieniveaus eines Moleküls in einem „Jablonski"-Diagramm dargestellt. Neben den elektronischen Energieniveaus sind einige Schwingungsniveaus eingezeichnet. Die Moleküle befinden sich bei Raumtemperatur fast ausschließlich im niedrigsten Schwingungsniveau des elektronischen Grundzustandes S_0. Die Absorption eines Lichtquants geeigneter Energie erfolgt daher vorwiegend aus dem nullten Schwingungsniveau von S_0 und überführt das Molekül in den ersten angeregten (S_1) oder in einen höheren Singulettzustand (S_2, S_3...).

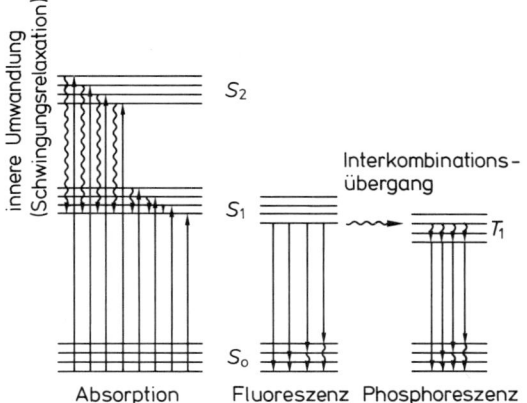

Abb. 5.2 Energiezustände eines Fluorophors im Jablonski-Diagramm. Eingezeichnet sind die Prozesse für die Absorption sowie für die Desaktivierung des angeregten Moleküls. Emissionsübergänge sind durch → und strahlungslose Schwingungsrelaxationen sind durch ⤳ gekennzeichnet

Der Absorptionsprozeß zu einem Triplettzustand stellt wegen der notwendigen Spinumkehr des angeregten Elektrons einen quantenmechanisch verbotenen Übergang dar. Die Wahrscheinlichkeit dieses Übergangs ist äußerst gering und von derart niedriger Intensität, daß er für unsere Anwendung keine Rolle spielt.

Im Anschluß an den Absorptionsprozeß, der innerhalb von 10^{-15} s abläuft, finden nun verschiedene Desaktivierungsprozesse im Molekül statt (Abb. 5.2).

1.2 Desaktivierungsprozesse

Als **innere Umwandlung** bezeichnet man die Verteilung der Energie auf innere Schwingungsmoden eines Moleküls oder den vor allem in kondensierten Phasen wie Lösungen und Festkörpern stattfindenden Austausch von Molekülschwingungsenergie mit benachbarten Molekülen. Dieser Austausch, durch den ein Molekül wieder das thermische Gleichgewicht mit der Umgebung erreicht, führt das Molekül aus höher angeregten Schwingungszuständen in das nullte Schwingungsniveau des jeweiligen elektronischen Niveaus über.

1.2.1 Strahlungslose Desaktivierung

Dieser Mechanismus ist auch für den strahlungslosen Übergang aus S_2- oder S_3-Zuständen in den S_1-Zustand verantwortlich. Bei diesen Übergängen ist keine Fluoreszenz beobachtbar. Die einzige Ausnahme ist Azulen, das aus dem S_2-Zustand fluoresziert. Nach erfolgter Anregung wird zunächst die Elektronenenergie in Kernschwingungsenergie überführt (Schwingungsterm gleicher Gesamtenergie des Singulettzustandes S_1), die anschließend durch Temperaturausgleich mit der Umgebung in den energetisch niedrigsten Schwingungszustand relaxiert. Diese Schwingungsrelaxation erfolgt innerhalb von 10^{-13} bis 10^{-12} s und ist damit bedeutend schneller als Fluoreszenz und Phosphoreszenz ($> 10^{-8}$ s).

Man könnte nun erwarten, daß dieser Prozeß auch zur vollständigen strahlungslosen Desaktivierung des Singulettniveaus S_1 führt. Die Energiedifferenz zwischen S_1 und S_0 ist jedoch größer als zwischen höheren benachbarten, angeregten Singulettniveaus. Die strahlungslose Umwandlung in das Singulettniveau S_0 kann nur über die gleichzeitige Anregung einer Vielzahl von Schwingungsquanten erfolgen. Der Prozeß verläuft dadurch langsamer und ermöglicht ein effektives Konkurrieren der Fluoreszenz.

Unter **Interkombinationsübergang** („intersystem crossing") versteht man den quantenmechanisch verbotenen Spinaustauschprozeß, durch den ein Singulettzustand in einen Triplettzustand (oder umgekehrt) übergeführt wird.

Bei der **Fluoreszenz-Löschung** wird die Anregungsenergie auf spezielle *Löschermoleküle* („Quencher") übertragen (s. Kap. 5.3, S. 60).

1.2.2 Lumineszenz

Fluoreszenz tritt beim Übergang vom niedrigsten Schwingungsniveau des angeregten Singulettzustandes S_1 in ein Schwingungsniveau des Singulettgrundzustandes S_0 auf. Die Übergangsrate k_f liegt im Bereich von 10^7 bis 10^8 s^{-1}.

Als **Phosphoreszenz** bezeichnen wir den Strahlungsübergang vom niedrigsten Schwingungsniveau des Triplettzustandes T_1 in ein

Schwingungsniveau des Singulettzustandes S_0. Die Übergangsrate reicht von 10^4 s^{-1} bis zu Werten < 1 s^{-1}.

Die verschiedenen Übergänge, die bei Absorption und Emission auftreten, sind in Abb. 5.2 zusammengefaßt wiedergegeben. Die uns hier interessierende Fluoreszenz hat folgende Eigenschaften:

– Spektrum der emittierten Strahlung ist unabhängig von der Anregungswellenlänge.
– Fluoreszenzspektrum ist gegenüber dem Absorptionsspektrum zu größeren Wellenlängen verschoben.
– Absorptionsspektrum ist durch die Schwingungsniveaus des angeregten Zustandes, das Fluoreszenz-Spektrum durch die Schwingungsniveaus des Grundzustandes S_0 strukturiert. Bei vergleichbaren Schwingungsstrukturen von S_0 und S_1 verhalten sich Absorptions- und Fluoreszenz-Spektrum spiegelbildlich zueinander (Abb. 5.3).

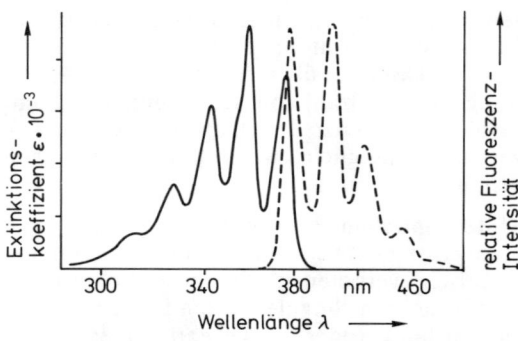

Abb. 5.3 Absorptions- und Fluoreszenz-Spektrum von Anthracen in Cyclohexan. Die beiden Spektren sind annähernd spiegelsymmetrisch

1.3 Quantenausbeute

Der Anteil der Fluoreszenz an den verschiedenen Prozessen der Desaktivierung des angeregten Moleküls wird durch die Quantenausbeute Φ angegeben:

$$\Phi = \frac{\text{Anzahl emittierter Photonen}}{\text{Anzahl absorbierter Photonen}} \leq 1 \quad (5.1)$$

Mit den Übergangsraten k_f für die Fluoreszenz, k_{ic} und k_{isc} für die innere Umwandlung und den Interkombinationsübergang sowie

mit k_Q für die Fluoreszenz-Löschung durch Löschermoleküle wird

$$\Phi = \frac{k_f}{k_f + k_{ic} + k_{isc} + k_Q} \quad (5.2)$$

Die Quantenausbeute ist unabhängig von der Wellenlänge der anregenden Strahlung, da alle beteiligten Prozesse vom niedrigsten Schwingungsniveau des angeregten Zustandes aus ablaufen.

1.4 Fluoreszenz-Lebensdauer

Die Fluoreszenz-Lebensdauer ist ein Maß für die Zeit, die ein Molekül im Mittel im angeregten Zustand verweilt, ehe die Fluoreszenz-Emission erfolgt. Befinden sich N_0 Moleküle im angeregten Zustand, so ist die Zahl N an Molekülen, die pro Zeiteinheit durch Fluoreszenz in den Grundzustand übergehen, gegeben durch

$$-\frac{dN}{dt} = k_f \cdot N_0 \quad (5.3a)$$

und damit ist

$$N(t) = N_0 \cdot \exp(-k_f \cdot t) \quad (5.3b)$$

Die Zeit t, innerhalb der die Zahl angeregter Moleküle auf N_0/e zurückgegangen ist, wird als Fluoreszenz-Lebensdauer τ_F definiert. Man erhält damit die Beziehung

$$\tau_F = \frac{1}{k_f} \quad (5.4a)$$

Im Gegensatz zu dieser **„Strahlungslebensdauer"** angeregter Moleküle müssen für eine Betrachtung der tatsächlichen Lebensdauer τ der angeregten Moleküle die strahlungslosen Prozesse mit einbezogen werden:

$$\tau = \frac{1}{k_f + k_{ic} + k_{isc} + k_Q} \quad (5.4b)$$

Die Lebensdauer τ, die die experimentell zugängliche Meßgröße darstellt, ist über $\tau = \tau_F \cdot \Phi$ mit der Fluoreszenz-Lebensdauer τ_F verknüpft.

1.5 Lösungsmittel-Einflüsse

Ähnlich wie bei der Absorption treten auch beim Emissionsprozeß bei Variation des Lösungsmittels spektrale Verschiebungen auf.

Dabei kann es sich um Änderungen der Polarität, der Dielektrizitätskonstanten oder der Polarisierbarkeit des Lösungsmittels handeln.

Abb. 5.4 zeigt schematisch das Auftreten von Bathochromie (Rotverschiebung) und Hypsochromie (Blauverschiebung) bei der Fluoreszenz-Strahlung. Wir verfolgen den Übergang von einem polaren zu einem apolaren Lösungsmittel. Zur Vereinfachung soll das Molekül im Grundzustand kein und erst nach Anregung ein Dipolmoment besitzen. Die Länge der Pfeile in Abb. 5.4 (A, F_1, F_2, F_3) gibt die Energieunterschiede zwischen den dargestellten Energieniveaus wieder.

Betrachten wir zunächst das fluoreszierende Molekül in einem polaren Lösungsmittel (Abb. 5.4a). Der angeregte Franck-Condon-Zustand S_1 liegt hier energetisch höher als der Gleichgewichtszustand des angeregten Moleküls S_1^e, der sich erst durch die Umorientierung der polaren Lösungsmittel-Moleküle einstellt.

Abb. 5.4b gibt die Situation in einem apolaren Lösungsmittel mit sehr kleiner Polarisierbarkeit wieder. Die Energie des Grundzustandes S_0 soll die gleiche sein wie im polaren Lösungsmittel. Da im apolaren Medium keine Umorientierung der Lösungsmittel-Moleküle erfolgt, ist die Energie der Zustände S_1 und S_1^e annähernd gleich groß. Da $F_2 > F_1$ ist, würden wir beim Übergang von einem polaren zu einem apolaren Lösungsmittel eine Blauverschiebung der Fluoreszenz beobachten.

Ist jedoch die Polarisierbarkeit des apolaren Lösungsmittels ausreichend groß, so kann der angeregte Fluorophor Dipolmomente in den Lösungsmittel-Molekülen induzieren, und die Energie des Gleichgewichtszustandes S_1^e erniedrigt sich gegenüber dem angeregten Franck-Condon-Zustand S_1 (Abb. 5.4c). Im gezeigten Fall ist dann $F_3 < F_1$ und es ergibt sich im Gegensatz zum vorherigen Fall eine Rotverschiebung der Fluoreszenz beim Übergang von einem polaren zu einem apolaren Lösungsmittel.

Das Beispiel zeigt, daß auch in der Fluoreszenz bathochrome und hypsochrome Effekte auftreten, wobei die Richtung der spektralen Verschiebung jedoch nur schwer aus der Polarität des Lösungsmittels vorherzusagen ist.

1.6 Anregungsspektren

Da die Fluoreszenz-Emission stets durch den Übergang vom niedrigsten Schwingungsniveau des Singulettzustandes S_1 erfolgt, ist die Form des Emissionsspektrums immer gleich und unabhängig von der Wellenlänge der anregenden Strahlung. Die Aufzeichnung der Fluoreszenz-Intensität in Abhängigkeit von der Emissionswellenlänge bei gegebener, fester Anregungswellenlänge wird als **Fluores-**

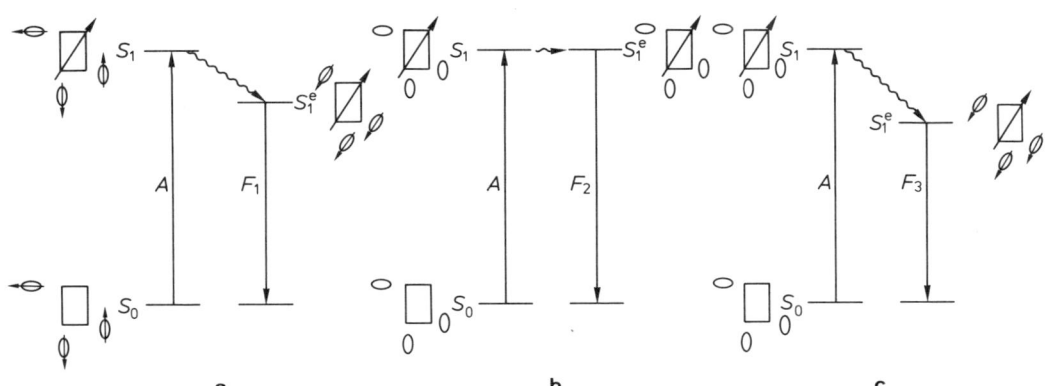

Abb. 5.4 Einfluß des Lösungsmittels auf die Fluoreszenz-Emission A = Anregung, F = Fluoreszenz, S_1 = Energie des angeregten Moleküls unmittelbar nach erfolgter Absorption (angeregter Franck-Condon-Zustand), S_1^e = Gleichgewichts-zustand des angeregten Moleküls **a** polares Lösungsmittel, **b** apolares Lösungsmittel mit geringer Polarisierbarkeit, **c** apolares Lösungsmittel mit hoher Polarisierbarkeit

zenz-Emissionsspektrum bezeichnet. Verändert man dagegen die Wellenlänge der anregenden Strahlung und trägt die Fluoreszenz-Intensität der Proben bei einer konstanten Emissionswellenlänge gegen die jeweilige Anregungswellenlänge auf, so erhält man ein **Fluoreszenz-Anregungsspektrum.** Bei konstanter Anregungsenergie entspricht dieses Spektrum einem Absorptionsspektrum der jeweiligen Substanz.

2. Konzentrationsabhängigkeit der Fluoreszenz

Die Fluoreszenz konzentrierter Lösungen von Fluorophoren weist im Vergleich zu einer verdünnten Lösung häufig eine Abnahme der Quantenausbeute auf. Diese ist meistens mit einer spektralen Veränderung verbunden. Die Ursache hierfür sind verschiedene Prozesse.

2.1 Reabsorption emittierter Fluoreszenz-Strahlung

Je höher die Konzentration des Fluorophors ist, um so größer wird die Wahrscheinlichkeit, daß die emittierte Strahlung eines Moleküls von einem anderen Molekül reabsorbiert wird. Die Voraussetzung dafür ist, daß sich Emissions- und Absorptionsspektrum teilweise überlappen. Reabsorption erfolgt daher in erster Linie für den kurzwelligen Anteil der emittierten Strahlung.

Schema 5.1 Reabsorption von Strahlung $v_1 =$ Anregungsfrequenz, $v_2 =$ Emissionsfrequenz)

a	$M + hv_1 \rightarrow M^*$
b	$M^* \qquad \rightarrow M + hv_2$
c	$M + hv_2 \rightarrow M^*$
d	$M^* \qquad \rightarrow M + hv_2$

Die Quantenausbeute für n Reabsorptionsprozesse ist Φ^n. Mit $\Phi < 1$ geht daher die Quantenausbeute mit steigendem n gegen Null und die Fluoreszenz-Intensität im kurzwelligen Teil des Emissionsspektrums verschwindet. Dadurch ändert sich die Form des Fluoreszenz-Spektrums erheblich, was mitunter zur Fehlinterpretation von Spektren führen kann.

2.2 Dimeren-Bildung

Bilden sich zwischen den Fluorophoren Dimere im Grundzustand

$$M + M \rightleftharpoons M_2$$

so wird von diesen ein Teil der einfallenden Strahlung absorbiert. Die Konzentration und damit die Intensität der Monomeren-Fluoreszenz wird verringert. Das Auftreten von Dimeren ist häufig mit einer Verschiebung des Absorptionsspektrums zu längeren Wellen verbunden. Das Fluoreszenz-Spektrum bleibt unverändert, da Grundzustands-Dimere meist nicht fluoreszieren.

2.3 Angeregte Dimere (Excimere)

Einen weiteren konzentrationsabhängigen Mechanismus, der in den letzten Jahren verstärkten Einsatz für praktische Anwendungen gefunden hat, stellt die Bildung von Excimeren („excited dimer") dar. Schema 5.2 gibt die Bildungs- und Zerfallsprozesse wieder.

Im Gegensatz zu den in Abschn. 2.2 angesprochenen Dimeren existieren Excimere nur im angeregten Zustand. Die Bildung von Excimeren erfolgt durch Wechselwirkung zwischen einem angeregten Monomeren und einem Molekül im Grundzustand. Das Absorptionsspektrum des Fluorophors bleibt bei der Excimeren-Bildung unverändert. Im Fluoreszenz-Spektrum tritt dagegen eine neue Bande auf. Dies ist in Abb. 5.5 anhand des Fluoreszenz-Spektrums von Pyren demonstriert.

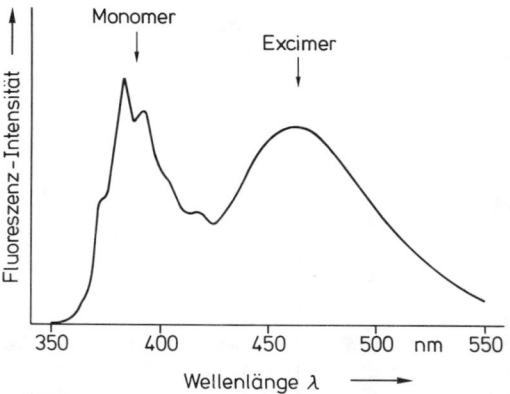

Abb. 5.5 Fluoreszenz-Spektrum von Pyren in *n*-Hexan (6,67 · 10^{-4} mol/l)

Schema 5.2   Excimeren-Bildung

a	$M + h\nu_1$	$\longrightarrow$	M^*	Anregung
b	M^*	$\xrightarrow{k_{fM}}$	$M + h\nu_2$	Fluoreszenz
c	$M^* + M$	$\xrightarrow{k_a \cdot c}$	D^*	Excimeren-Bildung
d	D^*	$\longrightarrow$	$M^* + M$	Dissoziation
e	D^*	$\longrightarrow$	$M + M$	strahlungsloser Zerfall
f	D^*	$\xrightarrow{k_{fE}}$	$M + M + h\nu_3$	Fluoreszenz

Monomere (a, b)

Excimere (d, e, f)

Bei niedrigen Konzentrationen des Fluorophors überwiegen die Prozesse **a** und **b** des Schemas 5.2, und man beobachtet vorwiegend die Fluoreszenz der Monomeren. Mit steigender Konzentration nimmt die Wahrscheinlichkeit für eine Wechselwirkung vom Typ **c** immer mehr zu, und das Spektrum zeigt eine neue Komponente bei höheren Wellenlängen. Dies ist die Emission der Excimeren.

Ein stark vereinfachtes Potentialschema für die Excimeren-Bildung ist in Abb. 5.6 dargestellt. Der Grundzustand der Excimeren ist instabil, so daß eine breite, unstrukturierte Bande im Fluoreszenz-Spektrum entsteht.

Die Excimeren-Bildung kann als dynamische Fluoreszenz-Löschung der Monomeren angesehen werden und mit einer Stern-Volmer-Gleichung beschrieben werden (s. Abschn. 3.1).

$$\frac{\Phi_{max}^M}{\Phi^M} - 1 = k_a \cdot c \cdot \tau_0 \qquad (5.5a)$$

Φ_{max}^M ist die maximale Quantenausbeute der Monomeren bei unendlicher Verdünnung

$(c \rightarrow 0)$, $k_a \cdot c$ ist die Excimeren-Bildungsrate und τ_0 die Lebensdauer des angeregten Monomeren.

Für die Excimeren-Komponente ergibt sich eine entsprechende inverse Beziehung

$$\frac{\Phi_{max}^E}{\Phi^E} - 1 = (k_a \cdot c \cdot \tau_0)^{-1} \qquad (5.5b)$$

wobei Φ_{max}^E die maximale Quantenausbeute der Excimeren ist. Diese kann bei sehr hoher Fluorophor-Konzentration bestimmt werden.

3. Fluoreszenz-Löschung

Die Fluoreszenz einer Substanz kann sehr stark durch die Umgebung beeinflußt werden. Ein Beispiel dafür ist die Fluoreszenz-Löschung durch Löschermoleküle („Quencher"). Diese setzen die Fluoreszenz-Quantenausbeute eines Fluorophors herab. Dabei wird der Absorptionsprozeß des Fluorophors nicht beeinflußt, sondern die Energie des Anregungszustandes wird strahlungslos auf die Löschermoleküle übergeführt.

Man unterscheidet zwei Arten von Löschprozessen:

a) Dynamische Fluoreszenz-Löschung durch Kollisionsprozesse,
b) statische Fluoreszenz-Löschung durch Komplexbildung.

Die Effektivität beider Prozesse ist von der Konzentration der Löschermoleküle abhängig.

3.1 Dynamische Fluoreszenz-Löschung

Für die Desaktivierung des Anregungszustandes eines Fluorophors müssen wir folgende Prozesse berücksichtigen:

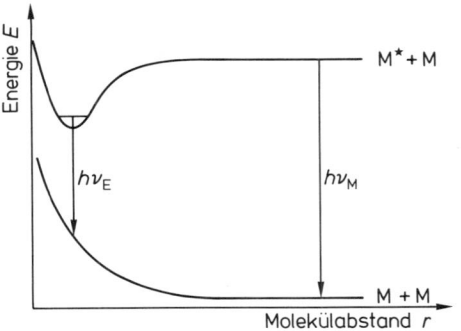

Abb. 5.6   Potentialverlauf für die Excimeren-Bildung (schematisch). Das Excimer ist instabil und zerfällt in zwei Monomere

Schema 5.3 k_f, k_1 ($= k_{ic} + k_{isc}$) und k_Q sind die Übergangsraten des jeweiligen Prozesses.

$$M + h\nu_1 \longrightarrow M^* \quad
\begin{cases}
\xrightarrow{\ k_f\ } M + h\nu_2 & \text{Fluoreszenz-Emission} \\[2mm]
\xrightarrow{\ k_i\ } M + \text{Wärme} & \text{interne strahlungslose Prozesse} \\[2mm]
\xrightarrow{\ k_Q\ } M + \text{Wärme} & \text{Kollisionslöschung}
\end{cases}$$

Unter Berücksichtigung der Fluoreszenz-Löschung ergibt sich die Quantenausbeute zu

$$\Phi = \frac{k_f}{k_f + k_i + k_Q} \tag{5.6}$$

Die Quantenausbeute Φ_0 ohne Löschermoleküle ist

$$\Phi_0 = \frac{k_f}{k_f + k_i} \tag{5.7}$$

und die Lebensdauer ist definiert durch

$$\tau_0 = \frac{1}{k_f + k_i} \tag{5.8}$$

Das Verhältnis der Quantenausbeuten mit und ohne Löschermolekülen wird damit

$$\frac{\Phi_0}{\Phi} = \frac{k_f + k_i + k_Q}{k_f + k_i} = 1 + \frac{k_Q}{k_f + k_i} \tag{5.9}$$

Mit Gl. (5.8) erhält man daraus

$$\frac{\Phi_0}{\Phi} = 1 + k_Q \tau_0 \tag{5.10}$$

Bei einer konstanten Konzentration des Fluorophors ist die Übergangsrate k_Q für die Fluoreszenz-Löschung proportional zur Konzentration c_Q der Löschermoleküle

$$k_Q = K \cdot c_Q \tag{5.11}$$

Die Proportionalitätskonstante K bezeichnen wir als Löschkonstante.

Da die Intensität einer Fluoreszenz-Bande proportional zur Quantenausbeute Φ des Fluorophors ist, können wir schreiben:

$$\frac{I_0}{I} - 1 = K \cdot c_Q \cdot \tau_0 \tag{5.12}$$

Gl. (5.12) ist die „Stern-Volmer-Gleichung". Dabei ist I_0 bzw. I die Fluoreszenz-Intensität der Substanz ohne und mit Löschermolekülen.

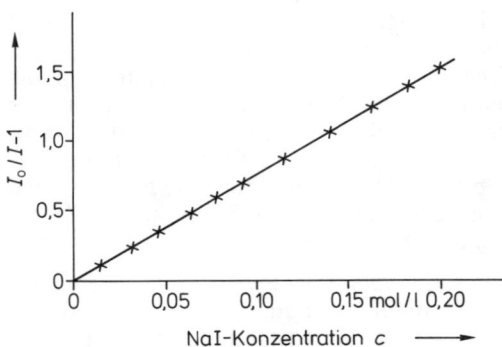

Abb. 5.7 Stern-Volmer-Diagramm zur Fluoreszenz-Löschung von Tryptophan (10^{-4} mol/l) durch NaI

Trägt man in einem Diagramm (Abb. 5.7) $I_0/I - 1$ für verschiedene Konzentrationen c_Q an Löschermolekülen auf, so kann bei bekannter Lebensdauer τ_0 aus der Steigung der Geraden die Löschkonstante K bestimmt werden.

3.2 Statische Fluoreszenz-Löschung

Die Fluoreszenz-Löschung durch Komplexbildung zwischen Fluorophor M und Löschermolekül Q können wir durch die folgenden Reaktionsmechanismen darstellen:

Schema 5.4

a $M + Q \rightleftarrows MQ$
   Komplexbildung
b $M + h\nu_1 \rightarrow M^* \rightarrow M + h\nu_2$
   Fluoreszenz-Emission
c $MQ + h\nu_1 \rightarrow (MQ)^* \rightarrow MQ + \text{Wärme}$
   Komplexlöschung

Setzen wir nun die Quantenausbeute der Fluoreszenz in Abwesenheit von Löschermolekülen willkürlich gleich 1

$$\Phi_0 = \frac{[M^*]}{[M]} = 1 \qquad (5.13)$$

so ist die Quantenausbeute Φ mit Löschermolekülen gegeben durch

$$\Phi = \frac{[M^*]}{[M^*] + [MQ]^*} \qquad (5.14)$$

und damit

$$\frac{\Phi_0}{\Phi} = \frac{[M^*] + [MQ]^*}{[M^*]} = 1 + \frac{[MQ]^*}{[M^*]} \qquad (5.15)$$

Bei gleicher Anregungswahrscheinlichkeit von Fluorophor und Komplex folgt

$$\frac{[MQ]}{[M]} = \frac{[MQ]^*}{[M^*]} = k_a[Q] \qquad (5.16)$$

dabei ist $k_a = [MQ]/[M][Q]$ die Komplexbildungskonstante.

Ersetzen wir die Quantenausbeuten Φ_0 und Φ in (5.15) durch die entsprechenden Intensitäten I_0 und I, so erhalten wir mit $[Q] \equiv c_Q$

$$\frac{I_0}{I} - 1 = k_a \cdot c_Q \qquad (5.17)$$

Sowohl das statische als auch das dynamische Fluoreszenz-Löschen ergibt eine lineare Abhängigkeit des Intensitätsverhältnisses I_0/I von der Konzentration der Löschermoleküle. Im Gegensatz zur statischen Fluoreszenz-Löschung weist das Kollisionslöschen eine zusätzliche Abhängigkeit von der Lebensdauer des angeregten Fluorophors auf, was eine Unterscheidung der beiden Prozesse ermöglicht. Dieser Unterschied ist unmittelbar einzusehen, da für die dynamische Fluoreszenz-Löschung die Wahrscheinlichkeit für eine Kollision zwischen angeregtem Fluorophor und Quencher umso größer ist, je langlebiger der angeregte Zustand ist. Die Komplexbildung dagegen reduziert lediglich die Konzentration an „freiem" Fluorophor M und beeinflußt die Lebensdauer der angeregten Moleküle nicht.

Abschließend sei darauf hingewiesen, daß die oben getroffene Unterscheidung in dynamische und statische Fluoreszenz-Löschung letztlich eine Frage der Lebensdauer des gebildeten Komplexes ist. So ist beim dynamischen Löschen die Komplex-Lebensdauer sehr viel kürzer als die Lebensdauer τ_0 des angeregten Fluorophors, während sie beim Komplexlöschen wesentlich länger ist. Die behandelten Prozesse stellen daher Grenzfälle dar.

4. Energieübertragung (Förster-Transfer)

In Abschn. 5.3 haben wir gesehen, daß die Fluoreszenz eines Moleküls durch die Wechselwirkung mit anderen Molekülen gelöscht werden kann. Im Gegensatz zu der Fluoreszenz-Löschung durch Kollision oder Komplexbildung, für die eine Kopplung zwischen den elektronischen Orbitalen von Fluorophor und Löschermolekül erforderlich ist, erfolgt die Energieübertragung auch über größere Abstände bis zu einem Bereich von 10 nm. Die am Übertragungsprozeß beteiligten Moleküle werden als Donor (D) und Akzeptor (A) bezeichnet. Ist das Akzeptormolekül ebenfalls ein Fluorophor, so kann die Energieübertragung anhand der Fluoreszenz des Akzeptors nachgewiesen werden. Man bezeichnet die emittierte Strahlung des Akzeptors in diesem Fall als sensibilisierte Fluoreszenz, da sie ohne direkte Anregung des Akzeptors zu beobachten ist.

Die Energieübertragung läßt sich durch die folgenden Prozesse beschreiben:

Schema 5.5

a	$D + h\nu_1 \rightarrow D^*$
b	$D^* + A \rightarrow A^* + D$
c	$A^* \rightarrow A + h\nu_2$

Der Mechanismus der Energieübertragung läßt sich nach Förster als physikalisches Resonanzphänomen verstehen. Dabei wird das Elektronensystem des angeregten Donors als mechanischer Oszillator betrachtet, dessen Anregungsenergie analog dem Beispiel zweier gekoppelter Pendel auf einen zweiten Oszillator übertragen werden kann. Dementsprechend ist eine Übertragung der Anregungsenergie auf ein Akzeptormolekül nur möglich, wenn der elektronische Übergang des Akzeptors der Frequenz des Donors entspricht. Voraussetzung für eine Energieübertragung ist somit eine Überlappung zwischen dem Emissionsspektrum des Donors und

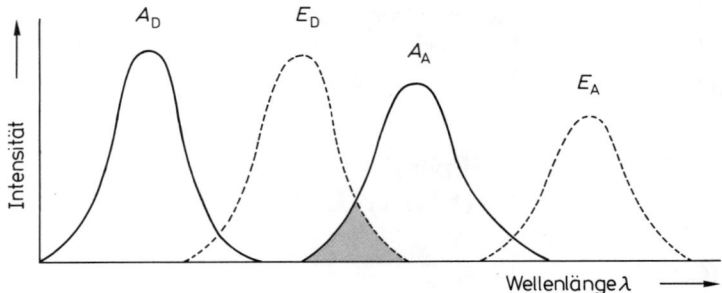

Abb. 5.8 Schematische Absorptions- und Emissionsspektren für ein Donor-Akzeptor-Paar. Die spektrale Überlappung (grauer Bereich) zwischen Donoremission E_D und Akzeptorabsorption A_A ist Voraussetzung für die Energieübertragung

dem Absorptionsspektrum des Akzeptormoleküls (Abb. 5.8). Man bezeichnet den Energieübergang daher auch als Resonanzübergang.

Allgemein müssen für die Energieübertragung die folgenden Bedingungen erfüllt sein:

- Donormolekül muß ein Fluorophor sein und eine ausreichend lange Fluoreszenz-Lebensdauer aufweisen,
- Emissionsspektrum des Donors und das Absorptionsspektrum des Akzeptors müssen sich teilweise überlappen,
- Übergangsdipolmomente von Donor und Akzeptor müssen eine geeignete Orientierung zueinander besitzen,
- Abstand zwischen Donor und Akzeptor muß für eine effektive Energieübertragung innerhalb eines bestimmten Bereichs liegen (meist < 10 nm).

Diese Bedingungen gleichen denjenigen, die für die Reabsorption emittierter Fluoreszenz-Strahlung durch ein geeignetes Akzeptormolekül gelten. Die Mechanismen beider Prozesse sind jedoch völlig verschieden. Die Energieübertragung erfolgt bereits, ehe eine Emission der Donorfluoreszenz-Strahlung möglich ist und kann, wie bereits erwähnt, nur über einen begrenzten Abstand der Moleküle stattfinden. Einige charakteristische Eigenschaften von Resonanztransfer, Reabsorption, Komplexbildungs- und Kollisionslöschung sind in Tab. 5.1 dargestellt. Das Auftreten von Reabsorption kann in den meisten Fällen durch eine Verringerung der Schichtdicke der Probe weitgehend verhindert werden.

Bezeichnen wir die Energieübertragungsrate zwischen Donor und Akzeptor mit k_T, so läßt sich die Transfereffizienz E_T darstellen durch

Tab. 5.1 Charakteristische Eigenschaften von Energieübergangsmechanismen in Lösung [nach Förster, Th. (1960), Z. Elektrochem. **64**, 157].

	Nichttrivialer Übergang	Reabsorption	Komplex-bildung	Stoßmecha-nismus
Abhängigkeit vom Volumen	keine	Zunahme	keine	keine
Abhängigkeit von der Viskosität	keine	keine	keine	Abnahme
Anregungsdauer des Sensibilisators	verringert	unverändert	unverändert	verringert
Fluoreszenzspektrum des Sensibilisators	unverändert	verändert	unverändert	unverändert
Absorptionsspektren von Sensibilisator und Akzeptor	unverändert	unverändert	verändert	unverändert

$$E_T = \frac{k_T}{k_T + k_f^D + k_{ic}^D + k_{isc}^D} \qquad (5.18)$$

Der Index D kennzeichnet dabei die Übergangsraten des Donormoleküls. Für eine experimentelle Untersuchung des Resonanztransfers müssen die Emissionsmaxima von Donor und Akzeptor ausreichend voneinander getrennt sein. Dabei ist darauf zu achten, daß die zur Anregung des Donors gewählte Wellenlänge nicht zu einer direkten Anregung des Akzeptors führt. Die Energieübertragungseffizienz kann z. B. aus dem Verhältnis der Fluoreszenz-Quantenausbeute Φ_{D-A} und Φ_D des Donors in Anwesenheit und in Abwesenheit von Akzeptormolekülen bestimmt werden. Es gilt

$$\frac{\Phi_{D-A}}{\Phi_D} = \frac{\dfrac{k_f^D}{k_f^D + k_{ic}^D + k_{isc}^D + k_T}}{\dfrac{k_f^D}{k_f^D + k_{ic}^D + k_{isc}^D}} = 1 - E_T \qquad (5.19)$$

Im Experiment wird hierzu der Donor mit Strahlung geeigneter Frequenz angeregt und die Fluoreszenz-Emission des Donors bei einer bestimmten Wellenlänge mit und ohne Akzeptormoleküle gemessen.

Alternativ kann man E_T auch über die Messung der sensibilisierten Akzeptorfluoreszenz sowie über die Lebensdauer der angeregten Donormoleküle bestimmen.

Die Fluoreszenz-Lebensdauer τ_{D-A} des Donors in Anwesenheit des Akzeptors ist gegeben durch

$$\tau_{D-A} = \frac{1}{k_f^D + k_{ic}^D + k_{isc}^D + k_T} \qquad (5.20)$$

Ohne Akzeptor ist

$$\tau_D = \frac{1}{k_f^D + k_{ic}^D + k_{isc}^D} \qquad (5.21)$$

und damit gilt unter Berücksichtigung von Gl. (5.18)

$$\frac{\tau_{D-A}}{\tau_D} = 1 - E_T \qquad (5.22)$$

Die Bestimmung der Transfereffizienz E_T über die Messung der Lebensdauer hat den Vorteil, daß keine Verfälschung durch eine eventuell auftretende Reabsorption erfolgt. Die Fluoreszenz-Lebensdauer des Donors

wird hier nur durch den Resonanztransfer verringert Gl. (5.20), da dieser den angeregten Zustand des Donormoleküls desaktiviert. Die Reabsorption von Strahlung führt zu keiner Veränderung der Lebensdauer τ_D.

Die charakteristische Abhängigkeit der Transfereffizienz vom Abstand zwischen Donor und Akzeptor erlaubt eine Aussage über die strukturelle Organisation von Chromophoren in Makromolekülen. Für die Übertragungsrate k_T gilt die Beziehung

$$k_T = \frac{1}{\tau_D} \left(\frac{R}{R_0} \right)^{-6} \qquad (5.23)$$

Dabei ist R der Abstand zwischen Donor und Akzeptor und R_0 der kritische Abstand eines jeweiligen Donor-Akzeptor-Paares, für den die Wahrscheinlichkeit des Resonanztransfers und der innermolekularen Desaktivierung des Donors durch strahlende und strahlungslose Prozesse gleich groß ist. R_0 ist für ein gegebenes Donor-Akzeptor-Paar eine Konstante mit typischen Werten zwischen 1 und 5 nm.

Ohne auf die theoretische Ableitung von Gl. (5.23) näher einzugehen, sei an dieser Stelle bemerkt, daß die Wechselwirkungsenergie zwischen angeregtem Donor und Akzeptor der zweier Dipole entspricht und demzufolge mit der dritten Potenz des Molekülabstandes abnimmt. Die Wahrscheinlichkeit für den Energieübergang ist proportional zum Quadrat der Wechselwirkungsenergie und führt zu der R^{-6}-Abhängigkeit.

Die Transfereffizienz läßt sich unter Berücksichtigung von Gl. (5.21) und (5.18) darstellen durch:

$$E_T = \frac{k_T}{k_T + 1/\tau_D} \qquad (5.24)$$

und mit Gl. (5.23) erhält man

$$E_T = \frac{R_0^6}{R^6 + R_0^6} \qquad (5.25)$$

Die Messung der Energie-Übertragungseffizienz E_T ermöglicht somit für Abstände in der Nähe von R_0 eine äußerst genaue Bestimmung der Entfernung zwischen Donor- und Akzeptormolekül.

Der Resonanztransfer von Anregungsenergie ist nicht auf den Transfer zwischen unglei-

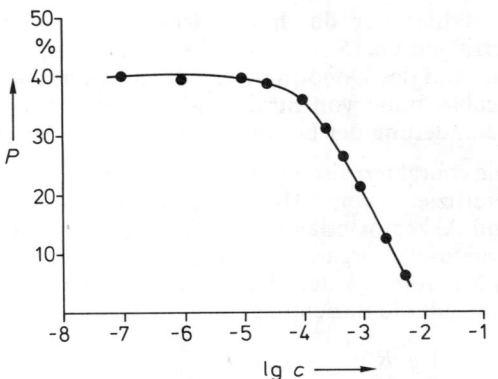

Abb. 5.9 Konzentrationsdepolarisation der Fluoreszenz von Fluoreszein in Glyzerin [nach Pheofilov, P. P., Sveshnikov, B. (1940), J. Physics USSR **3**, 493]

chen Molekülen beschränkt, sondern ist auch zwischen gleichartigen Molekülen möglich, da sich das Absorptions- und Emissionsspektrum eines Moleküls stets überlappen. Dies kann man sehr gut an Messungen der Fluoreszenz-Polarisation zeigen. Abb. 5.9 zeigt den Verlauf des Polarisationsgrades in Abhängigkeit von der Fluorophor-Konzentration. Unter Ausschluß einer möglichen Reabsorption beobachtet man oberhalb einer bestimmten Konzentration eine Abnahme im Polarisationsgrad der Fluoreszenz-Strahlung. Dieser Effekt wird als Konzentrationsdepolarisation bezeichnet.

Die Ursache hierfür ist der Resonanztransfer der Anregungsenergie zwischen den Fluorophoren. Da die Übergangsdipolmomente der am Transfer beteiligten Moleküle im allgemeinen einen Winkel einschließen, erfolgt die Emission der Fluoreszenz-Strahlung nach einem oder mehreren Transferprozessen unter einer geänderten Polarisationsrichtung, wodurch der gemessene Polarisationsgrad abnimmt (Abb. 5.10).

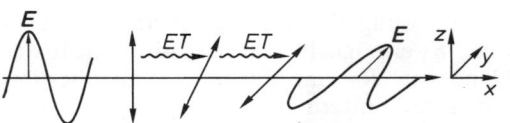

Abb. 5.10 Drehung der Schwingungsebene von linear polarisiertem Licht durch mehrfache Energieübertragung

5. Fluoreszenz-Polarisation

Die Fluoreszenz-Strahlung eines Moleküls ist außer durch Wellenlänge bzw. Frequenz durch ihre Polarisationsrichtung charakterisiert, d. h. durch die Richtung des elektrischen Feldstärkevektors. Analog zur Beschreibung der Absorption elektromagnetischer Strahlung durch ein Absorptions-Übergangsdipolmoment μ_A erfolgt die Emission von Fluoreszenz über ein entsprechendes Emissions-Übergangsdipolmoment μ_E, das man sich klassisch als elektrischen Dipoloszillator vorstellen kann.

5.1 Qualitative Beschreibung

Absorptions- und Emissions-Übergangsdipolmomente haben eine definierte Orientierung in einem molekularen Achsensystem. In Abb. 5.11 ist die Orientierung des Absorptions-Übergangsdipolmomentes am Beispiel des Anthrazens dargestellt. Das Emissions-Übergangsdipolmoment der meisten Fluorophore schließt mit dem Absorptions-Übergangsdipolmoment einen Winkel im Bereich von 10 bis 40 ° ein.

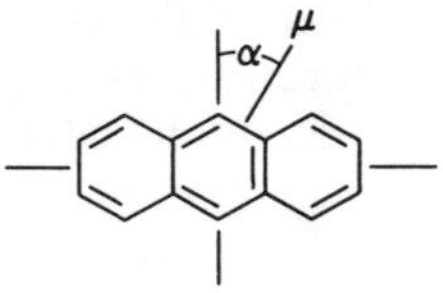

Abb. 5.11 Lage des Absorptions-Übergangsdipolmomentes von Anthracen [nach Yguerabide, J. (1978), In Cell Membranes and Viral Envelopes, Tiffany, J. M., Blough H. A. (eds). Academic Press]

Die Polarisation der Strahlung einer fluoreszierenden Probe ist von der Orientierung des Emissions-Übergangsdipolmoments und damit von der Bewegung der Moleküle (Drehung des Moleküls, Beweglichkeit von Molekülsegmenten) abhängig. Im folgenden soll gezeigt werden, wie man aus einer Analyse der Polarisation der Fluoreszenz-Strahlung Aussagen über die Rotationsbeweglichkeit, die Orientierung und die Viskosität in der Umgebung der betrachteten Moleküle erhalten kann.

Im Achsensystem der Abb. 5.12 wird linear polarisiertes Licht in Richtung der x-Achse

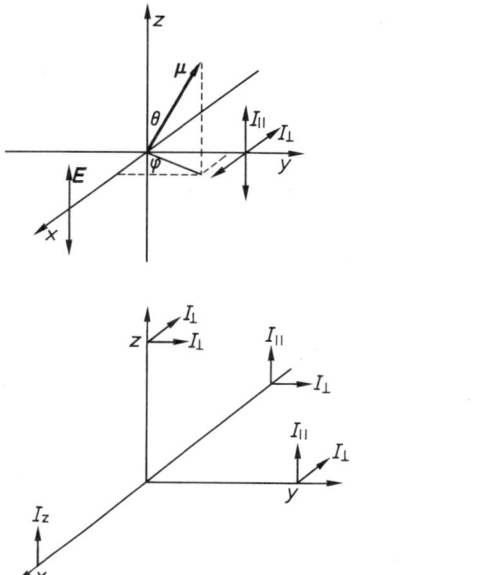

Abb. 5.12 Schematische Darstellung des Meß-prinzips zur Bestimmung der Fluoreszenz-Polarisation

eingestrahlt. Die Polarisationsebene ist die x-z-Ebene. Die fluoreszierende Probe wird hier durch den Vektor μ des Übergangsdipolmoments dargestellt. Zur Vereinfachung soll dieser für die Absorption und die Emission die gleiche Orientierung aufweisen. Die emittierte Fluoreszenz-Strahlung wird in y-Richtung detektiert, dabei sind $I_\parallel$ und $I_\perp$ die Komponenten der Fluoreszenz-Intensität parallel bzw. senkrecht zur einfallenden Strahlung.

Als quantitatives Maß für die Polarisation definiert man den Polarisationsgrad P bzw. die Anisotropie A:

$$P = \frac{I_\parallel - I_\perp}{I_\parallel + I_\perp} \qquad (5.26a)$$

$$A = \frac{I_\parallel - I_\perp}{I_\parallel + 2\,I_\perp} \qquad (5.26b)$$

Obwohl in der Literatur überwiegend der Polarisationsgrad P zur Darstellung der Fluoreszenz-Polarisation angegeben wird, stellt die Anisotropie die physikalisch sinnvollere Größe dar, da sie die Beiträge aller Polarisationsrichtungen der emittierten Strahlung berücksichtigt. Die senkrecht zur Anregung polarisierte Fluoreszenz-Strahlung läßt sich in eine

Komponente für in x-Richtung polarisierte Strahlung und eine in y-Richtung polarisierte Komponente aufteilen. Beide Komponenten besitzen die gleiche mittlere Intensität $I_\perp$, da die Verteilung des Moleküls unabhängig vom Winkel φ ist [s. Gl. (5.28)]. Die Gesamtintensität der Fluoreszenz ist damit gegeben durch $I_\parallel + 2\,I_\perp$.

Im Fall von $P \to 0$ spricht man von unpolarisierter Strahlung ($I_\parallel \cong I_\perp$). Für $P = 1$ ist die emittierte Strahlung vollständig polarisiert, d. h. es tritt keine senkrechte Komponente auf. Bei $P < 1$ handelt es sich um teilweise polarisierte Strahlung.

5.2 Quantitative Beschreibung

5.2.1 Absorptionsprozeß

Betrachten wir zunächst den Einfluß von linear polarisiertem Licht auf die Absorption des Fluorophors. Ist μ_A der Vektor des Übergangsdipolmoments eines Moleküls für die Absorption und E der Vektor der elektrischen Feldstärke der anregenden Strahlung, so ist die Wahrscheinlichkeit $P(\theta, \varphi)$ für die Absorption proportional zu $(\mu_A E)^2$ und damit proportional zu $\cos^2\theta$, wenn θ den Winkel zwischen μ_A und E bezeichnet (Abb. 5.12). Die Wahrscheinlichkeit für die Absorption ist also am größten für Moleküle, deren Übergangsdipolmoment μ_A in Richtung des elektrischen Feldstärkevektors orientiert ist. Diese bevorzugte Anregung für kleine Winkel θ bezeichnet man als Photoselektion.

Neben der Anregungswahrscheinlichkeit ist die relative Anzahl $N(\theta, \varphi)$ an Molekülen zu berücksichtigen, die eine Orientierung des Absorptions-Übergangsdipolmoments μ_A im Winkelbereich zwischen θ und $\theta + d\theta$ sowie φ und $\varphi + d\varphi$ aufweisen. Für ein Ensemble statistisch verteilter Moleküle erhält man

$$N(\theta, \varphi)\,d\theta\,d\varphi = \sin\theta\,d\theta\,d\varphi \qquad (5.27)$$

Der Faktor $\sin\theta$ in Gl. (5.27) tritt auf, da für eine isotrope Molekülverteilung bei Vorgabe einer bestimmten Bezugsrichtung (z. B. der Polarisationsrichtung z der einfallenden Strahlung), die Anzahl von Molekülen mit einer Orientierung senkrecht zu z viel größer als für Moleküle mit einer nahezu parallelen Orientierung zu z ist (Abb. 5.13).

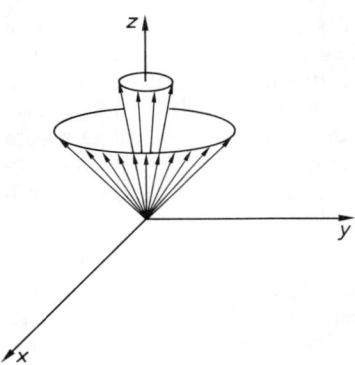

Abb. 5.13 Verteilung der Übergangsdipolmomente eines isotropen Molekül-Ensembles für verschiedene Winkel θ. Die Zahl der Übergangsdipolmomente mit einem bestimmten Winkel θ zur z-Achse wird durch die Mantelfläche F eines Kegels mit dem Öffnungswinkel 2θ repräsentiert. Da die Dichte der Dipolmomente auf jeder Fläche gleich groß sein muß (isotrope Verteilung), ist die jeweilige Zahl von Übergangsdipolmomenten proportional zur Fläche $F = \pi\, h \sin \theta$

Die relative Zahl $Z(\theta, \varphi)$ an angeregten Molekülen im Winkelbereich $d\theta\, d\varphi$ ist damit gegeben durch

$$Z(\theta, \varphi)\, d\theta\, d\varphi = N(\theta, \varphi)\, P(\theta, \varphi)\, d\theta\, d\varphi \tag{5.28a}$$

und

$$Z(\theta, \varphi)\, d\theta\, d\varphi \sim \cos^2 \theta \sin\theta\, d\theta\, d\varphi \tag{5.28b}$$

Bezogen auf die Gesamtzahl an angeregten Molekülen $N = \int\limits_{\varphi=0}^{2\pi} \int\limits_{\theta=0}^{\pi} Z(\theta, \varphi)\, d\theta\, d\varphi$ erhält man für den Anteil $W(\theta, \varphi)$ an angeregten Molekülen im Winkelbereich $\theta \ldots \ldots \theta + d\theta$ sowie $\varphi \ldots \ldots \varphi + d\varphi$ den Ausdruck

$$W(\theta, \varphi) = \frac{\cos^2\theta \sin\theta\, d\theta\, d\varphi}{\int\limits_{\varphi=0}^{2\pi} \int\limits_{\theta=0}^{\pi} \cos^2\theta \sin\theta\, d\theta\, d\varphi} \tag{5.29a}$$

Die Durchführung der Integration ergibt

$$W(\theta, \varphi)\, d\theta\, d\varphi = \frac{2}{4\pi} \cos^2\theta \sin\theta\, d\theta\, d\varphi \tag{5.29b}$$

Wie aus Gl. (5.29) hervorgeht, führt die Einstrahlung von linear polarisiertem Licht zu einer anisotropen Verteilung der angeregten Moleküle, die zylindersymmetrisch zur Polarisationsrichtung der einfallenden Strahlung ist. Die Übergangsdipolmomente der angeregten Moleküle weisen eine bevorzugte Orientierung in Richtung der z-Achse auf. Aufgrund der anisotropen Verteilung der angeregten Moleküle muß auch die Polarisation der emittierten Fluoreszenz-Strahlung anisotrop sein.

Es wird deutlich, daß bereits der Absorptionsprozeß der linear polarisierten Strahlung zu einer Depolarisation der Fluoreszenz führt.

5.2.2 Emission (Fluoreszenz)

Wie bereits erwähnt, wird die Polarisationsebene der emittierten Strahlung eines Moleküls durch die Orientierung des Emissions-Übergangsdipolmoments μ_E bestimmt. Neben der Fluoreszenz-Depolarisation durch den Absorptionsprozeß müssen wir daher zwei weitere Beiträge beachten:

1. Die relative Orientierung zwischen Absorptions- und Emissions-Übergangsdipolmoment, welche je nach betrachtetem Absorptions- und Fluoreszenz-Übergang für ein Molekül verschieden sein kann.
2. Bewegungen des Moleküls innerhalb der Lebensdauer des angeregten Zustandes, die zu einer Änderung in der Orientierung des molekülfesten Übergangsdipolmoments führen.

Betrachten wir zunächst eine starre, isotrope Probe, d. h. die räumliche Orientierung des Emissions-Übergangsdipolmoments soll sich innerhalb der Fluoreszenz-Lebensdauer der Moleküle nicht ändern. Weiterhin soll bei Absorption und Emission der gleiche elektronische Übergang im Molekül auftreten, so daß Absorptions- und Emissions-Übergangsdipolmoment parallel orientiert sind. Die Wahrscheinlichkeit $P_z(\theta, \varphi)$ für eine Polarisation der emittierten Strahlung in z-Richtung ist proportional zu $(\mu_z \cdot e_z)^2$ und damit proportional zu $\cos^2 \theta$. Für in x-Richtung polarisiertes Licht gilt entsprechend

$$P_x(\theta, \varphi) \sim (\mu_x \cdot e_x)^2 \sim (\sin\theta \cos\varphi)^2.$$

Dabei sind e_x und e_z die Einheitsvektoren der jeweiligen Raumrichtung.

Die relativen Intensitäten $I_\parallel$ und $I_\perp$ der Fluoreszenz-Strahlung erhalten wir durch Multiplikation mit dem Anteil $W(\theta, \varphi)$ an angeregten Molekülen Gl. (5.29) und anschließender Integration über die gesamte Kugeloberfläche:

$$I_\parallel = \int\limits_{\varphi=0}^{2\pi} d\varphi \int\limits_{\theta=0}^{\pi} \cos^2\theta\; W(\theta, \varphi)\, d\theta\, d\varphi = \frac{3}{5} \quad (5.30)$$

$$I_\perp = \int\limits_{\varphi=0}^{2\pi} d\varphi \int\limits_{\theta=0}^{\pi} \sin^2\theta \cos^2\varphi\; W(\theta, \varphi)\, d\theta\, d\varphi = \frac{1}{5} \quad (5.31)$$

Entsprechend den gemachten Annahmen ($\boldsymbol{\mu}_A \parallel \boldsymbol{\mu}_E$, unbewegliche Moleküle) geben die Werte in Gl. (5.30) und Gl. (5.31) den Maximalwert für $I_\parallel$ und das Minimum für $I_\perp$ wieder. Einsetzen in Gl. (5.26a) bzw. Gl. (5.26b) ergibt $P = 0{,}5$ und $A = 0{,}4$ als Maximalwerte für die Fluoreszenz-Polarisation einer Probe aus unbeweglichen, isotrop im Raum verteilten Molekülen.

Für einen beliebigen Winkel γ zwischen Absorptions- und Emissions-Übergangsdipolmoment läßt sich die Fluoreszenz-Polarisation darstellen durch

$$P_0 = \frac{3\cos^2\gamma - 1}{\cos^2\gamma + 3} \quad (5.32a)$$

bzw.

$$A_0 = \frac{3\cos^2\gamma - 1}{5} \quad (5.32b)$$

Der Index „0" bedeutet, daß die Gl. (5.32a) und (5.32b) nur für Moleküle gelten, deren Orientierung innerhalb der Lebensdauer des angeregten Zustandes unverändert bleibt. Der allgemeine Fall unter Berücksichtigung der molekularen Bewegung der Fluorophore wird durch die Perrin-Gleichung beschrieben:

$$\frac{1}{P} - \frac{1}{3} = \left(\frac{1}{P_0} - \frac{1}{3}\right)\left(1 + \frac{3\tau_F}{\tau_c}\right) \quad (5.33a)$$

bzw.

$$\frac{1}{A} = \frac{1}{A_0\,(1 + 3\tau_F/\tau_c)} \quad (5.33b)$$

τ_F ist die Fluoreszenz-Lebensdauer des Moleküls und τ_c die Rotationskorrelationszeit. Diese ist eine charakteristische Größe zur Beschreibung von Rotationsbewegungen und durch

$$\tau_c = \frac{1}{2\,D_{rot}} \quad (5.34)$$

definiert. Die Diffusionskonstante D_{rot} ist für kugelförmige Moleküle gegeben durch

$$D_{rot} = \frac{k \cdot T}{V_h \cdot \eta} \quad (5.35)$$

wobei k die Boltzmann-Konstante, T die absolute Temperatur, η die Viskosität der Probe und V_h das hydratisierte Molekülvolumen ist.

Es ist an dieser Stelle wichtig, auf verschiedene Annahmen hinzuweisen, die der Perrin-Gleichung zugrundeliegen:

– Moleküle werden als kugelförmig angenommen oder sollen die gleichen Rotationseigenschaften wie kugelförmige Teilchen mit dem Volumen V_h haben,
– Mikroviskosität der Umgebung eines Moleküls soll gleich der Viskosität der gesamten Probe sein,
– Rotationsbewegung soll ungehindert sein und statistisch erfolgen,
– Depolarisation soll nur durch Orientierungsunterschiede von Absorptions- und Emissions-Übergangsdipolmoment und durch Brownsche Molekularbewegung, nicht aber durch Energieübertragung, Reabsorption oder andere Effekte erfolgen.

Obwohl diese Annahmen in manchen Fällen nicht zutreffen, findet die Perrin-Gleichung wegen ihrer einfachen Form und ihrer vielfach nachgewiesenen Gültigkeit eine verbreitete Anwendung.

Ausgehend von der Perrin-Gleichung läßt sich die beobachtbare Fluoreszenz-Polarisation für verschiedene Werte von Fluoreszenz-Lebensdauer τ_F und Rotationskorrelationszeit τ_c diskutieren:

– Ist die Rotationskorrelationszeit groß gegenüber der Lebensdauer der angeregten Moleküle ($\tau_c \gg \tau_F$), so erfolgt keine Bewegung des Moleküls innerhalb von τ_F und wir erhalten $P = P_0$ bzw. $A = A_0$.
– Ist die Rotationskorrelationszeit sehr viel kleiner als die Fluoreszenz-Lebensdauer ($\tau_c \ll \tau_F$), so werden die angeregten Fluorophore innerhalb von τ_F eine statistische Ver-

teilung einnehmen. Damit wird $I_\parallel = I_\perp$ und Polarisationsgrad und Anisotropie sind Null.

– Liegen τ_c und τ_F in der gleichen Größenordnung ($\tau_c \approx \tau_F$), so wird sich die Orientierung der Moleküle innerhalb der Fluoreszenz-Lebensdauer aufgrund der Brownschen Molekularbewegung ändern. Die Verteilung der angeregten Moleküle bleibt jedoch anisotrop und der Polarisationsgrad P wird Werte zwischen $0 < P < P_0$ annehmen.

Bei Kenntnis von P_0 und τ_F läßt sich durch Messung des Polarisationsgrades P die Rotationskorrelationszeit τ_c des Fluorophors und damit dessen Rotationsbeweglichkeit aus der Perrin-Gleichung bestimmen. Über die Gl. (5.34) und (5.35) erhält man die Probenviskosität oder das hydratisierte Molekülvolumen des Fluorophors.

Aus dieser Betrachtung wird sofort deutlich, daß eine Messung der Fluoreszenz-Polarisation zur Untersuchung molekularer Beweglichkeit nur sinnvoll ist, wenn die Fluoreszenz-Lebensdauer der Moleküle von der gleichen Größenordnung wie die Rotationskorrelationszeit der zu betrachtenden Bewegung ist. Anders ausgedrückt bedeutet dies, daß man mit einem bestimmten Fluorophor nur einen begrenzten Zeitbereich der Rotationsbewegungen von Molekülen erfassen kann. Durch Fluoreszenz-Farbstoffe ist die Messung der Rotationskorrelationszeit im Bereich von 1 bis 100 ns, mit Phosphoreszenz-Farbstoffen sind Messungen im Bereich um ms möglich.

5.3 Statische und zeitaufgelöste Fluoreszenz-Polarisation

Bei der Messung der Fluoreszenz-Polarisation sind zwei Methoden zu unterscheiden. Die statische (kontinuierliche) Fluoreszenz-Polarisation beobachtet man bei Anregung der Probe mit einer konstanten Lichtquelle. Die Messung der Fluoreszenz-Intensität $I_\parallel$ und $I_\perp$ (s. Abb. 5.12, S. 57) liefert mittlere Intensitätswerte

$$I_\parallel = \frac{1}{\tau_F} \int_0^\infty I_\parallel\,(t)\,\mathrm{d}t \qquad (5.36a)$$

$$I_\perp = \frac{1}{\tau_F} \int_0^\infty I_\perp\,(t)\,\mathrm{d}t \qquad (5.36b)$$

Dementsprechend stellt auch der gemessene Polarisationsgrad P bzw. die Anisotropie A einen zeitlichen Mittelwert dar.

Zur Messung der zeitaufgelösten Fluoreszenz-Polarisation wird die Probe mit einem kurzen Laserpuls angeregt und der zeitliche Verlauf der Intensitäten $I_\parallel(t)$ und $I_\perp(t)$ gemessen.

Das Abklingen beider Fluoreszenz-Intensitäten verläuft exponentiell mit der Zeit. In unmittelbarem Anschluß an den Laserpuls ist die Polarisation der Fluoreszenz durch die Anisotropie der Absorption (Photoselektrion) gegeben. Dagegen haben Moleküle, die zu einem späteren Zeitpunkt fluoreszieren, bereits eine mehr oder weniger stark ausgeprägte Rotationsbewegung durchgeführt. Die Messung der Fluoreszenz-Polarisation in Abhängigkeit von der Zeit nach dem Puls zeigt daher eine Abnahme von P_0 bzw. A_0 auf einen Endwert, der durch Fluoreszenz-Lebensdauer und Ro-

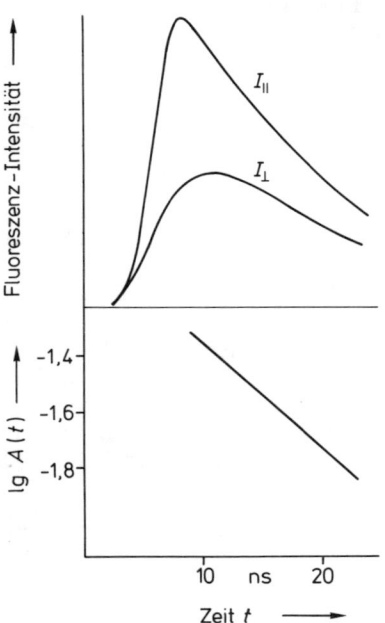

Abb. 5.14 Zeitaufgelöste Messung der Fluoreszenz in einer Orientierung parallel und senkrecht zum Anregungslicht. Die Anisotropie nimmt exponentiell mit der Zeit ab. Der Anstieg liefert die Rotationskorrelationszeit

tationskorrelationszeit bestimmt ist (Abb. 5.14).

Für kugelförmige Moleküle erfolgt die zeitliche Abnahme der Polarisation exponentiell. Die Zeit, in der Polarisationsgrad oder die Anisotropie auf den Bruchteil $1/e$ ihres ursprünglichen Wertes zurückgegangen sind, entspricht der Rotationskorrelationszeit τ_c, die damit direkt aus dem Experiment bestimmt werden kann.

6. Anwendungsbeispiele

Als natürliche Fluorophore bezeichnen wir fluoreszierende Molekül-Gruppen, die in biologischen Makromolekülen von Natur aus vorhanden sind. Ein Beispiel ist die Aminosäure Tryptophan (s. Abb. 1.1, S. 2), die in vielen Proteinen vorkommt.

6.1 Fluoreszenz-Sonden

Als Fluoreszenz-Sonden bezeichnen wir organische Moleküle, die kovalent an Makromoleküle gebunden werden können oder auch an Makromoleküle assoziieren oder interkalieren. Einige typische Beispiele zeigt die Abb. 5.15. 1-Anilino-8-Naphthalinsulfonat (ANS) assoziiert mit Proteinen oder Lipid-Membranen. Dieser Fluorophor hat in Wasser eine niedrige Quantenausbeute. In apolarer Umgebung emittiert er eine intensive, blauverschobene Fluoreszenz. 1-Dimethylamino-naphthalin-5-sulfonylchlorid (Dansyl-

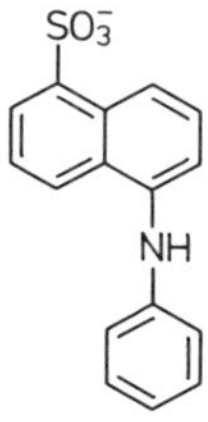

1-Anilino-8-Naphthalinsulfonat (ANS) 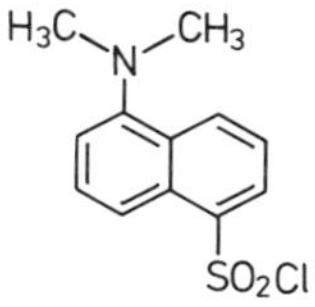 — 1-Dimethylamino-naphthalin-5-sulfonylchlorid (Dansylchlorid) 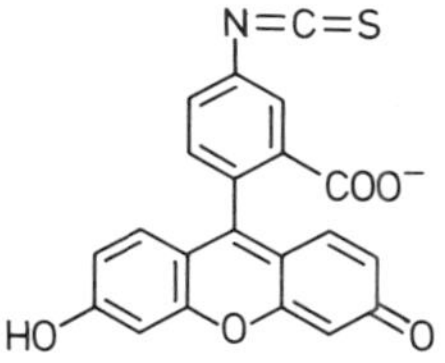 — Fluoreszein-Isothiocyanat 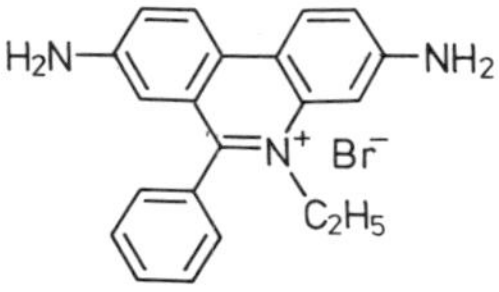 — Ethidiumbromid

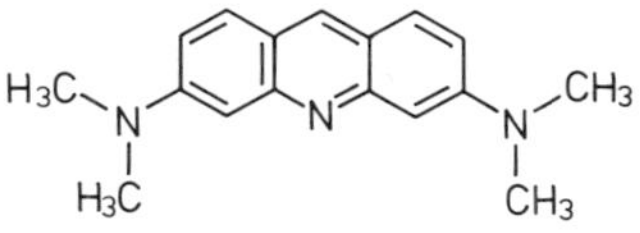

Acridinorange 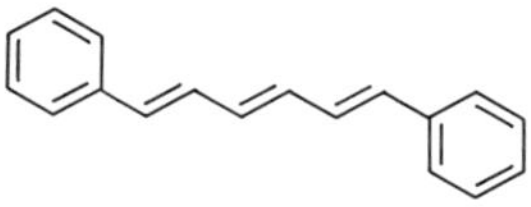 — Diphenylhexatrien 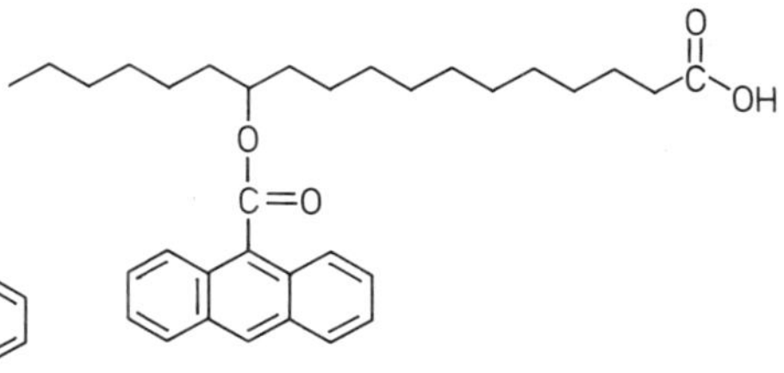 — 12-(9-Anthroyl)-Stearinsäure

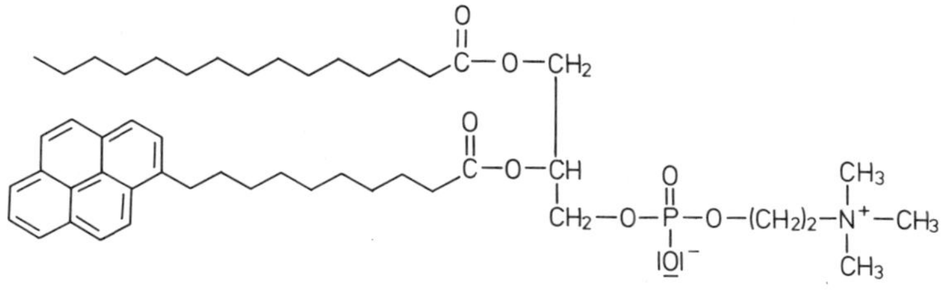

1-Acyl-2- 10-(1-Pyren)dekanoyl -glycero-3-phosphocholin

Abb. 5.15 Auswahl von Fluoreszenz-Sonden

chlorid) kann kovalent an NH_2-Gruppen gebunden werden und reagiert ebenfalls wie ANS empfindlich auf Änderungen in der Sondenumgebung. Fluoreszein ist ein häufig verwendeter Fluorophor zur Markierung von Proteinen. Das Molekül wird über eine Isothiocyanat-Gruppe kovalent an SH- oder NH_2-Gruppen gebunden. Ethidiumbromid und Acridinorange interkalieren in doppelsträngige DNA und werden deshalb als Fluoreszenz-Marker für Nukleinsäuren verwendet (Achtung: Ethidiumbromid ist stark cancerogen!).

Diphenylhexatrien- oder Anthroyl-Derivate von Fettsäuren sind typische Fluorophore zur Untersuchung von Membranstrukturen. Pyrenmarkierte Lipide bilden Excimere und können als Membran-Sonden eingesetzt werden.

6.2 Bathochrome Verschiebung der Tryptophan-Fluoreszenz von Proteinen

Tryptophan in wäßrigem Medium besitzt gegenüber einer apolaren Umgebung eine rotverschobene Fluoreszenz. Dieser bathochrome Effekt kann ausgenutzt werden, um die Assoziation eines Proteins mit Membranen zu untersuchen. Dies ist in Abb. 5.16 am Beispiel des Seminalplasmins, einem basischen Peptid aus der Samenflüssigkeit des Bullens, demonstriert.

Seminalplasmin, ein Peptid aus 47 Aminosäuren, weist ein Tryptophan auf. Gibt man zu einer wäßrigen Lösung des Peptids eine Dispersion von Phospholipiden, so wird Seminalplasmin inkorporiert und wir beobachten wegen der Polaritätsänderung eine Blauverschiebung in Abhängigkeit von der Menge des zugefügten Lipids. Die Titrationskurve ergibt, daß ca. 170 neutrale Lipide pro Peptid notwendig sind, um die maximale Blauverschiebung zu erreichen (Abb. 5.17).

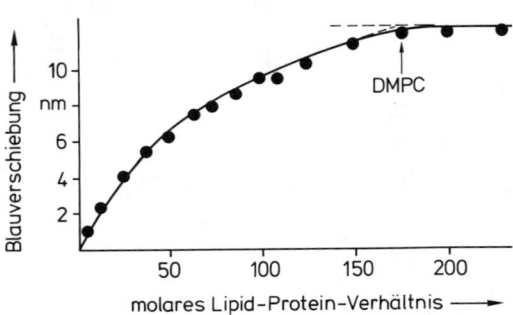

Abb. 5.17 Blauverschiebung der Tryptophan-Fluoreszenz von Seminalplasmin mit steigendem Lipid-Protein-Verhältnis [nach Galla, H.J. (1985), et al., Eur. Biophys. J. **12**, 211]

6.3 Änderung der Quantenausbeute bei Wechselwirkung mit makromolekularen Systemen

ANS (s. Abb. 5.15) wird als Fluorophor zur Bestimmung von Lipid-Phasenumwandlungen verwendet. Der Farbstoff bindet nicht an Lipide im kristallinen, aber an Lipide im fluiden Zustand (Abb. 5.18).

Dies ist mit einem drastischen Anstieg der Fluoreszenz-Quantenausbeute verbunden und kann ausgenutzt werden, um Phasenumwandlungen von Lipid-Membranen zu bestimmen (Abb. 5.19).

Ebenso ist es möglich, durch Bindung von ANS hydrophobe Bereiche an Proteinen zu titrieren (Abb. 5.20).

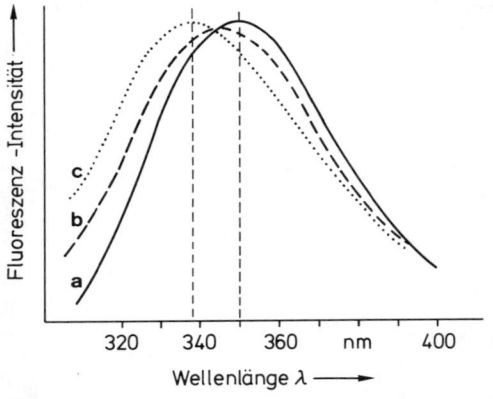

Abb. 5.16 Fluoreszenz-Spektren des Seminalplasmins **a** in wäßriger Lösung, **b** nach Zugabe von Lipid-Vesikeln (molares Lipid-Protein-Verhältnis = 50:1), **c** molares Lipid-Protein-Verhältnis = 200:1. Die Fluoreszenz wird von λ_{max} = 350 nm nach Zugabe von Lipid zu λ_{max} = 338 nm verschoben [nach Galla, H.J. (1985), et al., Eur. Biophys, J. **12**, 211]

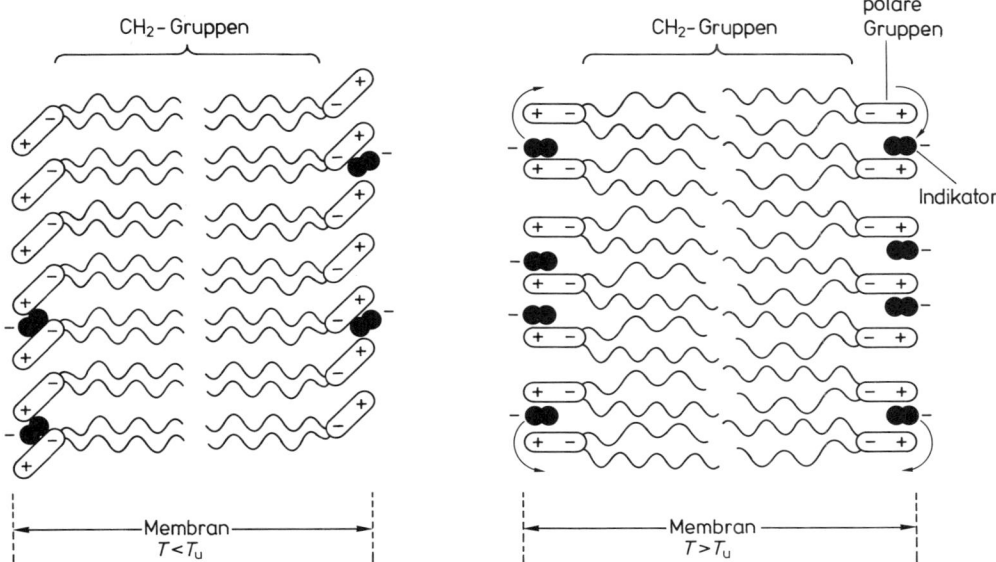

Abb. 5.18 Bindungsverhältnisse von ANS an Lipid-Membranen unterhalb und oberhalb der Phasen-Umwandlungstemperatur. Der Anstieg der Quantenausbeute bei Bindung des Farbstoffs an die Membran kann zur Bestimmung der Phasenumwandlung ausgenutzt werden [nach Träuble, H. (1971) Naturwissenschaften **6**, 277]

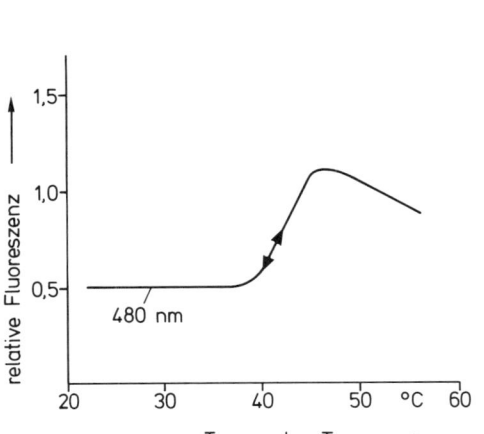

Abb. 5.19 Phasenumwandlungskurve von Dipalmitoylphosphatidylcholin durch Messung der Fluoreszenz-Intensität von ANS

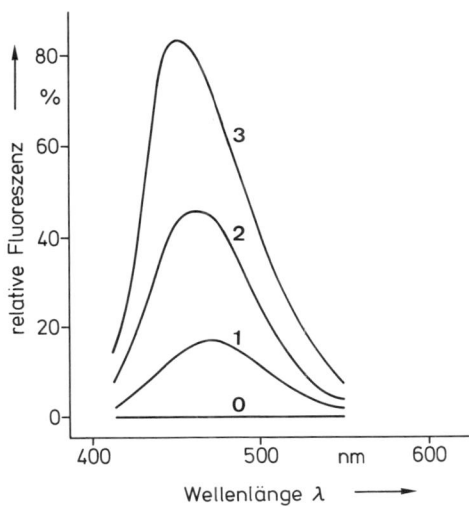

Abb. 5.20 Intensitätszunahme der Fluoreszenz von ANS nach Adsorption an Rinderserum-Albumin (BSA). **1, 2** und **3** geben steigende BSA-Konzentrationen an [nach Freifelder, D. (1982), Physicyl Biochemistry, W. H. Freeman Comp.]

6.4 Excimere

Die Bildung von angeregten Dimeren ist ein diffusionskontrollierter Prozeß. Aus der Excimeren-Bildungsrate von Pyren-markierten Lipiden kann der Diffusionskoeffizient in Membranen in einer Richtung parallel zur Membranoberfläche (laterale Diffusion) ermittelt werden.

6.4.1 Bestimmung des lateralen Diffusionskoeffizienten

Das Verhältnis der Quantenausbeute der Monomeren und Excimeren läßt sich darstellen durch

$$\frac{\Phi_E}{\Phi_M} = \frac{k_{fE}}{k_{fM}} \cdot k_a \cdot c \cdot \tau_E \qquad (5.37a)$$

Das Verhältnis der Quantenausbeuten wiederum ist dem Intensitätsverhältnis I_E/I_M proportional

$$\frac{\Phi_E}{\Phi_M} \sim \frac{I_E}{I_M} \qquad (5.37b)$$

Bei Kenntnis der Übergangsraten k_{fE} und k_{fM} für den Übergang des angeregten Monomeren in den Grundzustand bzw. den Zerfall der Excimeren unter Fluoreszenz-Emission und bei bekannter Lebensdauer τ_E der Excimeren kann über eine Messung der Intensitäten I_E und I_M die Excimeren-Bildungsrate $k_a \cdot c$ bestimmt werden (Abb. 5.21).

Der Wert von $k_a \cdot c$ ist abhängig von der Wahrscheinlichkeit für eine Kollision zwischen M und M* und läßt sich daher in Beziehung zum Diffusionskoeffizienten der Monomeren setzen. Für die Diffusion in der Lipid-Membran nehmen wir einen statistischen Hüpfprozeß an (Abb. 5.22).

Die Lipid-Membran betrachten wir näherungsweise als zweidimensionales Gitter. Die Assoziationsrate

$$k_a \cdot c = \nu_j \cdot n_s \qquad (5.38)$$

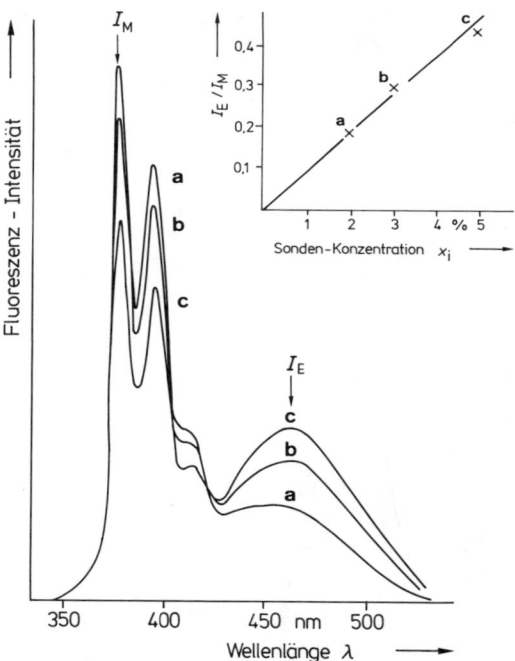

Abb. 5.21 Fluoreszenz-Spektren von Pyrendekansäure in fluiden Dipalmitoylphosphatidylcholin-Membranen. Stoffmengenanteil der markierten Fettsäure **a** $x_i = 2\%$, **b** $x_i = 3\%$, **c** $x_i = 5\%$. Aus dem Anstieg des Verhältnisses I_E/I_M als Funktion der Sonden-Konzentration kann der Diffusionskoeffizient berechnet werden

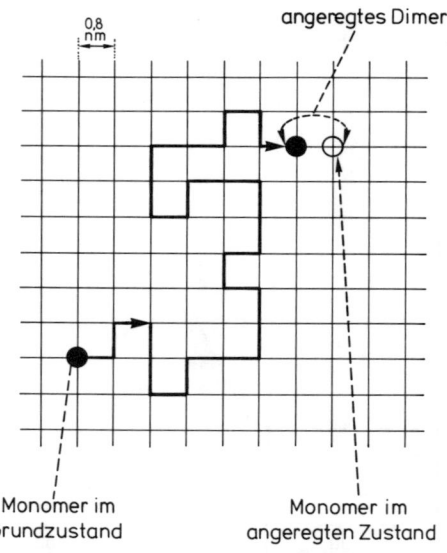

Abb. 5.22 Schematische Darstellung eines „random walks". Die Sonde bewegt sich statistisch von einem Gitterplatz der Lipid-Membran zum nächsten. Besetzen ein angeregtes und ein nicht-angeregtes Pyrenlipid zwei benachbarte Gitterplätze, so bildet sich ein Excimer [nach Galla, H. J., et al., (1979), J. Membrane Biol. **48**, 215]

ist proportional zur Sprungfrequenz v_j der Sondenmoleküle zwischen verschiedenen Gitterplätzen. Die mittlere Zahl an Sprüngen, die ein Monomer bis zu einer Excimeren-Bildung ausführt, sei n_s. Mit der Einstein-Relation und der mittleren Sprunglänge λ erhält man

$$D = \frac{1}{4} v_j \lambda^2 \qquad (5.39)$$

den Diffusionskoeffizienten der Sonden-Moleküle in der Membran, der eine Aussage über die Fluidität zuläßt.

Für die laterale Diffusion von Lipiden in der flüssigkristallinen L_α-Phase wurden Diffusionskoeffizienten der Größenordnung 10^{-8} bis 10^{-7} cm^2/s bestimmt. Diese im Vergleich zur Selbstdiffusion in Wasser (10^{-6} bis 10^{-5} cm^2/s) relativ langsame Diffusion in der Lipid-Membran beruht darauf, daß es sich hier um die Diffusion von zwei langen, kovalent über die Kopfgruppe verbundenen Kohlenwasserstoff-Ketten handelt. Unterhalb der Phasenumwandlungstemperatur, in der P_β-Phase, erhält man Diffusionskoeffizienten von 10^{-11} bis 10^{-10} cm^2/s. Diese können allerdings nicht mit der Excimeren-Methode bestimmt werden, da bei solch langsamer Diffusion eine Excimeren-Bildung innerhalb der Fluoreszenz-Lebensdauer der Pyren-Sonden ($\tau_M \sim 100$ ns) unwahrscheinlich ist.

Eine andere Methode, die ebenfalls fluoreszierende Lipide verwendet (s. Abschn. 6.8) erlaubt die Messung von Diffusionskoeffizienten im Bereich von 10^{-6} bis 10^{-12} cm^2/s.

6.4.2 Phasentrennungsphänomene in Lipid-Membranen

Gl. (5.37) zeigt, daß das Intensitätsverhältnis I_E/I_M außer von der Assoziationskonstanten k_a von der Konzentration der Excimeren-bildenden Sonde abhängt. Im Falle eines diffusionskontrollierten Prozesses steigt bei statistischer Sondenverteilung I_E/I_M linear mit der Konzentration an (Abb. 5.21). Dies ist nicht der Fall, wenn die Sonde bevorzugt in bestimmte Membranbereiche einbaut. Dann kommt es zu einer höheren lokalen Konzentration und damit zu einem höheren I_E/I_M-Wert.

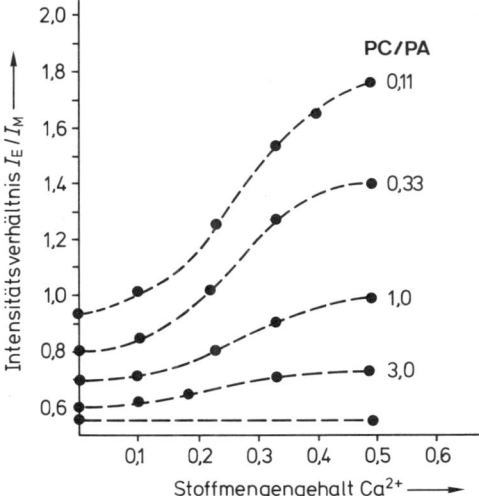

Abb. 5.23 Intensitätsverhältnis I_E/I_M von Pyrendekansäure in gemischten Phosphatidylcholin (**PC**)/Phosphatidsäure (**PA**)-Membranen. Das Mischungsverhältnis ist variabel. Mit steigender Ca^{2+}-Konzentration beobachtet man einen Anstieg der Excimeren-Bildung. Die Ursache ist eine Ca^{2+}-induzierte Phasentrennung [nach Galla, H. J., Sackmann, E. (1975), J. Amer. Soc. **97**, 4114]

Abb. 5.23 zeigt dies am Beispiel einer Lipid-Mischung aus negativ geladener Phosphatidsäure **PA** und neutralem Phosphatidylcholin **PC**. Die Temperatur ist so gewählt, daß in Abwesenheit von Ca^{2+} beide Lipide fluide sind. Durch Ca^{2+} wird Phosphatidsäure komplexiert und in den kristallinen Zustand überführt. Die beiden Lipide sind dann nicht mehr miteinander mischbar und es bilden sich fluide PC-Domänen neben rigiden Ca^{2+}-PA-Domänen. Die Ausprägung einer solchen Phasentrennung hängt von der Ca^{2+}-Konzentration ab.

Mit der Excimeren-Technik beobachtbar wird die Domänenbildung durch die höhere Löslichkeit der verwendeten Sonde in fluiden Membranen. Pyrendekansäure wird Ca^{2+}-abhängig aus der kristallisierten in die fluide Phase gedrängt. Es kommt zu einer lokalen Konzentrationserhöhung, die umso stärker ist, je geringer der PC-Anteil in der Membran gewählt wurde. Wir beobachten einen drastischen Anstieg in der Excimeren-Fluoreszenz.

6.4.3 Protein-Assoziation

Die Excimeren-Bildung ist nicht nur zur Untersuchung von Membranstrukturen anwendbar. So konnte nachgewiesen werden, daß die Ca^{2+}-abhängige ATPase im membrangebundenen Zustand als Oligomer vorkommt (Abb. 5.24). Das Protein wurde über ein Maleinimidpyren kovalent markiert. Mit steigender Sondenkonzentration wird die Excimeren-Bildung beobachtet. Eine Doppelmarkierung an einem Protein wurde experimentell ausgeschlossen, so daß die Bildung eines Oligomers der ATPase in Membranen angenommen werden muß. Nur eine regelmäßige Anordnung der Proteine ermöglicht die Bildung von Excimeren.

6.4.4 Excimer-Laser

Große Bedeutung hat in den letzten Jahren der Einsatz von Excimeren als Lasermaterial erlangt. Für den Betrieb eines Lasers ist es notwendig, die Besetzung der beteiligten Energieniveaus zu invertieren, d. h. das angeregte Niveau muß stärker besetzt sein.

Die Verwendung von Excimeren ist dafür nahezu ideal, da die Zahl an Molekülen im unteren Energieniveau verschwindend klein ist (s. Abb. 5.6, S. 51). Hinzu kommt ein sehr hoher Wirkungsgrad der Excimer-Laser, d. h. man erhält eine weitgehende Abstrahlung der von außen zugeführten Energie. Als Excimeren-bildende Moleküle werden überwiegend Edelgashalogenide eingesetzt (z. B. ArF, KrF).

6.5 Lokalisation von Fluorophoren in Membranen durch Fluoreszenz-Löschung

Die Untersuchung der Effizienz der Fluoreszenz-Löschung durch Radikal-Sonden ermöglicht die Bestimmung der Lage von Fluoreszenz-Sonden in Membranen. Besonders geeignet sind Fettsäuren oder Lipide mit Nitroxid-Gruppen, die sich an jeweils verschiedenen Positionen der Kohlenwasserstoff-Ketten befinden. Abb. 5.25 zeigt in einer Stern-Volmer-Auftragung die Fluoreszenz-Löschung der Fluorophore Pyrenbuttersäure und Pyrendekansäure durch verschiedene Radikal-Sonden in Lipid-Membranen. Als Löschermoleküle wurden C_5-, C_{12}- und C_{16}-Nitroxidstearinsäure verwendet. Die Fluoreszenz-Löschung ist bei Pyrenbuttersäure am effektivsten mit der C_5-Radikal-Sonde und nimmt umso mehr ab, je tiefer die Nitroxid-Gruppe in der apolaren Region der Membran liegt. Für die Pyrendekansäure findet man aufgrund der längeren Kohlenwasserstoff-Kette die effektivste Löschung erwartungsgemäß durch die C_{12}-Radikal-Sonde. Aus der bekannten Lage der Nitroxid-Gruppen in der Membran läßt sich die Position der chromophoren Gruppe (Pyren) der Fluoreszenz-Sonden angeben.

Die Methode wurde zur Bestimmung der Lage des Porphyrin-Ringes von Chlorophyll-Molekülen in Membranen verwendet. Abb. 5.26 zeigt die Stern-Volmer-Auftragung

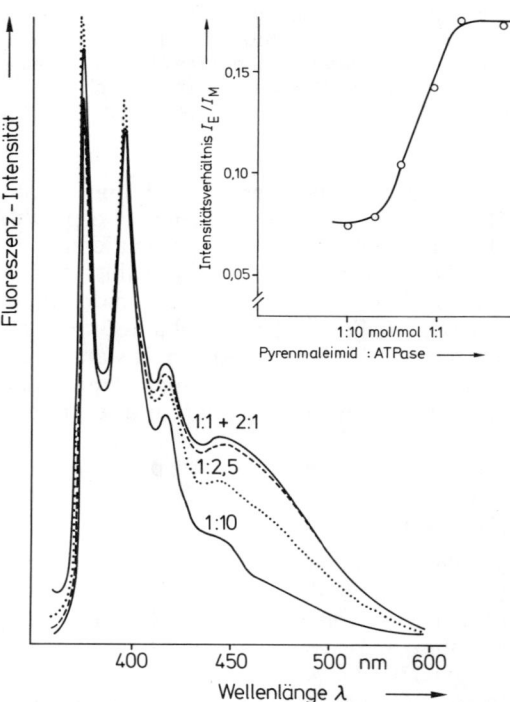

Abb. 5.24 Emissionsspektren von Pyren-markierter ATPase in Lipid-Vesikeln. Mit steigendem molaren Verhältnis von Pyrenemaleinimid zu ATPase wird eine Excimeren-Bande deutlich sichtbar [nach Lüdi, H., Hasselbach, W. (1983), Eur. J. Biochem. **130**, 5]

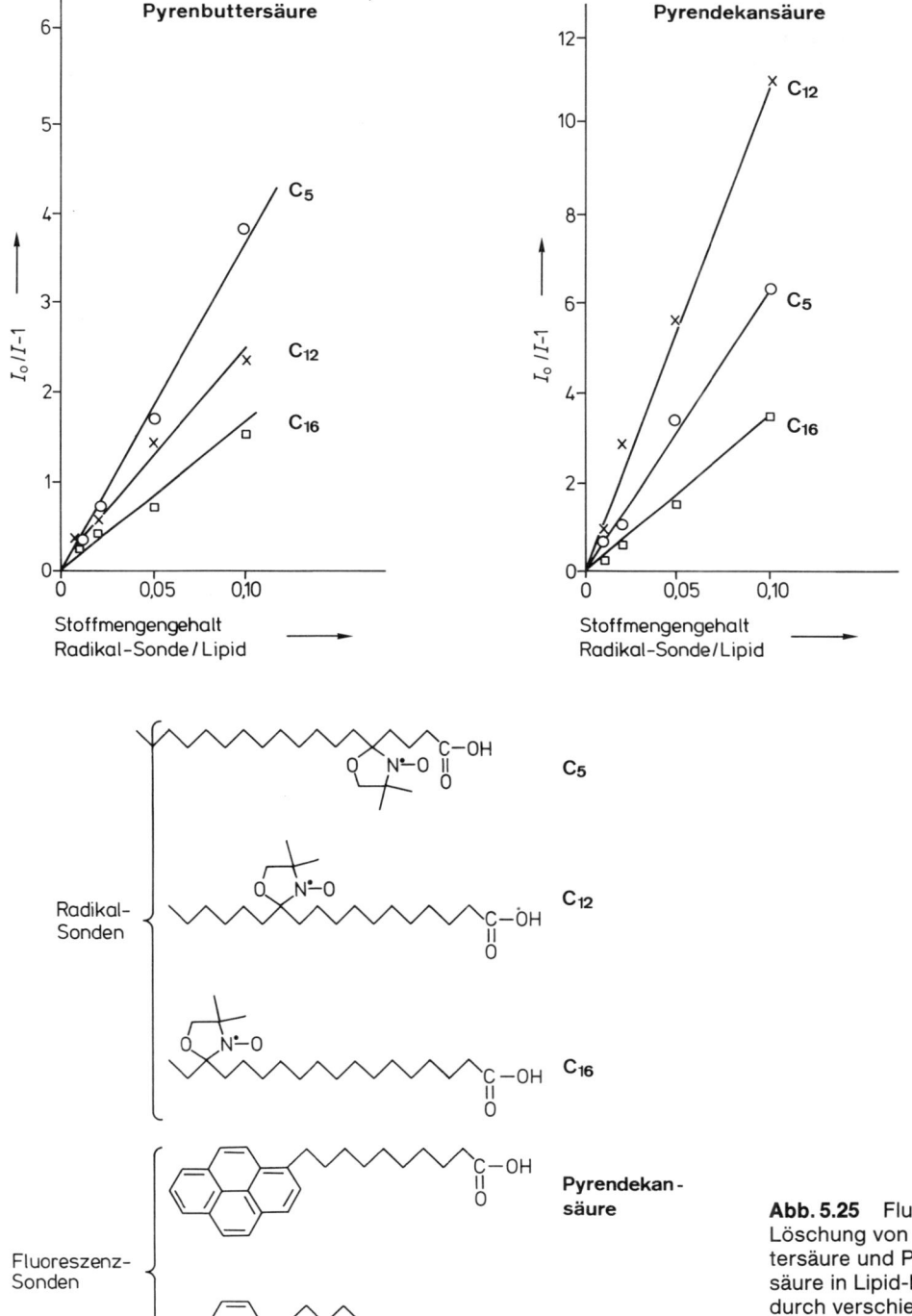

Abb. 5.25 Fluoreszenz-Löschung von Pyrenbuttersäure und Pyrendekansäure in Lipid-Membranen durch verschiedene Radikal-Sonden [nach Luisetti, J. (1979), et al., Biochim. Biophys. Acta **552**, 519]

des paramagnetischen Löschens der Chlorophyll-Fluoreszenz in Lipid-Membranen. Die Löschermoleküle sind die gleichen Radikal-Sonden wie in Abb. 5.25. Die Fluoreszenz-Löschung ist am stärksten durch das C_5-Nitroxidstearat, das nahe an der polaren Oberfläche der Membran liegt. Dagegen ist der Löscheffekt für die C_{12}-Radikal-Sonde deutlich geringer, für das C_{16}-Nitroxidstearat wird keine Änderung der Fluoreszenz-Intensität beobachtet. Diese Ergebnisse lassen darauf schließen, daß der Porphyrin-Ring des Chlorophylls im Bereich der polaren Kopfgruppen der Lipid-Membran orientiert ist.

6.6 Abstandsmessung durch Energieübertragung

Wir haben bereits gesehen, daß ANS an Serumalbumin bindet und dabei seine Fluoreszenz-Quantenausbeute erhöht (Abschn. 6.3). Wir können diese Adsorption an das Protein aber auch durch Messung des Energietransfers beobachten (Abb. 5.27). Serumalbumin besitzt Tryptophane, die mit ANS als Akzeptor Donor-Akzeptor-Paare bilden. Bei Anregung der Tryptophan-Fluoreszenz des Proteins beobachtet man mit steigendem Ligand (ANS)/Protein-Verhältnis eine Abnahme der

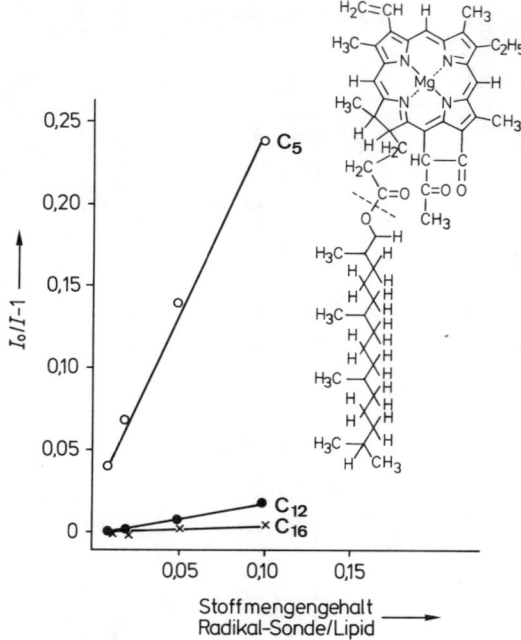

Abb. 5.26 Fluoreszenz-Löschung von Chlorophyll-A in Lipid-Membranen [nach Luisetti, J., et al. (1979), Biochim., Biophys. Acta **552**, 519]

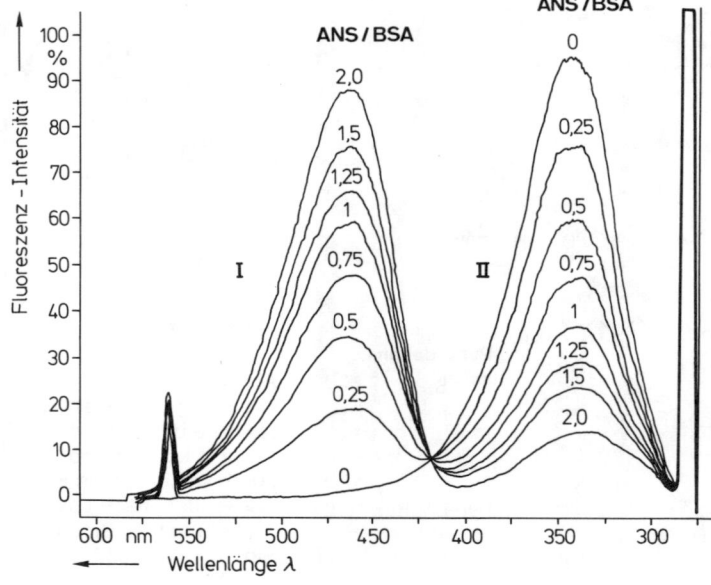

Abb. 5.27 Energieübertragung am Beispiel einer Löschung von **ANS** und **BSA**.
I Fluoreszenz von **ANS**,
II Tryptophan-Fluoreszenz des Proteins [nach Daniel, E., Weber, G. (1966), Biochemistry **5**, 1893]

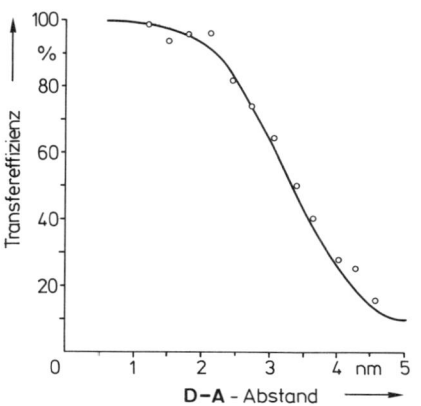

Dansyl   L-Prolyl   α-Naphthyl

Abb. 5.28 Überprüfung der R^{-6}-Abhängigkeit. Der Energieübertragungs-Donor **D** (α-Naphtyl-Gruppe) und Akzeptor **A** (Dansyl-Gruppe) werden durch die Poly-L-Prolin-Kette variabler aber definierter Länge getrennt. Die Transfereffizienz nimmt mit steigendem Abstand ab [nach Streyer, L., Hangland, R.P. (1967), Proc. Natl. Acad. Sci. USA **58**, 719]

Protein-Fluoreszenz bei gleichzeitiger Zunahme der Liganden-Fluoreszenz. Die Energieübertragung erreicht ihr Maximum bei Besetzung aller Ligandenbindeplätze, deren Zahl aus dem entsprechenden Ligand/Protein-Verhältnis bestimmt werden kann.

Aufgrund der Abstandsabhängigkeit (R^{-6}) ist der Energietransfer eine geeignete Methode, um die Entfernung zwischen Chromophoren in Makromolekülen zu bestimmen. Dazu muß der Abstand R_0, s. Gl. 5.23), bekannt sein und R_0 sollte im Bereich des zu messenden Abstandes liegen. Abb. 5.28 demonstriert eine Abstandsmessung am Beispiel eines linearen Peptids, das C- und N-terminal mit einem Donor bzw. Akzeptor markiert wurde. Die Länge des Peptids ist durch die Poly-Prolin-Einheit variabel und bekannt. Die Transfereffizienz als Funktion des Farbstoffabstandes zeigt sehr schön die R^{-6}-Abhängigkeit.

6.7 Fluoreszenz-Depolarisation

6.7.1 Messung der Phasenumwandlung von Lipid-Membranen

Lipid-Membranen weisen in Abhängigkeit von der Temperatur verschiedene Membranzustände (Phasen) auf, die sich durch Anordnung und Beweglichkeit der Lipid-Moleküle unterscheiden. Eine geeignete Methode zur Bestimmung der Phasenumwandlungstemperatur für den Übergang zwischen kristalliner und flüssigkristalliner Membranphase stellt die Fluoreszenz-Depolarisation dar. Abb. 5.29 zeigt den Verlauf des Polarisationsgrades der Fluoreszenz-Sonde Diphenylhexatrien in Lipid-Membranen aus Dipalmitoylphosphatidylcholin. In der kristallinen Membranphase liegen die Kohlenwasserstoff-Ketten der Lipide dicht gepackt in *all-trans*-Konformation vor. Die Sondenmoleküle, die die Fluidität im hydrophoben Membranbereich detektieren, sind in ihrer Beweglichkeit stark eingeschränkt. Der Polarisationsgrad der Fluoreszenz-Strahlung weist daher einen entsprechend hohen Wert ($P \approx 0,4$) auf. Nach Durchlaufen der Phasenumwandlung nimmt die Beweglichkeit der Fettsäure-Ketten durch die Bildung von *gauche*-Isomeren stark zu. Dies überträgt sich auf die Sondenmoleküle, wodurch die Fluoreszenz-Strahlung depolarisiert wird und der Polarisationsgrad auf einen deutlich geringeren Wert zurückgeht. Die Temperatur, bei der die sprunghafte Abnahme des Polarisationsgrades zu beobachten ist, gibt die Phasenumwandlungstemperatur der zugehörigen Lipid-Membran wieder.

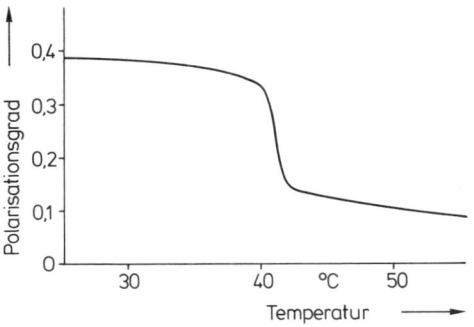

Abb. 5.29 Temperaturabhängigkeit des Polarisationsgrads von Diphenylhexatrien in Lipid-Membranen aus Dipalmitoylphosphatidylcholin

6.7.2 Bestimmung der Rotationskorrelationszeiten von Proteinen durch zeitabhängige Fluoreszenz-Depolarisation

Abb. 5.30 zeigt in halblogarithmischer Darstellung den zeitlichen Verlauf der Fluoreszenz-Anisotropie für die Fluoreszenz des Tryptophan-Restes in S. aureus Nuklease B und in basischem Myelinprotein. Die Steigung der Kurven ist umgekehrt proportional zur Rotationskorrelationszeit. Obwohl beide Proteine eine annähernd gleiche Molekülmasse besitzen, liefert das Experiment deutlich verschiedene Rotationskorrelationszeiten. Die Rotationskorrelationszeit für die Nuklease B entspricht dabei der theoretisch berechneten Rotationskorrelationszeit für eine starr hydratisierte Kugel gleicher Molekularmasse. Dies deutet darauf hin, daß der Tryptophan-Rest starr mit dem Protein verbunden ist. Der Tryptophan-Rest im Myelinprotein weist dagegen eine höhere Beweglichkeit auf, wie die deutlich kürzere Rotationskorrelationszeit zeigt.

6.8 „Fluorescence Recovery after Photobleaching" (FRAP) – eine Methode zur Bestimmung von Diffusionskoeffizienten in Membranen

Das Photobleichverfahren ist eine elegante Methode zur Messung von Transportprozessen in und durch Membranen. Dazu muß die Lipid-Membran zunächst mit einem Fluoreszenz-Farbstoff markiert werden. Man verwendet häufig markierte Phospho-Lipide wie NBD-PE (Abb. 5.31).

Mit Hilfe eines im Mikroskop fokussierten Lasers wird ein Meßfeld von einigen μm Durchmesser bestrahlt (Abb. 5.32). Durch die hohe Lichtintensität werden die Chromophore im Meßfeld gebleicht, d. h. sie werden irreversibel zerstört. Das Lipid bleibt dabei unbeschädigt. Im Meßfeld ist nach Anregung mit einer schwächeren Lampe keine Fluoreszenz zu beobachten. Mit der Zeit diffundieren jedoch Farbstoffe aus der Umgebung des Meßfeldes in dieses hinein. Nach dem Bleichpuls steigt also die Fluoreszenz im Meßfeld wieder an. Aus der Anstiegszeit läßt sich der Diffusionskoeffizient ermitteln. Mit dieser Methode können Koeffizienten zwischen 10^{-6} und 10^{-12} cm^2/s problemlos bestimmt werden.

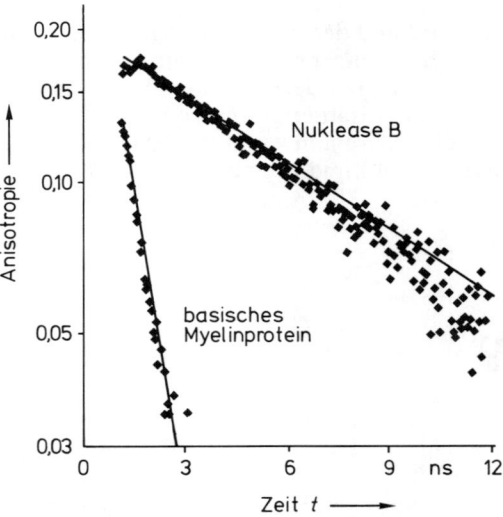

Abb. 5.30 Zeitabhängigkeit der Fluoreszenz-Anisotropie von S. aureus Nuklease B und basischem Myelin Protein [nach Munro, I. H. (1981), in „Fluorescent Probes" (ed. Beddard, G. S., West, M. A., Academic Press]

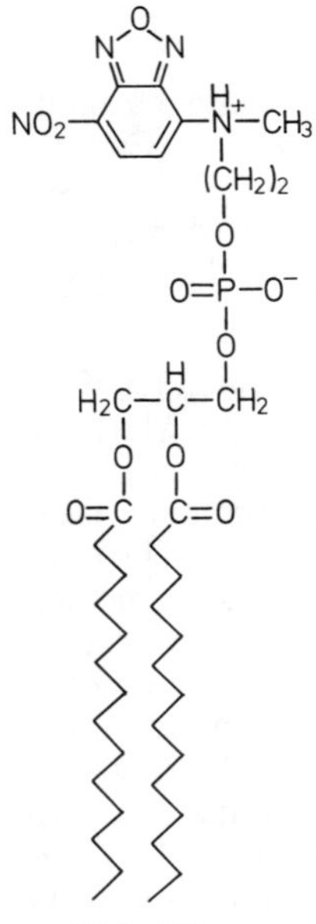

Abb. 5.31 Strukturformel der Lipid-Sonde *N*-4-nitro-benzo-2-oxa-1,3-diazol-phosphatidylethanolamin **NBD-PE**

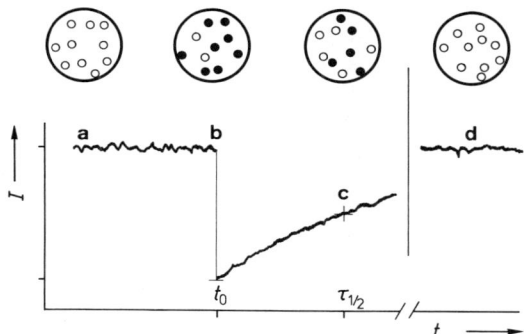

Abb. 5.32 Diffusionsmessung mit dem Photo-bleichverfahren. Der große Kreis stellt das in der Membraneben e liegende Meßfeld dar. Die kleinen Punkte sind ungebleichte fluoreszierende Sonden (O) und gebleichte, nichtfluoreszierende Sonden (●). **a** Vor dem Photobleichen wird die Fluores-zenz im Meßfeld bestimmt. **b** der Laserpuls bleicht das Meßfeld und die Fluoreszenz fällt ab, der Ausgleichsvorgang mit der Umgebung führt zur Erholung der Fluoreszenz im Meßfeld, **c** die Hälfte der ausgebleichten Sonden ist ausge-tauscht, **d** nach langen Zeiten erhalten wir den Endwert der Fluoreszenz, dieser ist um den Be-trag der gebleichten Moleküle niedriger als der Anfangswert [nach Kapitza, H. G. (1982), Dissertation Universität Ulm]

Füllt man eine Zelle mit einem Farbstoff und bleicht das innere aus, so kann der Transport von Farbstoff aus dem Außenmedium in das Innere der Zelle verfolgt werden.

Literatur

Beddard, G. S., M. A. West (Herausgeb.) (1981), Fluo-rescent Probes, Academic Press, New York.
Birks, J. B. (1970), Photophysics of Aromatic Molecu-les, Wiley Interscience, New York.
Cantor, Ch. R., P. R. Schimmel (1980), Biophysical Chemistry Band II, Kap. 8.2, W. H. Freeman Comp., New York.
Clegg, M., W. L. C. Vaz, (1985), Translational Diffu-sion of Proteins und Lipids im Artificial Lipid Bi-layer Membranes. A Comparison of Experiment with Theory in: Progress in Lipid-Protein-Interac-tions, Watts, T. (Herausgeb.) Elsevier.
Freifelder, D. (1982), Physical Biochemistry, W. H. Freeman Comp., New York.
Galla, H.-J., W. Hartmann (1980), Excimer Forming Lipids in Membrane Research, Chem. Phys. Lipids 27, 199.
Yguerabide, J., M. C. Foster (1981), Fluorescence Spectroscopy of Biological Membranes, in: Mem-brane Spectroscopy, E. Grell (Herausgeb.), Springer Verlag, Berlin, Heidelberg, New York.

Kapitel 6
Elektronenspinresonanz

Die *Elektronenspinresonanz*-(ESR-)Spektroskopie ist eine Form der Absorptionsspektroskopie. Grundlage jeder Absorptionsspektroskopie ist die Aufnahme von Energie in Form von elektromagnetischer Strahlung, die im Molekül einen Übergang von einem energetisch niedrigen in einen energetisch höheren Zustand erzeugt. Der Energieunterschied, ΔE, zwischen diesen Zuständen muß mit der Energie des Strahlungsquants (Photon), also mit einer bestimmten Strahlungsfrequenz übereinstimmen (s. Kap. 2):

$$E = h \cdot v \tag{6.1}$$

Dabei ist h das Plancksche Wirkungsquantum.

Unter ESR verstehen wir die Absorption von Mikrowellen-Strahlung durch paramagnetische Substanzen, wobei Übergänge zwischen verschiedenen Energieniveaus der Elektronenspins induziert werden. Die ESR-Spektroskopie beschränkt sich also auf Moleküle mit ungepaarten Elektronen. Für den Biochemiker sind dabei im wesentlichen drei Arten von Interesse:

a) Übergangsmetalle, z. B. in Proteinen und Enzymen,
b) freie Radikale, z. B. als Zwischenstufe bei lichtinduzierten Reaktionen der Photosynthese,
c) Spinsonden, das sind stabile organische Radikale, die meist kovalent an Biomoleküle gebunden und in das zu untersuchende System inkorporiert werden.

Dieser „Spin-Label-Technik" wird ein wesentlicher Teil des folgenden Kapitels gewidmet sein. Der Schwerpunkt der Anwendung liegt auf der Untersuchung der Struktur und Dynamik von Lipid-Membranen.

1. Physikalische Grundlagen

Elektronen besitzen neben Masse und Ladung einen Gesamtdrehimpuls J. Dieser setzt sich additiv aus dem Bahndrehimpuls L, als Ausdruck für die Kreisbewegung um den Kern, und aus dem Eigendrehimpuls S, dem Spin, als Ausdruck für die Eigenrotation, zusammen.

Der Gesamtdrehimpuls ist ein dimensionsloser Vektor, der in Einheiten von $\hbar$, dem durch 2π dividierten Planckschen Wirkungsquantum, angegeben wird:

$$J = L + S \tag{6.2}$$

Der Betrag des jeweiligen Drehimpulsvektors ist durch die Impulsquantenzahl L, S oder J darstellbar.

$$|L| = \sqrt{L(L+1)}\,\hbar$$
$$|S| = \sqrt{S(S+1)}\,\hbar \tag{6.3}$$
$$|J| = \sqrt{J(J+1)}\,\hbar$$

Zur Erinnerung sei erwähnt, daß L für ein Elektron die Werte 0, 1, 2, 3... einnehmen kann. Diese als Nebenquantenzahlen bekannte Werte charakterisieren die *s*-, *p*- oder *d*-Orbitale.

1.1 Magnetisches Moment

Nach den klassischen Gesetzen der Elektrizitätslehre, die eine bewegte Ladung mit dem Aufbau eines Magnetfeldes verknüpfen, resultiert aus dem Kreisstrom ein magnetisches Moment μ, das senkrecht auf der durch den Kreisstrom aufgespannten Ebene steht (Abb. 6.1).

Das gesamte magnetische Moment μ_J setzt sich wieder aus den Anteilen μ_L und μ_S zu-

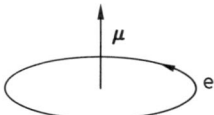

Abb. 6.1 Magnetisches Moment μ eines in der Ebene liegenden Kreisstroms

sammen, also den magnetischen Momenten, die aus dem Bahnumlauf bzw. aus der Eigenrotation des Elektrons resultieren.

$$\mu_J = \mu_L + \mu_S \qquad (6.4)$$

Der Betrag des magnetischen Moments $|\mu_J|$ ist gegeben durch

$$|\mu_J| = g \cdot \mu_B \cdot |J| \qquad (6.5)$$

dabei ist μ_B das Bohrsche Magneton die Maßeinheit des magnetischen Moments

$$\mu_B = \frac{e \cdot \hbar}{m \cdot c} = 0{,}92 \cdot 10^{-23} \frac{J}{T} \qquad (6.5a)$$

mit e als Elementarladung, m der Masse des Elektrons und c der Lichtgeschwindigkeit.

Die Proportionalitätskonstante g, der Landé-Faktor, hängt von den jeweiligen Impulsquantenzahlen J, S und L ab:

$$g = 1 + \frac{J(J+1) + S(S+1) - L(L+1)}{2J(J+1)} \qquad (6.5b)$$

Für viele Anwendungen reduzieren sich die Beziehungen auf den Eigendrehimpuls, da der Bahndrehimpuls organischer Radikale zunächst vernachlässigbar ist, d.h. wir betrachten „bahnlose" Elektronen. Der Bahndrehimpuls muß jedoch bei Übergangsmetall-Ionen mit berücksichtigt werden und spielt hier sogar eine wichtige Rolle (s. Abschn. 3.2, S. 93).

Für freie Elektronen ist der Gesamtdrehimpuls gleich dem Eigendrehimpuls und das magnetische Moment ist

$$|\mu_J| = |\mu_S| = -g \cdot \mu_B |S| \qquad (6.6)$$

Das Minus-Zeichen ist notwendig, weil das magnetische Moment und der Spin entgegengesetzt orientiert sind.

Entsprechend reduziert sich der in Gl. (6.5b) definierte g-Faktor auf den rechnerischen Wert von $g = 2$. Nach quantenmechanischer Korrektur ergibt sich $g = 2{,}00232$ für ein völlig freies, also bahnloses Elektron.

1.2 Zeeman-Effekt

Ein Radikal mit einem als frei zu betrachtendem Elektron wird in ein zeitlich konstantes homogenes Magnetfeld mit der magnetischen Induktionsflußdichte B_0^* gebracht. Der magnetische Dipol, also der Vektor des Eigendrehimpulses (Spin) stellt sich in eine Richtung „parallel" oder „antiparallel" zur Magnetfeld-Richtung ein und zwar unter einem von den Gesetzen der Quantenmechanik vorgegebenen Winkel (s. Abb. 6.2). Für die Projektion des Elektronenspins S auf die B_0-Achse sind nur die Werte $\pm\frac{1}{2}$, $\pm\frac{3}{2}$, $\pm\frac{5}{2}$ ... erlaubt. Diese Werte werden als die magnetische Quantenzahl m_s bezeichnet und ergeben sich aus der Spin-Quantenzahl gemäß

$$m_s = S, S-1, S-2 \ldots -S \qquad (6.7)$$

So ergibt sich im einfachsten Fall für $S = \frac{1}{2}$ die magnetische Quantenzahl $m_s = \pm\frac{1}{2}$ oder

für $S = \frac{3}{2}$ $\qquad m_s = +\frac{3}{2}, +\frac{1}{2}, -\frac{1}{2}, -\frac{3}{2},$

d.h. es gibt $2S + 1$ Einstellmöglichkeiten im angelegten Magnetfeld. Für $S = \frac{1}{2}$ entspricht die Komponente des magnetischen Momentes in Richtung des B_0-Feldes (also die Projektion von μ_s auf B_0) gerade dem Bohrschen Magneton (genauer $\frac{1}{2} \cdot g \cdot \mu_B = 1{,}0012\,\mu_B$).

Aus der klassischen Betrachtung folgt für die Energie eines magnetischen Dipols in einem Magnetfeld der Flußdichte B_0

$$E = -\mu_s \cdot B_0 \cdot \cos\delta \qquad (6.8)$$

wobei δ der Winkel zwischen der Magnetfeldrichtung und der Richtung des orientierten magnetischen Momentes ist (s. Abb. 6.2).

Mit dem Ausdruck für $|\mu_s|$ in Gl. (6.6) ergibt sich

$$E = g \cdot \mu_B \cdot |S| \cdot B_0 \cdot \cos\delta \qquad (6.9a)$$

---

* Beachte: Üblicherweise wird hier die Magnetfeldstärke H verwendet; korrekt ist jedoch die Angabe der magnetischen Flußdichte B (s. Kap. 2).

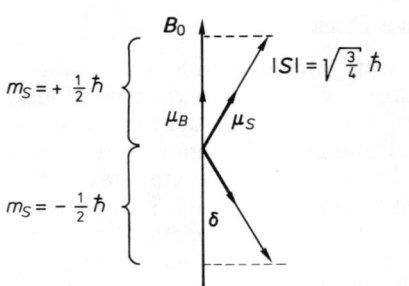

Abb. 6.2 Erlaubte Spineinstellung des Elektrons in einem homogenen Magnetfeld $\boldsymbol{B}_0$

Da $\cos\delta$ aber nach Abb. 6.2 gerade $\cos\delta = m_s/|\,S\,|$ ist, gilt also

$$E = g \cdot \mu_B \cdot B_0 \cdot m_s \qquad (6.9b)$$

Bei einer Spin-Quantenzahl von $S = \dfrac{1}{2}$ kann, wie bereits erwähnt, m_s die Werte $m_s = +\dfrac{1}{2}$ und $m_s = -\dfrac{1}{2}$ einnehmen, woraus sich zwei Energieterme

$$\begin{aligned}
E+ &= +\frac{1}{2} \cdot g \cdot \mu_B \cdot B_0 \\
E- &= -\frac{1}{2} \cdot g \cdot \mu_B \cdot B_0
\end{aligned} \qquad (6.9c)$$

ergeben.

Diese Gleichung ist von großer Bedeutung und besagt, daß in einem äußeren Magnetfeld ein ungepaartes Elektron entsprechend den Quantenzahlen $\pm\dfrac{1}{2}$ zwei Energiezustände besetzen kann, deren Differenz

$$\Delta E = g \cdot \mu_B \cdot B_0 \qquad (6.10)$$

von der Stärke des äußeren Magnetfeldes abhängt. Die Aufspaltung entarteter Energiezustände durch ein äußeres Magnetfeld wird nach ihrem Entdecker als Zeeman-Effekt bezeichnet.

Führt man dem System die Energie $h\nu = \Delta E$ in Form von elektromagnetischer Strahlung zu, so kann ein Absorptionsprozeß stattfinden, der einen Übergang von E_- nach E_+ bewirkt, die Elementarmagnete „klappen um".

Die Energiedifferenz

$$\Delta E = h \cdot \nu = g \cdot \mu_B \cdot B_0 \qquad (6.11)$$

kann bei den in der ESR-Spektroskopie gebräuchlichen Flußdichten um 0,1–1 Tesla (1 Tesla = 10^4 Gauß) durch Mikrowellen mit Wellenlängen im Zentimeterbereich aufgebracht werden. Gl. (6.11) wird als Resonanzbeziehung bezeichnet und besagt, daß wir z. B. bei einer festen Mikrowellen-Frequenz das Magnetfeld verändern und so die Resonanzstelle, bei der Absorption der Mikrowellen-Strahlung auftritt, bestimmen können (Abb. 6.3). Hierbei handelt es sich im Gegensatz zur Lichtabsorption (s. Kap. 2) um ein magnetisches Phänomen. Während bei der Lichtabsorption der elektrische Feldstärkevektor des elektromagnetischen Feldes mit der Materie in Wechselwirkung trat, wird bei der ESR-Spektroskopie der Übergang durch die magnetische Komponente induziert.

1.3 Larmor-Präzession

Zur Verdeutlichung des Resonanzphänomens soll eine klassische, kinematische Betrachtung durchgeführt werden. Aus dem Elektronenspin resultiert ein magnetisches Moment das im Magnetfeld eine Orientierung erfährt. Das heißt, im Magnetfeld B_0 greift eine Kraft (ein Drehmoment) an und versucht den Elementarmagneten auszurichten. Nach dem Dreh-

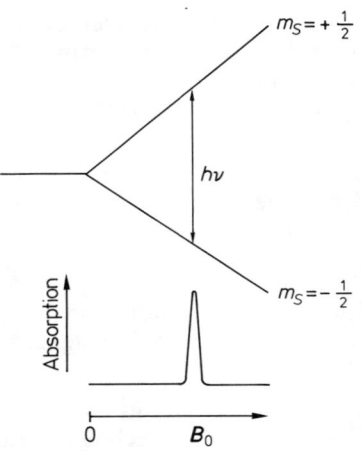

Abb. 6.3 Zeeman-Aufspaltung der Energieniveaus mit $m_s = \pm 1/2$ im homogenen Magnetfeld $\boldsymbol{B}_0$

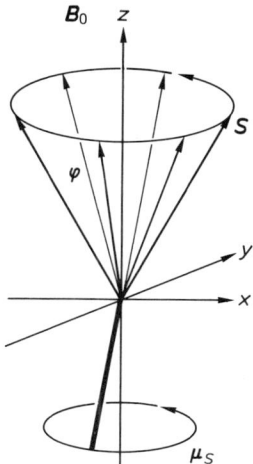

Abb. 6.4 Larmor-Präzession der Elektronen-spins im **B₀**-Feld

impulssatz der Mechanik verursacht das Drehmoment eine Richtungsänderung des Eigendrehimpulses und zwar senkrecht zu μ_s und senkrecht zum angreifenden Drehmoment. Die Änderung des Drehimpulses muß also so vor sich gehen, daß die „Spitze" des Elektronenspins (Abb. 6.4) eine Kreisbewegung um die Feldachse ausführt. Das magnetische Moment präzediert wie ein mechanischer Kreisel im Schwerefeld der Erde um B_0 und hat sich nach einer bestimmten Zeit um den Winkel φ in eine neue Lage gedreht. Die Zahl der Umläufe pro Sekunde, also die Umlauffrequenz, wird als Larmor-Frequenz

$$\nu_L = \frac{g \cdot \mu_B \cdot B_0}{h} \qquad (6.12)$$

bezeichnet und hängt von der Magnetfeldstärke ab.

Der in Abschn. 1.2 angesprochene Resonanzfall tritt ein, wenn die durch ein gegebenes Magnetfeld festgelegte Larmor-Frequenz mit der Frequenz der eingestrahlten Mikrowelle übereinstimmt.

1.4 Resonanzphänomen

Mit dem Begriff der Larmor-Frequenz war das Resonanzphänomen klassisch zu verstehen. Ein tieferes Verständnis ergibt die Be-

trachtung, daß die eingestrahlte Mikrowelle wie jede elektromagnetische Welle, eine elektrische und eine magnetische Komponente besitzt. Betrachten wir die magnetische Komponente als ein zweites magnetisches Feld B_1, das in einer Ebene senkrecht zu B_0 mit der Frequenz ν_L rotiert. Im Gedankenexperiment lassen wir das Koordinatensystem der Abb. 6.4 mit der Frequenz ν_L um die B_0-Achse mitrotieren, so daß nun das B_1-Feld der Mikrowelle zeitlich konstant ist und μ_s ebenfalls ruht. Unter der Wirkung von B_1 beginnt nun das magnetische Moment um die B_1-Feldachse zu rotieren (Abb. 6.5).

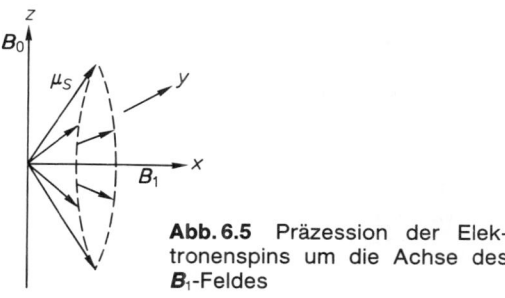

Abb. 6.5 Präzession der Elektronenspins um die Achse des B_1-Feldes

Da B_1 aber sehr viel kleiner als B_0 ist, präzediert der Spin um B_1 sehr viel langsamer als um B_0. Durch die Überlagerung der Präzessionen um die B_0- bzw. B_1-Feldachse läuft die Spitze des magnetischen Moments auf einer Spiralbahn zwischen den durch die Spin-Quantenzahlen $m_s = \pm \frac{1}{2}$ definierten Spin-Richtungen auf und ab. Der Spin klappt um (Abb. 6.6).

Damit verstehen wir die Resonanzbeziehung der Gl. (6.11). B_0 bewirkt die Präzession des Spins mit ν_L um die B_0-Feldachse. Das B_1-Feld muß mit der gleichen Frequenz und mit gleichem Umlaufsinn um die B_0-Richtung rotieren. Dies erreicht man durch Verwendung einer in der x-Richtung der Abb. 6.6 orientierten linear polarisierten elektromagnetischen Welle. In Kap. 3 wurde ausführlich diskutiert, daß eine linear polarisierte Welle aus der vektoriellen Addition zweier circular polarisierter Wellen mit entgegengesetztem Umlaufsinn zu verstehen ist. Die in der xy-Ebene dem magnetischen Moment gleichsin-

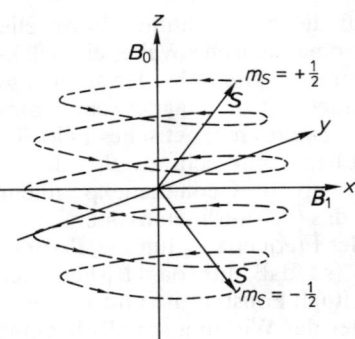

Abb. 6.6 Überlagerung der Präzessionen um die Achse des B_0-Feldes (z-Richtung) und des B_1-Feldes (x-Richtung). Das B_1-Feld rotiert in diesem Bild mit der Larmor-Frequenz um die B_0-Feldachse und ist somit für einen Elektronenspin zeitlich konstant. Die Präzession um die Achse des B_1-Feldes ist wegen der geringen Feldstärke langsamer als die Larmor-Präzession

nig umlaufende Komponente des B_1-Feldes bewirkt den Resonanzübergang.

1.5 Boltzmann-Verteilung

Die magnetischen Dipolübergänge zwischen den durch die magnetische Quantenzahl m_s definierten Energietermen, können in beiden Richtungen, also von $m_s = +\dfrac{1}{2}$ zu $m_s = -\dfrac{1}{2}$ und umgekehrt erfolgen. Absorption und Emission sind also gleichberechtigt. Die Zahl der Absorptionsprozesse, N_A, und die Zahl der Emissionsprozesse, N_E, hängt jedoch von der Besetzungszahl der Zeeman-Niveaus ab. Die Besetzungszahlen n_+ und n_- für das obere bzw. untere Energieniveau werden durch die Boltzmann-Verteilung angegeben:

$$n_+ = n_- \cdot \exp\left(-\frac{\Delta E}{k \cdot T}\right) \qquad (6.13)$$

Mit der Boltzmann-Konstanten k hängen also die Besetzungszahlen von der Temperatur T und dem Energieunterschied ΔE zwischen den Energieniveaus ab. Im thermischen Gleichgewicht ist $n_- > n_+$, und die Absorption ist der Besetzungsdifferenz proportional. Betrachtet man die Situation bei Zimmertemperatur und magnetischen Feldern bis $1\,T$, so ergibt sich für den Exponenten $\Delta E / kT \sim 1/200$ und für das Besetzungszahlenverhält-

nis $n_- / n_+ = 1{,}000007$. Als Netto-Effekt erhalten wir eine Absorption der eingestrahlten Energie. Hohe Magnetfeldstärken und niedrige Temperaturen begünstigen die Intensität des ESR-Signals.

1.6 Relaxationsmechanismen

Der durch die Boltzmann-Verteilung festgelegte Besetzungszahlenunterschied wird durch den Absorptionsprozeß aufgehoben. Dies würde zur Gleichbesetzung der Energieniveaus und damit zum Verschwinden des ESR-Signals führen. Daher müssen wir Relaxationsmechanismen mit in das dynamische Bild einbeziehen.

Wir unterscheiden die Spin-Gitter-Relaxation und die Spin-Spin-Relaxation. Da beide Relaxationsmechanismen größere Bedeutung für die NMR-Spektroskopie besitzen, werden sie in Kap. 7 ausführlich behandelt.

1.6.1 Spin-Gitter-Relaxation

Durch thermischen Kontakt des Spinsystems mit seiner Umgebung, dem Gitter, wird die durch den Absorptionsprozeß gestörte Boltzmann-Verteilung wieder eingestellt. Die dabei freiwerdende Energie wird vom Gitter aufgenommen. Die Zeit, die das System braucht, um eine durch den Absorptionsprozeß gestörte Boltzmann-Verteilung bis auf den Wert $1/e$ ($e = 2{,}718$) wiederherzustellen, wird als die Spin-Gitter-Relaxationszeit T_1 bezeichnet. Dies bedeutet, daß innerhalb von T_1 ca. 66% der angeregten Spins relaxieren.

In Festkörpern ist T_1 durch eine bessere Kopplung des Spinsystems an die Umgebung kürzer als in Flüssigkeiten. Bei zu langen Relaxationszeiten oder zu hoher Anregungsleistung tritt ein Sättigungsverhalten ein, das möglichst verhindert werden sollte. Die ESR-Linien verlieren an Intensität und werden breiter. Sättigungsexperimente ergeben jedoch Aussagen über die Umgebung und sind von grundlegender Bedeutung in der NMR-Spektroskopie (s. Kap. 7).

1.6.2 Spin-Spin-Relaxation

Über magnetische Dipol-Dipol-Wechselwirkung können paramagnetische Nachbarmoleküle ihren Spinzustand austauschen

$$\underset{1}{\uparrow}\ \underset{2}{\downarrow}\ \rightarrow\ \underset{1}{\downarrow}\ \underset{2}{\uparrow}\qquad\rightarrow$$

Der Spinaustausch beeinflußt die Lebensdauer, τ, eines Spinzustandes, aber nicht das Besetzungsverhältnis.

Nach der Heisenbergschen Unschärferelation

$$\Delta E \cdot \tau \sim h \qquad (6.14)$$

ist das Produkt aus Energieunschärfe ΔE und Lebensdauer τ eine Konstante. Eine kurze Lebensdauer bewirkt eine große Energieunschärfe, d. h. die Breite der Resonanzlinie nimmt zu. In Lösungen ist die Linienbreite proportional zu $1/T_2$, also der reziproken Spin-Spin-Relaxationszeit, da die Kopplung an das Gitter gering und die Linienbreite fast ausschließlich durch T_2 bestimmt ist.

1.7 g-Faktor

Wie bereits angeführt, ist bei einem Elektron in der Atomhülle sowohl der Spin des Elektrons als auch sein Bahndrehimpuls mit einem magnetischen Moment verbunden. Die zwischen diesen beiden magnetischen Momenten auftretenden magnetischen Wechselwirkungen bezeichnet man als Spin-Bahn-Kopplung. Das durch das Bahnmoment erhaltene magnetische Moment kann zu einer Verstärkung oder Abschwächung des äußeren Magnetfeldes und somit zur Vergrößerung oder Verringerung der Energiedifferenz ΔE führen. Die auftretenden Absorptionslinien sind dann durch größere oder kleinere g-Werte bestimmt, die vom g-Wert des freien Elektrons ohne Spin-Bahn-Kopplung (g = 2,00232) abweichen. Im Fall von Übergangsmetall-Ionen können diese Abweichungen beträchtlich sein ($1 < g < 4$). Ein ESR-Spektrum kann durch mehrere Absorptionslinien mit verschiedenen g-Werten charakterisiert sein.

1.8 Hyperfeinstruktur (Hfs)

Die einem bestimmten g-Wert zuzuordnende ESR-Linie kann eine für unsere Betrachtung

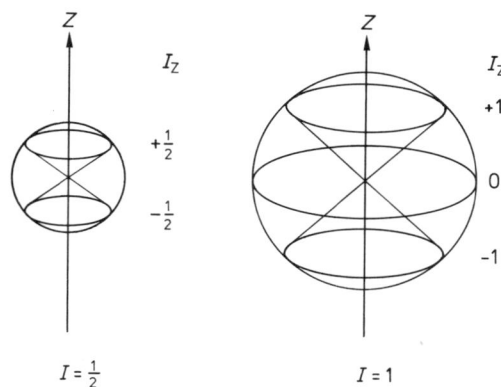

Abb. 6.7 Erlaubte Einstellungen eines Kernspins mit I = 1/2 und I = 1 im äußeren $\boldsymbol{B_0}$-Feld

wichtige Aufspaltung erfahren, die Hyperfeinaufspaltung. Diese resultiert aus der Wechselwirkung der Elektronen mit den magnetischen Momenten der Atomkerne. Die Kerne erzeugen ein lokales Feld $\boldsymbol{B}_{\text{lok}}$, das sich mit dem externen $\boldsymbol{B}_0$-Feld zu einem effektiven Feld $\boldsymbol{B}_{\text{eff}} = \boldsymbol{B}_0 + \boldsymbol{B}_{\text{lok}}$ addiert. Ein Kern mit einem Kernspin I kann $(2I + 1)$ Einstellungen zum externen Magnetfeld annehmen, die als Kernspin-Quantenzahl m_I bezeichnet werden. Für einen Kernspin mit $I = \frac{1}{2}$ oder $I = 1$ erhalten wir die in Abb. 6.7 dargestellten Möglichkeiten.

Das lokale Feld $\boldsymbol{B}_{\text{lok}}$ kann somit auch $(2I + 1)$ Werte, also drei bei $I = 1$, annehmen und spaltet eine ESR-Linie in drei Linien auf (Abb. 6.8). Die jeweilige Resonanz wird bei einem Resonanzfeld

$$\boldsymbol{B}_{\text{res}} = \boldsymbol{B}_{\text{res}}^0 - a \cdot m_I \qquad (6.15)$$

beobachtet, wobei $\boldsymbol{B}_{\text{res}}^0$ die Resonanzstelle ohne Elektron-Kern-Wechselwirkung wiedergibt. Der Faktor a gibt den Abstand der Hyperfeinlinien wieder und wird als Hyperfein-Kopplungskonstante bezeichnet. Allgemein ergibt eine paramagnetische Substanz mit dem Elektronenspin S und dem Kernspin I ein ESR-Spektrum mit $2S(2I + 1)$ Linien, da die Auswahlregeln $\Delta m_S = 1$ und $\Delta m_I = 0$ gelten.

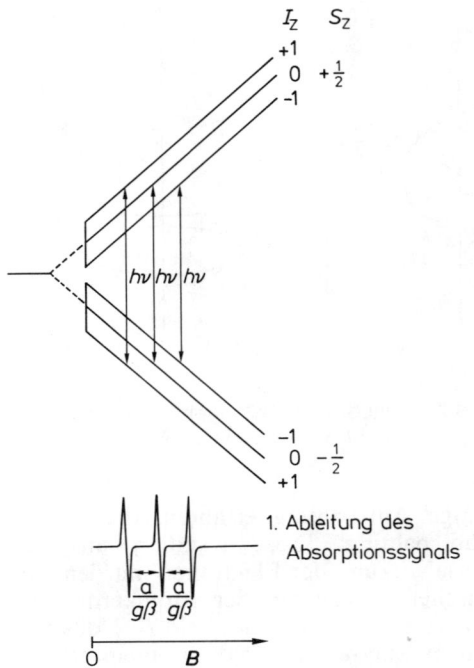

Abb. 6.8 Hyperfein-Aufspaltung durch Wechsel-wirkung des ungepaarten Elektrons (S = 1/2) mit den magnetischen Momenten eines Kernspins (I = 1). Das ESR-Signal besteht aus drei Linien

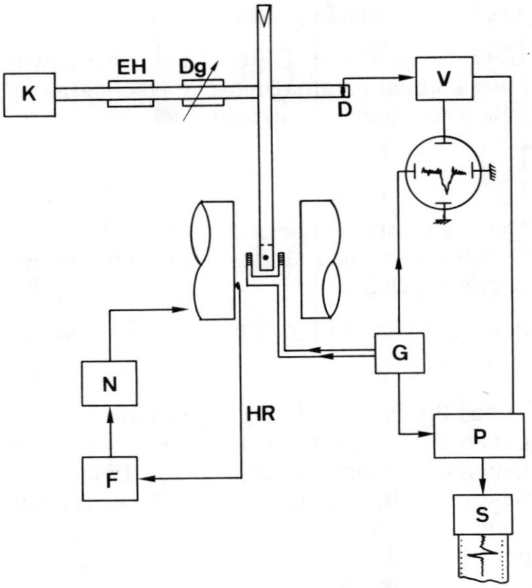

Abb. 6.9 Blockschaltbild einer ESR-Anlage mit einer 100 kHz-Magnetfeld-Modulation. **K** Klystron-Sender (10 GHz), **EH** Einweg-Hohlleiter, **Dg** Dämpfung, **D** Detektor, **V** 100 kHz-Verstärker, **N** Netzgerät (für Magnetstrom), **F** B_0-Feld-Vor-schub, **HR** Hall-Regelung, **G** 100 kHz-Generator, **P** Phasen-empfindlicher Gleichrichter, **S** Schreiber [nach Scheffler, K., Stegmann, H. B. (1970), Elek-tronenspinresonanz, Springer Verlag, Berlin, Hei-delberg, New York]

2. Meßtechnik

Der Aufbau eines ESR-Spektrometers ist in Abb. 6.9 dargestellt. Als wesentliche Bestand-teile brauchen wir, wie auch bei anderen Ab-sorptionsmethoden, eine Strahlungsquelle, ei-nen Meßraum und ein Detektionssystem. Der Meßraum befindet sich in einem homogenen Magnetfeld, das durch einen Elektromagne-ten erzeugt wird.

Die Strahlungsquelle, ein Klystron, erzeugt eine Mikrowelle im Frequenzbereich von ~ 10 GHz. Dies entspricht einer Wellenlänge von λ ~ 3 cm. Ein Klystron ist eine Art Elek-tronenröhre zur Hochfrequenz-Verstärkung. Die Frequenz der Mikrowelle bleibt im ESR-Experiment konstant. Über einen Hohlleiter, das ist ein hohles, innen vergoldetes Vierkant-rohr mit einer Kantenlänge, die der Wellen-länge entspricht, wird die Mikrowelle zu dem

Probenraum gebracht. Der Probenraum ist ein Hohlraum-Resonator (die Cavity), in dem sich durch geeignete Ankopplung eine stehen-de Welle ausbildet. Diese Welle ist linear po-larisiert, d. h. aus zwei in der xy-Ebene der Abb. 6.10 entgegengesetzt umlaufenden circu-lar polarisierten Wellen zusammengesetzt. Der Hohlraum-Resonator liefert also das zur ESR-Messung notwendige magnetische Wechselfeld B_1.

Das homogene äußere Magnetfeld B_0 steht senkrecht dazu in z-Richtung. Das B_0-Feld wird durch seitlich am Hohlraum-Resonator angebrachte Zusatzspulen mit einer 100 kHz Frequenz moduliert, deren Bedeutung wir weiter unten kennenlernen. Bei einer festen, durch die Dimension des Klystrons vorgege-benen Mikrowellen-Frequenz wird B_0 im ESR-Experiment variiert. Wenn die Reso-nanz-Bedingung Gl. (6.11) erfüllt ist, absor-

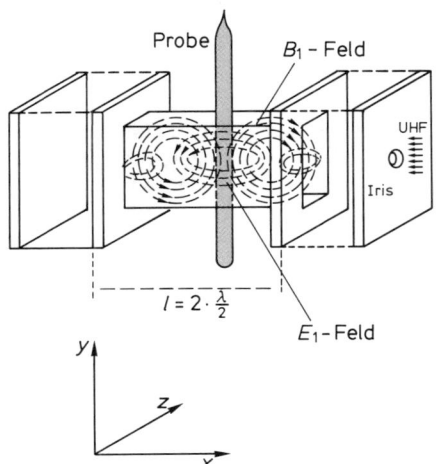

Klystron

1

Hohlraum-
Resonator

3

reflektionsfreier
Abschluss

2

4

Kristall-
Detektor

Abb. 6.10 Feldlinienverlauf eines Hohlraum-Resonators. Magnetische und elektrische Kraftlinien stehen senkrecht aufeinander [nach Scheffler, K., Stegmann, H. B. (1970), Elektronenspinresonanz S. 13, Springer Verlag, Berlin, Heidelberg, New York]

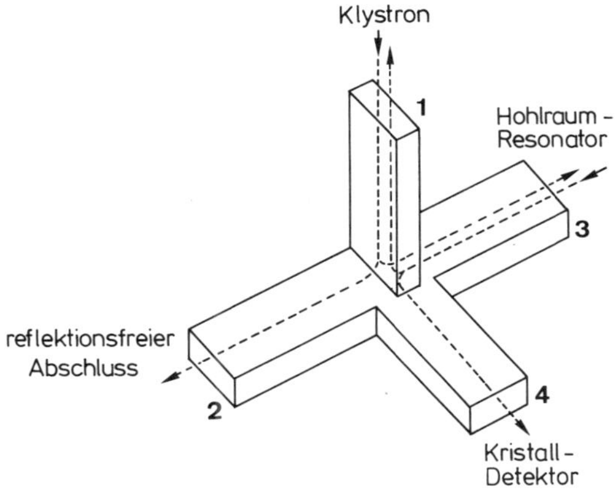

Abb. 6.11 Brückenschaltung unter Verwendung des „magischen T". Die vom Hohlraum-Resonator (Arm **3**) reflektierte Welle wird zur Kristalldiode im Arm **4** umgelenkt. Arm **2** stellt ein Dämpfungsglied dar

biert das System Energie aus der Mikrowellen-Strahlung. Der gemessene Energieverlust, also die verringerte Mikrowellen-Amplitude, als Funktion des B_0-Feldes ergibt das ESR-Spektrum. Die meisten ESR-Spektrometer messen jedoch nicht die Transmission, sondern die Reflexion.

Mikrowellen-Sender, Probe und Detektionssystem sind über eine Brückenschaltung verbunden. Häufig wird dazu das in Abb. 6.11 dargestellte „magische T" verwendet, eine T-förmige Anordnung von Hohlleitern. Die Mikrowelle wird in den Arm **1** eingespeist und verteilt sich auf die Arme **2** und **3**. Die Mikrowellen-Energie in Arm **2** wird nahezu vollständig gedämpft, Arm **3** leitet die Mikrowelle zum Hohlraum-Resonator. Durch mechanische Ankopplung des Resonators mittels einer variablen Lochblende („Iris") wird erreicht, daß alle ankommende Energie im Resonator durch Dämpfung verbraucht wird, wodurch in Arm **3** keine Reflexion auftritt. Tritt bei Erfüllung der Resonanzbedingung Absorption auf, so wird die Anpassung gestört und ein Teil der Mikrowelle wird in Arm **3** reflektiert. Über das „magische T" fällt der reflektierte Anteil auf einen Kristall-Detektor (Gleichrichter) in Arm **4**. Die am Kristall ge-

messene Gleichspannung liefert das ESR-Signal und wird auf der Ordinate des ESR-Spektrums aufgetragen. Die Abszisse ist das B_0-Feld.

Aus der bisherigen Betrachtung erhalten wir ein Absorptionssignal als ESR-Spektrum. Um ein besseres Signal-Rauschen-Verhältnis zu erreichen, wird das Absorptionssignal moduliert. Dies geschieht über die bereits erwähnte Magnetfeld-Modulation mit 100 kHz. Durch die Modulation wird das an der Diode abgegriffene Gleichspannungssignal in ein rauschärmer zu verstärkendes Wechselspannungssignal umgewandelt.

Die Modulationsspulen erzeugen am Ort der Probe ein homogenes magnetisches Wechselfeld, das dem B_0-Feld parallel gerichtet ist. Die Amplitude des Wechselfeldes ist wählbar und liegt meist im Bereich bis zu einigen Tesla. Sie darf die Breite des Absorptionssignals, gemessen bei halber Höhe, nicht überschreiten. Die Amplitude der an der Diode gemessenen Wechselspannung entspricht dann der jeweiligen Steigung an einem Punkt der Resonanzlinie; wir erhalten die erste Ableitung als resultierendes Signal (Abb. 6.12).

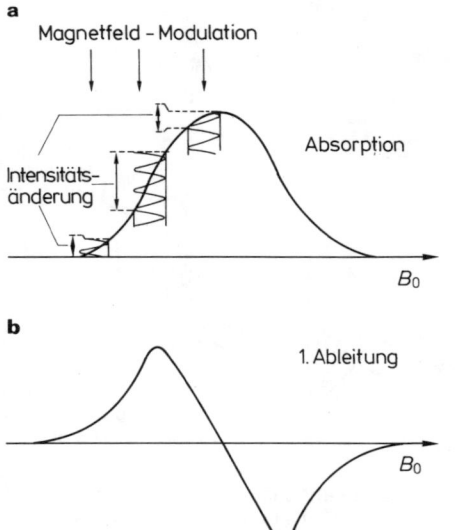

a

Magnetfeld – Modulation

Intensitäts-
änderung

Absorption

B_0

b

1. Ableitung

B_0

Abb. 6.12 a Magnetfeld-Modulation des ESR-Signals **b** erste Ableitung des Absorptionssignals

3. Untersuchung von Biomolekülen

Voraussetzung zur Anwendung der ESR-Spektroskopie in biochemischen oder biologischen Systemen ist das Vorhandensein von ungepaarten Elektronen. Dies ist in biologischen Materialien häufig von Natur aus gegeben. So enthalten z. B. viele Proteine Metallzentren, die paramagnetisch sind. Übergangsmetallionen wie Cu^{2+}, Fe^{3+} oder Mn^{2+} können leicht detektiert werden. Ferner stellen alle bisher bekannten biologischen Oxidations- oder Reduktionsschritte Ein-Elektronen-Übertragungen dar. Die intermediär auftretenden Radikale sind häufig sehr reaktiv und daher extrem kurzlebig. Lichtinduzierte Elektronen-Übertragungen, wie z. B. bei der Photosynthese, oder Elektronen-Übertragungen in der mitochondrialen Atmungskette müssen daher bei niedrigen Temperaturen, z. B. bei T = 77 K, der Siedetemperatur des Stickstoffs, oder niedriger, untersucht werden. Bei stark delokalisierten Radikalen wie Chinone oder Flavine gelingt jedoch die Aufnahme eines ESR-Spektrums auch bei Zimmertemperatur relativ leicht.

In vielen Fällen, z. B. bei der Untersuchung von biologischen Membranen oder von Li-

pid-Membranen als Modelle biologischer Membranen, kann nicht auf einen natürlichen Paramagnetismus zurückgegriffen werden. Es müssen geeignete Radikale als Sonden eingeführt werden. Solche stabilen organischen Radikal-Sonden bezeichnet man als Spinsonden und die daraus entwickelte Methode zur Untersuchung von Membran-Strukturen oder auch von Proteinen bezeichnen wir als Spinsonden-Technik. Die ESR-Spektroskopie hat mit dieser Technik weite Verbreitung im Bereich der Biowissenschaften gefunden.

3.1 Spinsonden-Technik

Zur Untersuchung von Membran-Strukturen oder von Segmentbeweglichkeiten in Proteinen werden zwei Klassen von Nitroxid-Radikalsonden verwendet. Es sind Derivate des Oxazolidins oder Derivate des Piperidin-bzw. Pyrrolidin-Ringes. Die radikalische Nitroxid-Gruppe ist von stabilisierenden Methyl-Gruppen an quartären Kohlenstoffen flankiert, die die Reaktivität des Radikals soweit herabsetzen, daß sie auch in Lösung über Tage und Wochen stabil sind.

3.1.1 Nitroxid-Radikalsonden

Der Oxazolidin-Ring wird durch Umsetzung eines Ketons mit 2-Methyl-2-Aminopropanol und nachfolgender Oxidation z. B. durch Chlorperbenzoesäure erhalten (**I**). Piperidine oder Pyrrolidine können leicht durch Oxidation der entsprechenden sekundären Amine z. B. mit Wasserstoffperoxid, erhalten werden (**II**). Eine einfache Sonde zur Untersuchung von Membranstrukturen stellt das 2,2,6,6-Tetramethylpiperidin-1-oxid (TEMPO) dar (**III**).

II   **III**   **VII**

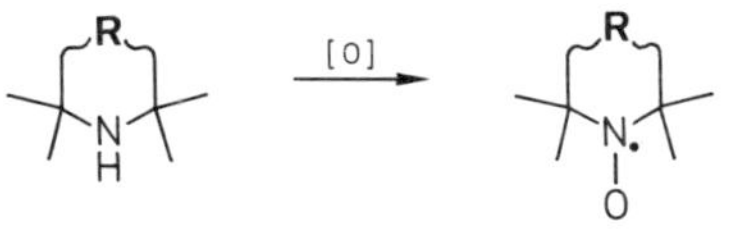

$R-NH-CO-CH_2-I$

a $R = -$

b $R = -CH_2-$

c $R = -CO-NH-(CH_2)_2-$

d $R = -CO-NH-(CH_2)_3-$

e $R = -CO-NH-(CH_2)_2-O-(CH_2)_2-$

$R-SH$

or $+$ $I-CH_2-CO-NH-SL$

$R-NH_2$

$$R-S-CH_2-CO-NH-SL$$
$$(NH)$$

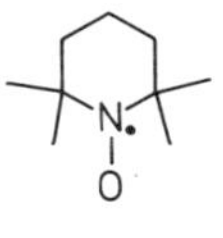

Häufig wird der Oxazolidin-Ring jedoch kovalent an ein Biomolekül, wie z. B. an das Cholesterol (**IV**) oder an Fettsäuren der Lipide gebunden (**V**). Der Fünfring hat dabei eine feste Orientierung zum Biomolekül, das wichtig ist für die Untersuchung der Bewegungszustände dieser Moleküle.

IV

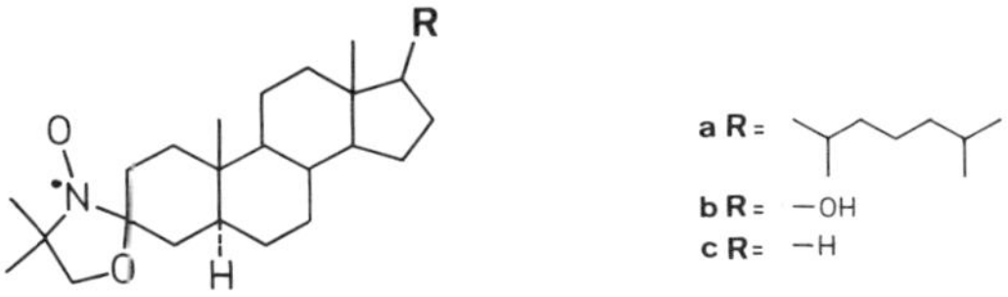

a $R =$

b $R = -OH$

c $R = -H$

VIII

$-N=C=S$ $+$ H_2N-R

V

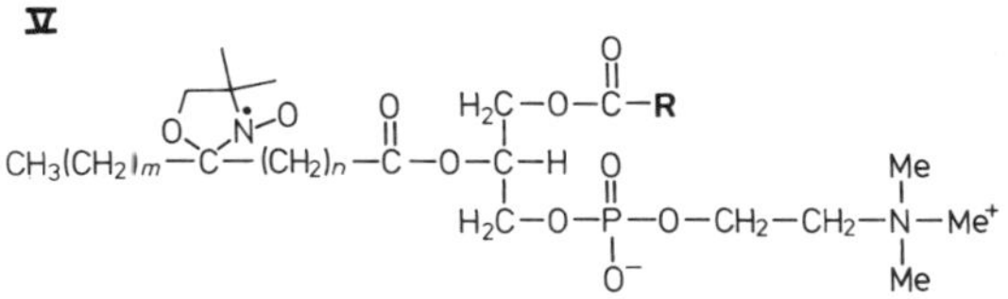

$$O-N\overset{\cdot}{}-NH-CS-NH-R$$

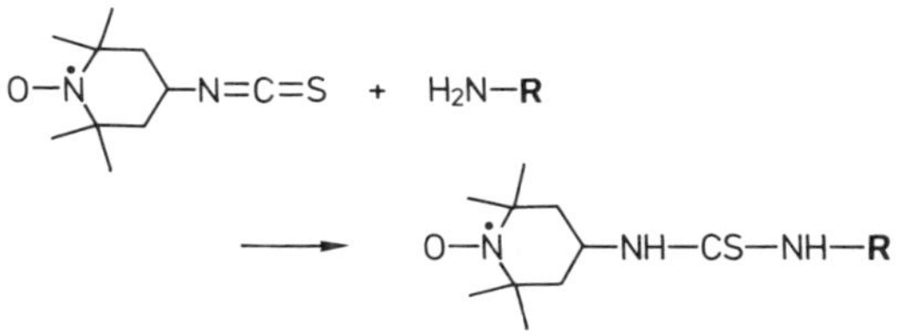

Alle genannten Spinsonden können durch Ascorbinsäure (Vitamin C) reduziert werden:

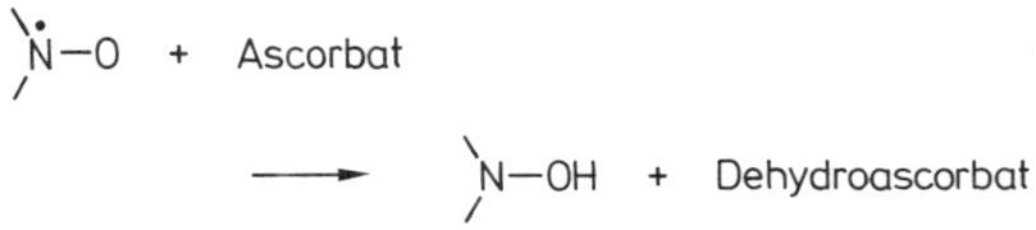

$$\overset{\cdot}{N}-O \; + \; Ascorbat$$

$$\longrightarrow \quad N-OH \; + \; Dehydroascorbat$$

Eine weitere Möglichkeit zur kovalenten Spin-Markierung von Biomolekülen ergibt sich durch eine Reihe von Sonden mit chemisch reaktiven Gruppen. Dazu zählen Spinsonden-Analoge des Maleinimids (**VI**), des Iodacetamids (**VII**) oder des Isothiocyanats (**VIII**). Mit diesen Sonden können exponierte NH_2- oder SH-Gruppen in Proteinen markiert werden.

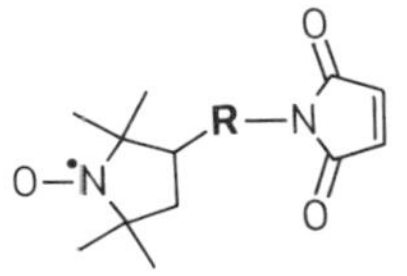

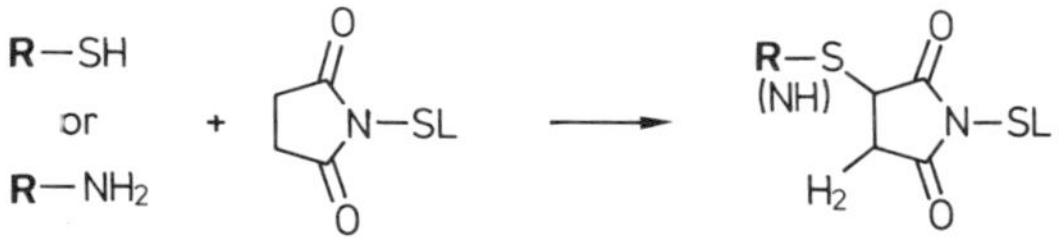

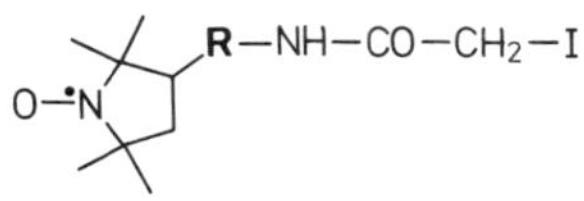

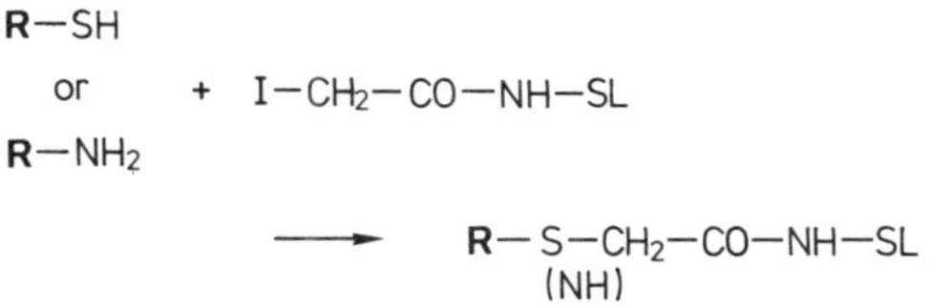

Diese Reduktion wird häufig ausgenutzt, um die Zugänglichkeit einer Spinsonde aus der wäßrigen Phase heraus zu bestimmen.

Das typische Drei-Linienspektrum einer Radikal-Sonde in einem isotropen Lösungsmittel zeigt die Abb. 6.13. Neben der Hyperfeinkopplung mit dem Stickstoff-Kern ($I = 1$) erkennt man die jeweils zwei Hyperfeinlinien aus der Kopplung mit dem natürlich vorhandenen Isotop ^{13}C.

3.1.2 Spektrale Anisotropie

Bei den im vorangegangenem Abschnitt gezeigten Nitroxid-Radikalen ist das freie Elektron ($S = \frac{1}{2}$) in einem p-Orbital am Stickstoff ($I = 1$) lokalisiert. Wir erwarten also eine Hy-

VI

a $R = -$

b $R = -CH_2-$

c $R = -CO-NH-(CH_2)_2-$

d $R = -CO-NH-(CH_2)_3-$

e $R = -CO-NH-(CH_2)_2-O-(CH_2)_2-$

$R-SH$

or $+$

$R-NH_2$

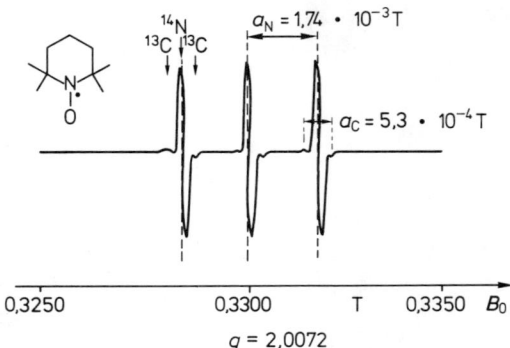

g = 2,0072

Abb. 6.13 ESR-Spektrum von 2,2,6,6-Tetrame-thylpiperidinoxid (III) in wäßriger Lösung. Die Kopplung mit dem Stickstoff-Kern bewirkt die Aufspaltung in drei Linien. Durch Hyperfein-Wechselwirkung mit natürlich vorhandenem ^{13}C mit $I =$ 1/2 wird jede Linie in jeweils zwei aufgespalten. Wegen des geringen ^{13}C-Anteils betrifft dieses nur einen kleinen Teil der Sonden und die ^{13}C-Satelliten sind wenig intensiv

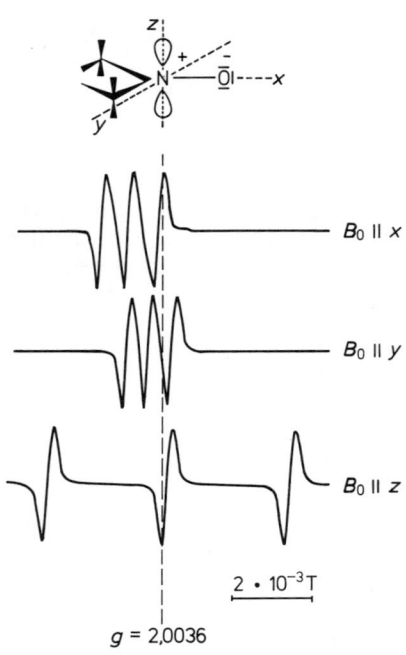

g = 2,0036

Abb. 6.14 Orientierungsabhängigkeit der ESR-Spektren von Nitroxid-Radikalsonden. Bezugssystem ist die Richtung des B_0-Feldes. Das Spektrum ist im Vergleich zu Abb. 6.13 um 180° gedreht

perfeinstruktur mit drei Linien im ESR-Spektrum. Die z-Achse im Koordinatensystem der Abb. 6.14 entspricht der Orientierung des p-Orbitals, das bei der Fettsäure- bzw. der Phospholipid-Spinsonde parallel zur Moleküllängsachse liegt.

Spektrale Anisotropie bedeutet, daß sowohl der g-Faktor als auch die Hyperfein-Kopplungskonstante von der Orientierung des p-Orbitals, und damit von der Orientierung der Spinsonde, im äußeren Magnetfeld B_0 abhängen. Wir erinnern uns, daß der g-Faktor die Lage des Gesamtspektrums bestimmt, während die Hyperfein-Kopplungskonstante den Abstand der Hyperfeinlinien charakterisiert.

Die Anisotropie des g-Faktors und der Kopplungskonstanten läßt sich am leichtesten in einem festen orientierten System, z. B. in einem Einkristall, demonstrieren. In Abb. 6.14 sind Spektren einer Radikal-Sonde, die in eine feste orientierte Matrix eingebettet ist, dargestellt. B_0 kann durch entsprechende Orientierung der Probe parallel zu einer der Molekülachsen liegen. Man erkennt deutlich die spektrale Anisotropie der drei Hauptachsen. Jedes Spektrum muß in Abhängigkeit von der Orientierung durch einen eigenen g-Faktor und eine eigene Hyperfein-Kopplungskonstante beschrieben werden. Für die jeweilige

Orientierung parallel zu einer der Hauptachsen ergeben sich jeweils drei Werte: $a_{xx} =$ $5,9 \cdot 10^{-4}$T, $a_{yy} = 5,4 \cdot 10^{-4}$T und $a_{zz} =$ $3,29 \cdot 10^{-3}$T bzw. $g_{xx} = 2,0088$, $g_{yy} =$ $2,00548$ und $g_{zz} = 2,0021$*.

In vielen Fällen, auch in den von uns betrachteten, ist das molekulare System achsialsymmetrisch (hier um die z-Achse), so daß zwei Komponenten $a_\parallel = a_{zz}$ und $a_\perp = a_{xx}$ bzw. $g_\parallel$ $= g_{zz}$ und $g_\perp = g_{xx} = g_{yy}$ ausreichen, um das ESR-Spektrum zu beschreiben. Für Orientierungen, die zwischen den Hauptachsen liegen, werden Spektren mit entsprechenden mittleren Werten erhalten.

Hyperfein-Kopplungskonstante und g-Faktor hängen dann nur vom Winkel θ zwischen dem Magnetfeld und den Molekülachsen ab

$$g_\theta = \sqrt{g_\parallel^2 \cdot \cos^2\theta + g_\perp^2 \cdot \sin^2\theta} \qquad (6.16a)$$

* Für eine qualitative Betrachtung kann die Dopplung der tiefgestellten Indizes (z. B. xx) zunächst ignoriert werden (s. S. 93).

$$a_\theta = \sqrt{a_\parallel^2 \cdot \cos^2\theta + a_\perp^2 \cdot \sin^2\theta} \qquad (6.16b)$$

Daraus läßt sich sofort ableiten, daß man aus den experimentell bestimmten Werten für g_θ und a_θ die Orientierung des Moleküls ablesen kann.

Normalerweise haben wir aber keine Einkristalle vorliegen. Wir wollen daher ein polykristallines Pulverspektrum betrachten (Abb. 6.15a), d. h. in der Probe liegen alle Orientierungen statistisch verteilt vor.

Das Spektrum enthält alle Werte des g-Faktors und der Kopplungskonstanten. Das Zustandekommen des Pulverspektrums verdeutlicht Abb. 6.16. Im Absorptionsspektrum sind in den verschiedenen Orientierungen zuzuordnenden Resonanzlinien gestrichelt gezeichnet. Die einhüllende Linie dazu ergibt das ESR-Spektrum als Absorptionssignal. Unter diesem simulierten Spektrum ist das ESR-Spektrum wie üblich in der abgeleiteten Form dargestellt. Die maximale Hyperfein-Kopplungskonstante a_{zz} ist eindeutig auswertbar. Die minimale Aufspaltung a_{xx} wird im Pulverspektrum von der Zentrallinie überdeckt und ist nicht aufgelöst. Sie wird aus dem später zu betrachtenden Spektrum einer

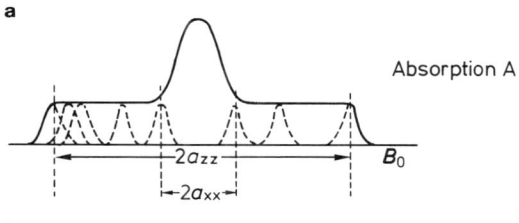

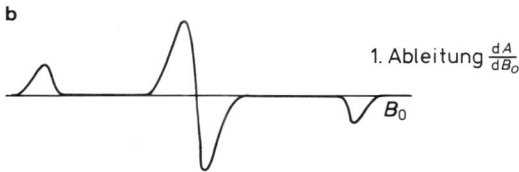

Abb. 6.16 Entstehung des anisotropen ESR-Signals von statistisch orientierten Sonden **a** Absorption: die verschiedenen Orientierungen sind gestrichelt gezeichnet, **b** erste Ableitung des Gesamtsignals

Lipid-Dispersion ermittelt werden können. Die Anisotropie des g-Faktors wurde in dieser Darstellung vernachlässigt.

Gehen wir von einer polykristallinen Probe mit statistischer Orientierungsverteilung zu einer nichtviskosen Lösung von Radikal-Sonden über, so gelangen wir zu einem zweiten Extremfall. In Lösung können sich kleine Moleküle schnell und willkürlich um ihre Achsen drehen. Ist die Rotationskorrelationszeit kleiner als die Zeit für den Absorptionsprozeß, mittelt sich die Anisotropie von a und g heraus, und das Spektrum wird unabhängig von der Orientierung zu B_0. Hyperfein-Kopplungskonstante und g-Wert ergeben die als isotrop bezeichneten Mittelwerte:

$$a_0 = \frac{1}{3}(a_{zz} + a_{yy} + a_{xx}) \qquad (6.17a)$$

$$g_0 = \frac{1}{3}(g_{zz} + g_{yy} + g_{xx}) \qquad (6.17b)$$

Im Falle der angenommenen Achsialsymmetrie erhält man für die isotrope Hyperfein-Kopplungskonstante a_0 und den isotropen g-Faktor g_0 die Werte

$$a_0 = \frac{1}{3}(a_\parallel + 2\,a_\perp) \qquad (6.18a)$$

$$g_0 = \frac{1}{3}(g_\parallel + 2\,g_\perp) \qquad (6.18b)$$

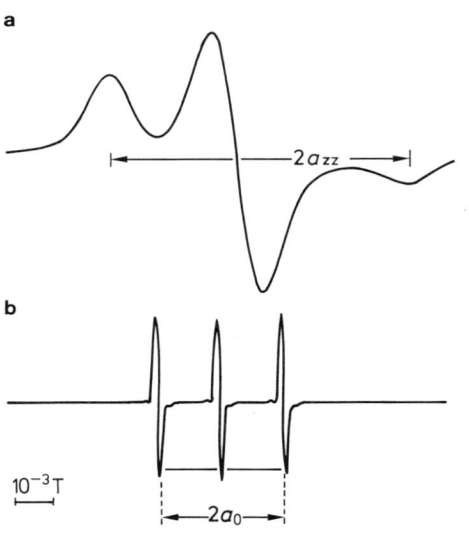

Abb. 6.15 a Pulverspektrum und **b** isotropes Spektrum von Nitroxid-Radikalsonden. Die maximale Hyperfein-Kopplungskonstante ist a_{zz}, a_0 ist die isotrope Hyperfein-Kopplungskonstante.

Das resultierende isotrope Spektrum (Abb. 6.15**b**) ist durch drei relativ scharfe Linien charakterisiert.

3.1.3 Spin-Hamilton-Operator

Dieses Kapitel soll eine kurze quantenmechanische Betrachtung anschließen, die zumindest den häufig in der ESR-Spektroskopie verwendeten Operator-Formalismus darstellt. Beim ersten Lesen kann dieses Kapitel überschlagen werden.

Ein Operator ist zunächst nur ein Symbol, das eine bestimmte mathematische Operation charakterisiert. Die Schreibweise *op f* besagt, daß ein Operator auf eine Funktion *f* wirkt und zwar derart, daß die gleiche, mit einer Konstante *c* multiplizierte, Funktion entsteht

$$op \ f = c \cdot f \qquad (6.19)$$

Wir nennen *f* die Eigenfunktion und *c* den Eigenwert. Der Hamilton-Operator ist ein Energie-Operator, d. h., wendet man diesen Operator in der Schrödinger Gleichung auf eine Wellenfunktion an, so stellen die Eigenwerte der Wellenfunktion die verschiedenen Energieniveaus dar. Der Spin-Hamilton $\hat{H}$ eines einzelnen Elektrons mit isotropem *g*-Faktor und mit Spin-Kern-Wechselwirkung hat die Form

$$\hat{H} = \mu_B \cdot S \ g \ B_0 + S \ a \ I. \qquad (6.20)$$

Der *g*-Faktor und die Hyperfein-Kopplungskonstante sind in dieser Betrachtung keine Skalare mehr, sondern stellen Tensoren dar, die die Orientierungsabhängigkeit berücksichtigen. *S*, *I* und *B* haben drei Vektorkomponenten:

$$S = \{S_x, S_y, S_z\} \qquad (6.21a)$$

$$I = \{I_x, I_y, I_z\} \qquad (6.21b)$$

$$B = \{B_x, B_y, B_z\} \qquad (6.21c)$$

Das Tensorprodukt ist das Vektorprodukt zweier dreikomponentiger Vektoren, d. h. wir erhalten eine 3×3-Matrix. Entsprechend gilt für die jeweiligen *a*-Faktoren (analog für die *g*-Faktoren):

$$a = \begin{pmatrix} a_{xx} \ a_{yx} \ a_{zx} \\ a_{xy} \ a_{yy} \ a_{zy} \\ a_{xz} \ a_{yz} \ a_{zz} \end{pmatrix} \qquad (6.22)$$

Man mache sich klar, daß a_{xx} z. B. S_x und I_x oder a_{xy}, S_x und I_y verknüpft.

Durch Einführung der drei Hauptachsen *x, y, z* im molekularen Koordinatensystem (s. Abb. 6.14, S. □) reduziert sich der Tensor auf seine Diagonalelemente. Damit verknüpft sich der Spin-Hamilton zu

$$\hat{H} = \mu_B (B_x \ g_{xx} \ S_x + B_y \ g_{yy} \ S_y + B_z \ g_{zz} \ S_z) + (I_x \ a_{xx} \ S_x + I_y \ a_{yy} \ S_y + I_z \ a_{zz} \ S_z). \qquad (6.23)$$

Die ESR-Übergänge können anhand der Energie-Niveaus, also der Energie-Eigenwerte bestimmt werden. Für den einfachen Fall der Orientierung des B_0-Feldes in Richtung der *z*-Achse folgt die Resonanzbeziehung

$$h\nu = g_{zz} \cdot \mu_B \cdot B_0 + a_{zz} \cdot m_I, \qquad (6.24)$$

wobei m_I die magnetische Quantenzahl des Kernspins darstellt.

3.1.4 Ordnungsgrade in Lipid-Doppelschichten

Im bisher betrachteten Fall des Kristalls oder des Pulverspektrums war keine Segmentbeweglichkeit der Spinsonde zugelassen. Dies trifft für eine Spinsonde, die z. B. an ein Lipid gekoppelt und in eine Lipid-Doppelschicht inkorporiert ist, nicht zu. In diesem Kapital soll gezeigt werden, wie die Beweglichkeit der Spinsonde aus der Hyperfein-Aufspaltung des ESR-Spektrums analysiert werden kann. Ist das Spin-markierte Molekül fest in ein Membransystem inkorporiert oder fest an ein Makromolekül gebunden, so erhalten wir aufgrund der statistischen Orientierungen in der Probe zunächst ein dem Pulverspektrum ähnliches ESR-Signal (Abb. 6.17).

Da ein biologisches System aber immer eine Flexibilität zeigt, erhalten wir einen deutlichen Unterschied zu Abb. 6.15**a**. Die maximale Hyperfein-Aufspaltung a_{zz} und die minimal mögliche Hyperfein-Aufspaltung a_{xx} werden nicht mehr erreicht, sondern die experimentell bestimmbaren Werte $a_{\parallel}$ und $a_{\perp}$ sind davon verschieden ($a_{\parallel} < a_{zz}$ und $a_{\perp} > a_{xx}$). Diese Abweichung von den Extremwerten wird umso größer, je stärker die Beweglichkeit der Radikal-Sonden wird. Dies wird in Abb. 6.18 anhand von simulierten Spektren deutlich. Mit zunehmender Beweglichkeit wird die ma-

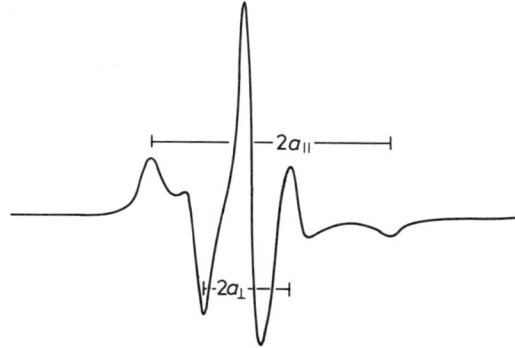

Abb. 6.17 Anisotropes ESR-Signal einer Fettsäure-Sonde mit den Hyperfein-Kopplungskonstanten $a_\parallel$ und $a_\perp$

ximale Hyperfein-Anisotropie ($a_{zz} - a_{xx} = 2,5 \cdot 10^{-3}$ T) durch eine begrenzte Bewegung der Sonde herausgemittelt.

Dies beschreiben wir mit einem Ordnungsgrad

$$S = \frac{a_\parallel - a_\perp}{a_{zz} - a_{xx}} \ . \qquad (6.25)$$

Der so definierte Ordnungsgrad ist einfach das Verhältnis zwischen der beobachteten Hyperfein-Anisotropie ($a_\parallel - a_\perp$) und der maximalen Hyperfein-Anisotropie ($a_{zz} - a_{xx} = 2,5 \cdot 10^{-3}$ T). Entsprechend ist $S = 1$ für unbewegliche Moleküle und $S = 0$ im Falle einer isotropen molekularen Bewegung. In einem mittleren Bereich dieser Grenzen kann der Ordnungsgrad auch mit der Winkelamplitude der anisotropen molekularen Bewegung ausgedrückt werden:

$$S = \frac{1}{2}(3 < \cos^2 \theta > - 1), \qquad (6.26)$$

wobei θ den Winkel zwischen Membrannormale und Moleküllängsachse und $< >$ den zeitlichen Mittelwert über die molekulare Beweglichkeit ausdrücken soll.

Die anisotrope Bewegung einer Lipid-Sonde in einer Membran ist in Abb. 6.19 verdeutlicht. Durch Bildung von Rotationsisomeren können die Fettsäure-Ketten der Lipide in der fluiden Phase Segmentbewegungen durchführen (s. Kap. 1). In einem einfachen Modell nimmt die Kopfgruppe des Lipids eine feste

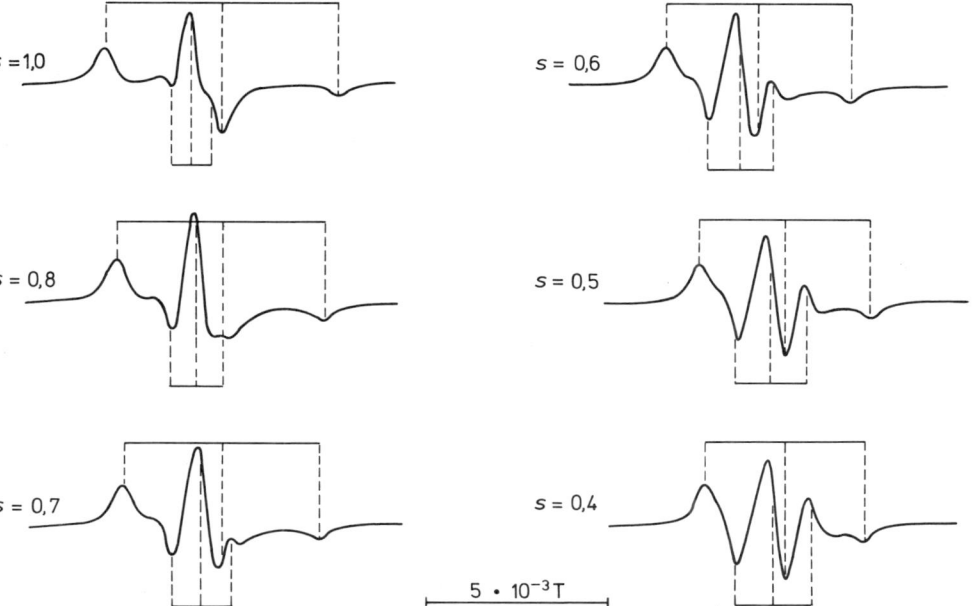

Abb. 6.18 Simulierte ESR-Spektren von Radikal-Sonden mit unterschiedlichen Werten des Ordnungsgrades S [nach Griffith, O. H., Jost, P. C. (1976), in: Spin Labelling (E. J. Berliner, ed.) Vol. I, Academic Press, S. 453]

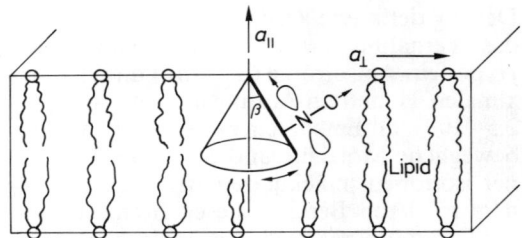

Abb. 6.19 Anisotrope Bewegung einer Lipid-Radikalsonde in Lipid-Membran um die Normale zur Membranoberfläche. Diese ist gleichzeitig die Richtung des äußeren B_0-Feldes [nach Knowles, P. F., Marsh, D., Rattle, H. W. E., Magnetic Resonance of Biomolecules, John Wiley & Sons, S. 195]

Position ein. Die Kohlenwasserstoff-Ketten führen eine statistische Bewegung durch, die durch einen Kegelmantel mit dem Öffnungswinkel 2β begrenzt ist. Dies ist ein Beispiel für eine anisotrope Bewegung mit begrenzter Amplitude. Eine Lipid-Sonde (Abb. 6.20) ist so konstruiert, daß die Achsen der Nitroxid-Gruppe eine definierte Orientierung im molekularen Achsensystem haben. Die z-Achse als Richtung von B_0 ist hier die Längsachse des Moleküls und gibt die Richtung der maximalen Hyperfein-Aufspaltung mit $a_{zz} = 3{,}2 \cdot 10^{-3}$ T an.

Das am Nitroxid-Stickstoff lokalisierte p-Orbital ist in z-Richtung orientiert. Die beiden anderen Komponenten der Hyperfein-Aufspaltung mit $a_{xx} = a_{yy} = 5{,}6 \cdot 10^{-4}$ T liegen senkrecht zur Längsachse des Moleküls.

In einer Membran orientiert sich die Sonde vorzugsweise parallel zur Membrannormalen. In planaren Lipid-Schichten kann also a_{zz} bei einer Orientierung von B_0 parallel bzw. $a_{xx} = a_{yy}$ bei einer Orientierung B_0 senkrecht zur Membrannormalen bestimmt werden.

Bei schneller anisotroper Bewegung nimmt die Sonde statistisch Orientierungen ein, die von der Membrannormalen abweichen. Der experimentelle Wert $a_{\parallel}$, der bei Magnetfeld-Orientierung parallel zur Membrannormalen erhalten wird, ist kleiner als der Wert a_{zz} für fest orientierte Sonden. Ebenso ist $a_{\perp}$ größer als a_{xx} oder a_{yy}.

Im vesikulären Membransystem sind die Sonden zusätzlich statistisch über eine Kugeloberfläche verteilt. Abb. 6.17 zeigt das Spektrum einer Sonde mit anisotroper Bewegung in einer Lipid-Membran. Die Hyperfein-Kopplungskonstanten können aus dem Spektrum ermittelt und zur Berechnung des Ordnungsgrades verwendet werden. Die Anisotropie wird mit zunehmender Beweglichkeit herausgemittelt, d. h. der Ordnungsgrad sinkt (Abb. 6.18). Das Beispiel eines temperaturabhängigen Phasenüberganges in Membranen von E. coli, die auf Nährmedium mir nur einer Fettsäure gewachsen sind, zeigt Abb. 6.21.

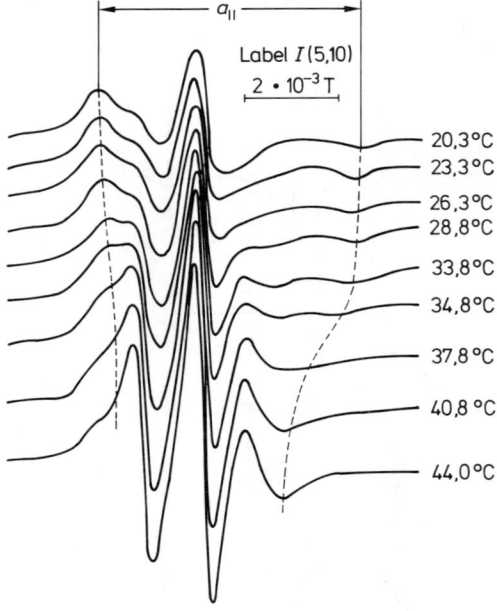

Abb. 6.21 Temperaturabhängige ESR-Spektren einer Stearinsäure-Radikalsonde in Membranen von E. coli Bakterien mit 81 % *trans*-Oktadeca-9-en-säure in den Lipiden. Die Nitroxid-Radikalgruppe ist an das C_5-Atom der Fettsäure gekoppelt [nach Sackmann, E. et al. (1974), Biochemistry **12**, 5360]

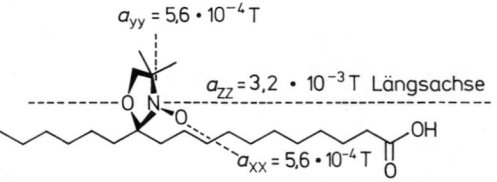

Abb. 6.20 Achsensystem in einer Stearinsäure-Radikalsonde

Eine Fettsäure-Sonde (s. Abb. 6.20) mit dem Oxazolidin-Ring am C_5-Atom wurde nachträglich in die Membran inkorporiert. Bei etwa 35 °C ist mit steigender Temperatur eine deutliche Abnahme von $a_\parallel$ zu erkennen. Die Hyperfein-Kopplungskonstante $a_\perp$ nimmt, allerdings weniger stark ausgeprägt, entsprechend zu. Qualitativ läßt sich daraus eine Konformationsänderung der Lipid-Membran ableiten, die den Übergang von einer quasikristallinen in eine flüssigkristalline Lipid-Phase charakterisiert.

3.1.5 Lipid-Protein-Wechselwirkung

In Abb. 6.18 wurden simulierte ESR-Spektren von Spinsonden mit unterschiedlicher Beweglichkeit dargestellt. Im Falle eines Ordnungsgrad um $S = 0,8$ sprechen wir von einer immobilisierten Sonde, bei Werten um $S < 0,4$ von einer mobilen Sonde. In einer homogenen Lipid-Membran konnten wir daraus Aussagen über ein Membranzustand gewinnen.

Wir betrachten eine Membran, die ein einzelnes Protein enthält, z. B. die Cytochrom-Oxidase. Das Protein wurde von seinem Lipid befreit und in Membranen rekonstituiert, die eine Fettsäure-Radikalsonde enthalten. Bei der Rekonstitution wurde das Lipid-Protein-Verhältnis variiert. Die erhaltenen ESR-Sprektren sind in Abb. 6.22 dargestellt. Bei geringem Lipid-Gehalt besteht das ESR-Spektrum nur aus einer immobilisierten Komponente. Lipid und Sonde sind fest an das Protein gebunden. Bei höherem Lipid-Protein-Verhältnis (Abb. 6.22 b) ist deutlich eine mobile Komponente zu erkennen, die der immobilen überlagert ist. Bei hohem Lipid-Gehalt (Abb. 6.22 d) ist das ESR-Spektrum kaum mehr vom Spektrum der reinen Lipid-Membran mit hoher Sonden-Mobilität zu unterscheiden. Durch Spektrensubtraktion kann der immobile vom mobilen Anteil getrennt werden und somit die Verteilung der Sonde zwischen der unmittelbaren Umgebung des Proteins (assoziierte Lipide) und des freien Lipids ermittelt werden. Für die Cytochrom-Oxidase konnte in Phosphatidylcholin-Membranen die Zahl von 55 Lipiden ermittelt werden, die mit dem Protein ein Assoziat bilden. Es sei jedoch darauf hingewiesen, daß auch die Bildung einer solchen Lipid-Domäne ein

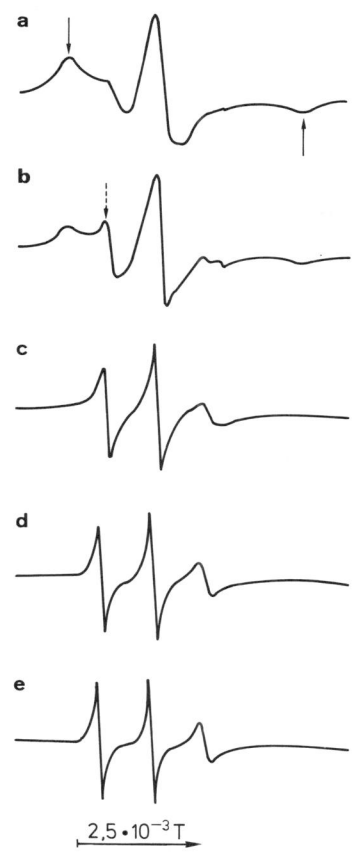

$\xrightarrow{\hspace{1cm}} 2,5 \cdot 10^{-3}\,T$

Abb. 6.22 ESR-Spektren einer Fettsäure-Sonde (Nitroxid-Gruppe am C_{16}-Atom der Stearinsäure) in Lipid-Dispersionen die membrangebundene Cytochrom c-Oxidase enthalten. Das Lipid/Protein-Verhältnis variiert **a** 0,10, **b** 0,24, **c** 0,33, **d** 0,49, **e** ∞ mg PL/mg Protein [nach Jost, (1973), et al., Proc. Natl. Acad. Sci. USA, 70 480]

dynamischer Prozeß ist. Die Austauschrate zwischen gebundenem und freiem Lipid liegt bei $10^7\,s^{-1}$, d. h. der Lipid-Protein-Komplex kann mit der ESR-Spektroskopie aufgrund des Zeitfensters 10^{-7} bis $10^{-9}\,s$ festgestellt werden. Im Zeitfenster der NMR-Spektroskopie (10^{-6} bis $10^{-4}\,s$) wäre diese Domänenstruktur nicht meßbar, da innerhalb des vergleichbar langen Zeitraums nur eine Mittelung über die beiden Zustände und damit ein einheitliches Spektrum gemessen würde.

3.1.6 Bestimmung der Lipidphasen-Umwandlungstemperatur anhand von Polaritätseffekten

Die als Formel **III** dargestellte Spinsonde 2,2,6,6-Tetramethylpiperidin-1-oxid (TEMPO), s. S. 81, soll zur Bestimmung der Phasenumwandlungstemperatur eines Phospholipides verwendet werden. Ein typisches ESR-Spektrum in wäßriger Lösung wurde bereits in Abb. 6.13, S. 82, gezeigt. Es handelt sich hierbei um ein „isotropes" Spektrum, d. h., Orientierungsabhängigkeiten der Hyperfein-Kopplungskonstanten und des g-Faktors mitteln sich durch eine schnelle Drehung des Moleküls heraus.

Die Hyperfein-Kopplungskonstante a als Maß für die Stärke der Hyperfein-Wechselwirkung hängt von der Elektronendichte am Stickstoff-Kern ab. In polaren Lösungsmitteln besitzt das Nitroxid-Radikal eine elektronische Grenzstruktur ähnlich **1**, in apolaren ähnlich **2**

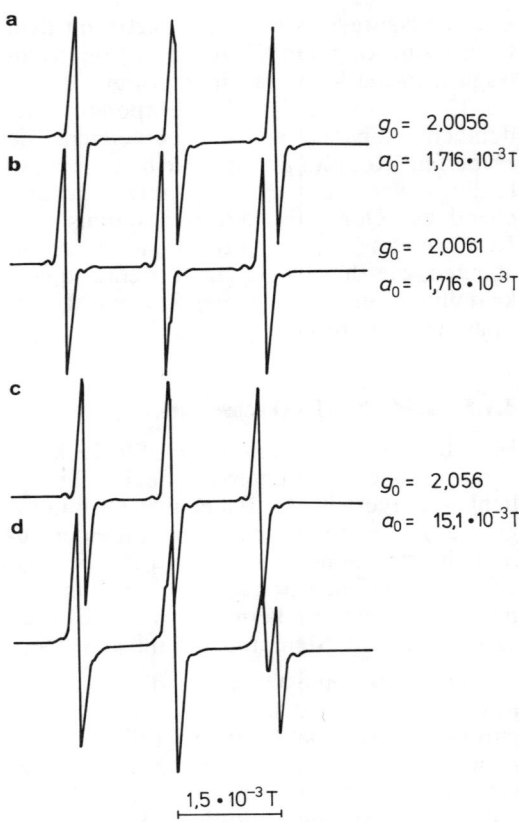

$$\overset{\delta+}{\underset{/}{\overset{\backslash}{\underset{\bullet}{N}}}}-\overset{\delta-}{\bar{\underline{O}}|} \qquad \overset{\backslash}{\underset{/}{N}}-\overset{}{\underset{\bullet}{\bar{\underline{O}}}}|$$

1   **2**

In polarer Umgebung (z. B. Wasser) ist die Spindichte des ungepaarten Elektrons am Stickstoff größer, d. h., die Hyperfein-Kopplungskonstante ist größer. Im Vergleich zu einer apolaren Umgebung ist also das Spektrum stärker aufgespalten.

Die Lage des Gesamtspektrums ist aber durch den g-Faktor bestimmt, und dieser hängt ebenso von der Polarität des Lösungsmittels ab. Bei einem Transfer aus einer polaren in eine apolare Phase steigt der g-Faktor an (g = 2,0056 in Wasser und g = 2,0061 in Hexan), d. h., das gesamte Spektrum wird zu kleineren Resonanzfeldstärken verschoben.

Die zwei Effekte sind in Abb. 6.23 **b**, **c** in einer Simulation getrennt dargestellt.

Liegt die Probe als zweiphasiges System mit unterschiedlicher Polarität vor und verteilt sich die Sonde zwischen den Phasen, so kommt es zu einer Überlagerung beider Spektren. Als Summe entsteht ein Spektrum wie in Abb. 6.23 **d**. Nur die Linie bei hohem Feld er-

g_0 = 2,0056
a_0 = 1,716 · 10^{-3} T

g_0 = 2,0061
a_0 = 1,716 · 10^{-3} T

g_0 = 2,056
a_0 = 15,1 · 10^{-3} T

$\overline{1,5 \cdot 10^{-3}\,\text{T}}$

Abb. 6.23   Einfluß der Lösungsmittelpolarität auf die Hyperfein-Kopplungskonstante und den g-Faktor. Die Computer-Simulation trennt die beiden Effekte **a** Referenzspektrum in polarem Medium (Wasser), **b** Verschiebung des Spektrums zu niedrigem Feld (größerer g-Faktor) in einem apolaren Medium (Lipid-Membran) **c** Verringerung der Hyperfein-Kopplungskonstante in einem apolaren Medium, **d** Überlagerung der beiden Effekte

scheint aufgespalten. Dies ist z. B. der Fall, wenn sich in eine Lipid-Dispersion die Sonde TEMPO zwischen der wäßrigen und der apolaren Lipid-Phase verteilt (Abb. 6.24).

Aus dem Linienhöhenverhältnis $f = H_L / (H_L + H_W)$ läßt sich der Verteilungskoeffizient f der Sonde zwischen apolarer und polarer Phase bestimmen. Im Falle eines Lipids steigt dieser Verteilungskoeffizient bei der Phasenumwandlungstemperatur T_u abrupt an. Bei $T < T_u$ ist die Spinsonde in der kri-

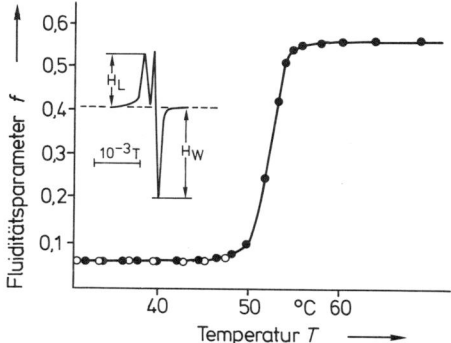

Abb. 6.24 Phasenumwandlungskurve von Dipalmitoylphosphatidsäure-Membranen bei pH 9. Der Fluiditätsparameter $f = H_L/H_L + H_W$) wurde aus den ESR-Spektren der Sonde TEMPO (**III**, s. S. 81) ermittelt [nach Galla, H. J., Trudell, J. (1981), Mol. Pharmacol., **19**, 432]

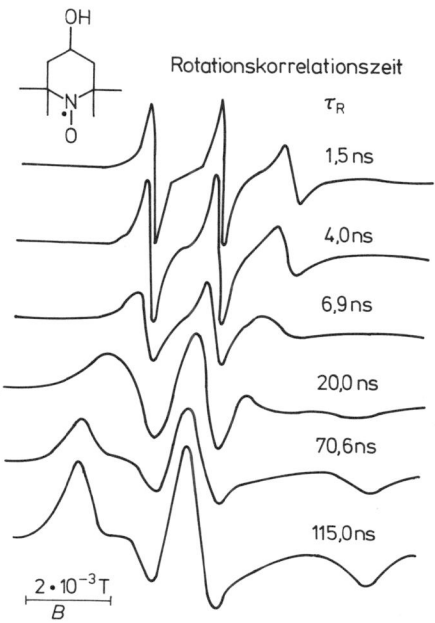

Abb. 6.25 ESR-Spektren einer Spinsonde in Lösungen mit steigender Viskosität [nach Hsia, J. C., Piette, L. H. (1969), Arch. Biochem. Biophys. **129**, 296]

stallinen Lipid-Phase schwerlöslich, während die fluide Phase bei $T > T_u$ einen großen Teil der Sonde zu lösen vermag. Aus der Bestimmung des Verteilungskoeffizienten als Funktion der Temperatur kann dann die Lipidphasen-Umwandlungstemperatur bestimmt werden (Abb. 6.24).

3.1.7 Rotationskorrelationszeit

Im vorausgegangenen Kapitel haben wir gesehen, daß bei einer schnell rotierenden Spinsonde das isotrope ESR-Signal aus drei schmalen Linien gleicher Höhe besteht. Gehen wir von einer nichtviskosen zu einer viskosen Lösung über, so wird die freie Beweglichkeit eingeschränkt. Zunehmende Immobilisierung führt zu einer charakteristischen Änderung des ESR-Spektrums (Abb. 6.25). In Glyzerol-Wasser-Mischungen läßt sich die Rotations-Korrelationszeit eines Moleküls mit dem Radius a aus der Viskosität η mit Hilfe des Stokesschen Gesetzes bestimmen:

$$\tau_R = \frac{4\pi \cdot \eta \cdot a^3}{3 \cdot k \cdot T} \qquad (6.27)$$

Neben der Temperatur T ist k wieder die Boltzmann-Konstante. Die Korrelationszeit τ_R ist die Zeit, in der der Anteil $1/e$ der Moleküle, die um einen bestimmten Winkel aus ihrer Ausgangslage gedreht wurden, wieder die Ausgangslage erreichen. Einfach ausgedrückt ist τ_R umso kleiner, je schneller die Rota-

tionsbewegung ist. Im schwach immobilisierten Bereich ist eine deutliche Intensitätsabnahme der Hyperfeinlinie bei hohem Feld zu beobachten. Im mittleren und stark immobilisierten Bereich kommt es zur Linienverbreiterung. Es sei daran erinnert, daß der Grenzwert des stark immobilisierten Spektrums das in Abb. 6.15 **a**, S. 83, dargestellte Pulverspektrum ist.

Spektren wie in Abb. 6.25 werden sehr oft bei kovalent Spin-markierten Proteinen gefunden. Abb. 6.26 zeigt das ESR-Spektrum von Spin-markiertem Calmodulin. Die Spinsonde wurde über eine Jodacetamid- bzw. über eine Maleimid-Gruppe an ein Lysin des Proteins gebunden. Die Rotation des Proteins als Ganzes ist zu langsam, um einen Einfluß auf das ESR-Spektrum auszuüben.

Über eine empirische Beziehung

$$\tau_R = 6,5 \cdot 10^{-10} \cdot \Delta B_0 \cdot \sqrt{\frac{h_0}{h_{-1}} - 1} \qquad (6.28)$$

kann aus der Linienbreite ΔB_0 der mittleren

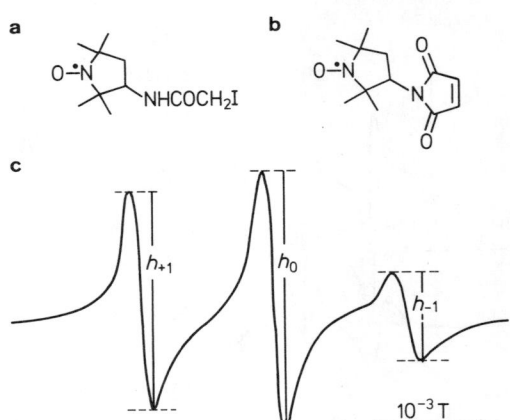

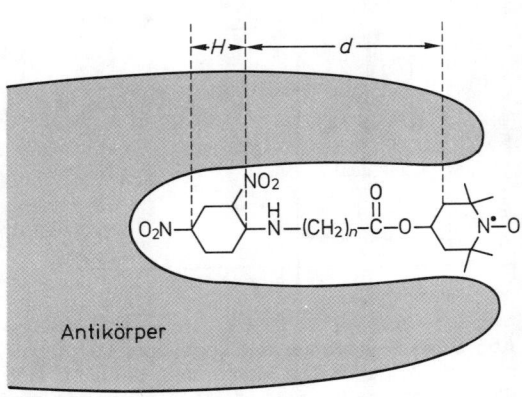

Abb. 6.26 ESR-Spektrum eines Spin-markierten Calmodulins in wäßriger Lösung [nach Xue, Y. H., et al., (1983), Intern. J. Biol. Macromol. **5**, 154]

Abb. 6.28 Schematische Darstellung der Bindestelle eines Spin-markierten Haptens in einem Antikörper [nach Hsia, J. C., Piette, L. H., Arch. Biochem. Biophys. **129**, 296]

Linie in T und dem Intensitätsverhältnis h_0/h_{-1} der mittleren zur Hochfeldlinie des Drei-Linienspektrums die Rotationskorrelationszeit berechnet werden.

Verschiedene Konformationen eines Proteins weisen in der Regel verschiedene Segmentbeweglichkeiten auf. Das ESR-Spektrum kann zur Bestimmung einer Konformationsänderung herangezogen werden. Im Falle des Calmodulins wird eine Konformationsänderung z. B. durch Titration mit zweiwertigen Ionen induziert. Abb. 6.27 zeigt die Zunahme der

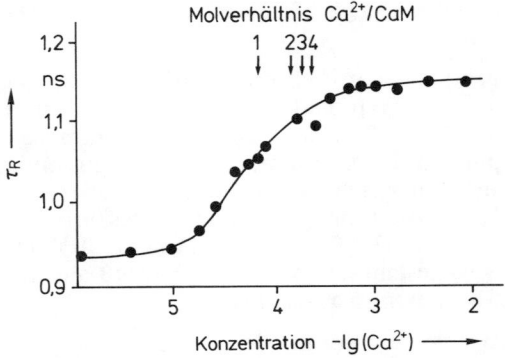

Abb. 6.27 Anstieg der Rotationskorrelationszeit des Spin-markierten Segments von Calmodulin mit steigender Ca^{2+}-Konzentration [nach Xue, Y. H., et al., (1983), Intern. J. Biol. Macromol. **5**, 154]

Rotationskorrelationszeit und damit die Einschränkung der Segmentbeweglichkeit durch zweiwertige Ionen wie Ca^{2+}.

Ein zweites Beispiel soll aus der Immunologie angeführt werden. Mit Hilfe der ESR-Spektroskopie wurde die Tiefe der Bindestelle für ein Antigen an einem Antikörper ausgemessen. Dazu wurde ein Spin-markiertes Hapten mit unterschiedlichem Abstand zwischen der Dinitrobenzyl- und der TEMPO-Gruppe eingesetzt (Abb. 6.28).

Befindet sich die Spinsonde in der Tasche, so ist die Rotation eingeschränkt, das Spektrum (Abb. 6.29 **a**) ist stark immobilisiert. Bei genügend langer CH_2-Kette liegt die Sonde außerhalb der Tasche, und das Spektrum entspricht dem isotropen Spektrum in wäßriger Lösung (Abb. 6.29 **b**). In Abb. 6.30 sieht man, daß die Rotationskorrelationszeit bei einer Kettenlänge von ca. 1,3 nm stark abfällt. Daraus kann geschlossen werden, daß die Hapten-Bindestelle im Inneren des Antikörpers etwa 1 nm von der Oberfläche entfernt liegt.

3.1.8 Laterale Diffusion und Lipid-Phasentrennung

Die laterale Diffusion, also die statistische zweidimensionale Bewegung von Lipiden in der Membranebene, ist eine Eigenschaft fluider Membranen. Mit Fluoreszenz-Methoden

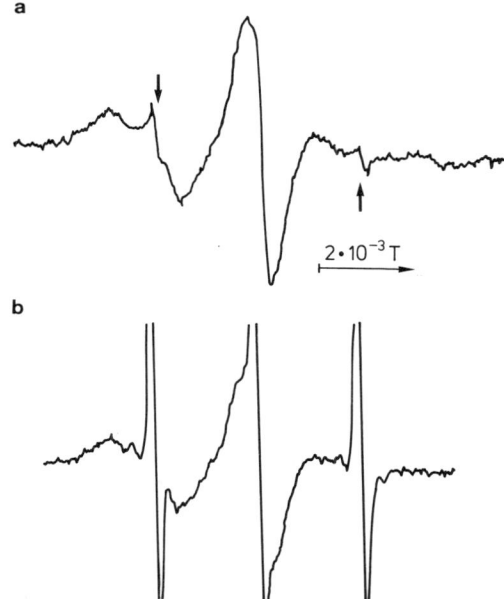

$2 \cdot 10^{-3}$ T

Abb. 6.29 ESR-Spektren bei unterschiedlichem Hapten/Antikörper-Verhältnis   **a** Molverhältnis 1 : 8, **b** Molverhältnis 2 : 3 [nach Hsia, J. C., Piette, L. H., Arch. Biochem. Biophys. **129**, 296]

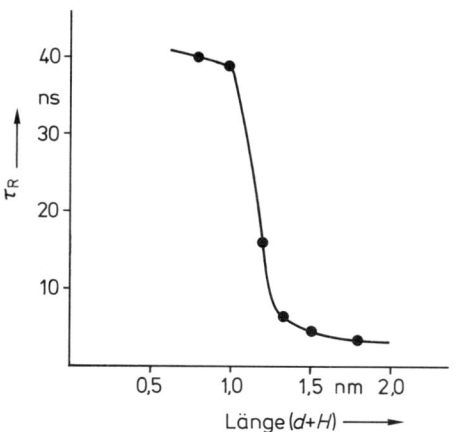

Abb. 6.30 Rotationskorrelationszeit in Abhängigkeit von der Hapten-Länge [nach Hsia, J. C., Piette, L. H. (1969), Arch. Biochem. Biophys. **129**, 296]

wurde (s. S. 64) gezeigt, daß der laterale Diffusionskoeffizient etwa bei 10^{-7} bis 10^{-8} cm²/s liegt. Auch mit Hilfe der ESR-Spektroskopie können Diffusionskoeffizienten bestimmt werden.

Da der hier zu besprechende Mechanismus den Unterschied zwischen einer gleichmäßigen und einer mosaikartigen Verteilung der Spinsonden zuläßt, sollen Phasentrennungsphänomene gleichzeitig mitbehandelt werden. Als laterale Phasentrennung bezeichnen wir die in natürlichen Membranen immer vorkommende heterogene Lipid-Verteilung in einer Lipid-Monoschicht der Membran.

Die Methode basiert auf der Ermittlung der Spinaustausch-Wechselwirkung. Diese Spin-Spin-Wechselwirkung bewirkt den Austausch zweier entgegengesetzt gerichteter Spins in benachbarten Molekülen. Da diese Wechselwirkung nur eine kurze Reichweite besitzt, müssen die Moleküle benachbarte Gitterplätze der Lipid-Membran besetzen, also „van der Waals"-Kontakt besitzen. Dies kann statistisch durch laterale Diffusion oder durch zweidimensionale Ausscheidung des markierten Lipids in einer Matrix von unmarkiertem Lipid passieren. Dabei muß der Stoffmengenanteil (x_i in %) des markierten Lipids meist größer als 2 sein.

Bei niedrigem Stoffmengenanteil (x_i = $2-5\%$) ist die Kollisionsfrequenz und damit die Austauschrate niedriger als die Hyperfein-Wechselwirkung. Die Position der drei Linien bleibt unverändert, aber die Linienbreite nimmt zu (Abb. 6.31). Im mittleren Bereich ($5-30\%$ markiertes Lipid) tritt erhebliche Verbreiterung auf. Bei hohen Austauschraten fallen die drei Hyperfeinlinien zu einer einzigen austauschverschmälerten Linie zusammen. Dem Effekt der Austausch-Wechselwirkung ist immer eine Verbreiterung durch Dipol-Dipol-Wechselwirkung überlagert.

Durch Computer-Simulation kann die Austauschfrequenz W_{ex} und daraus die Kollisionsfrequenz der Radikal-Sonden ermittelt werden. Mit Hilfe eines Diffusionsmodells (s. S. 64) läßt sich der Diffusionskoeffizient aus der Abhängigkeit der Austauschfrequenz von der Sonden-Konzentration C_{La} bestimmen

$$D_{diff} = \frac{6 \times 10^{-16} W_{ex}}{C_{La}} \qquad (6.29)$$

Die Konstante (6×10^{-16}) beinhaltet geometrische Faktoren.

Dem diffusionskontrollierten Spin-Spin-Aus-

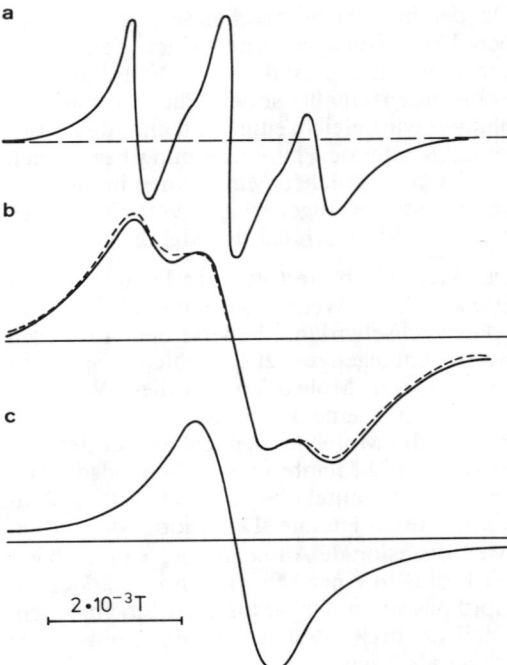

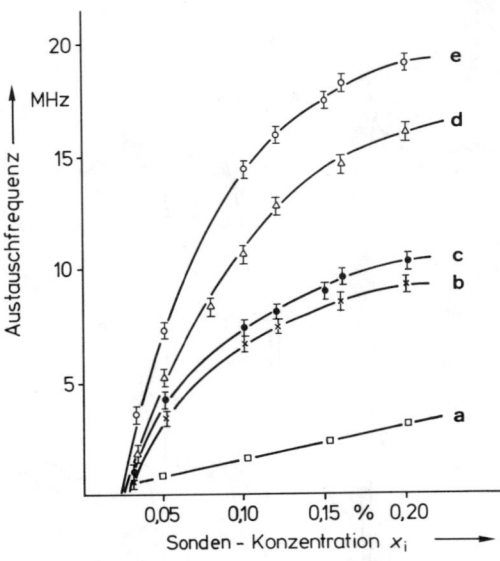

Abb. 6.31 Verbreiterung der ESR-Spektren durch Spinaustausch-Wechselwirkung und durch Dipol-Dipol-Wechselwirkung (bei 59 °C). Stoffmengenanteil **a** $x_i = 3,4\%$, **b** $x_i = 10\%$, **c** $x_i = 100\%$. Bei hoher Austauschrate mittelt sich die Hyperfeinstruktur vollständig heraus. Es resultiert eine Linie, die mit steigender Austauschrate schmäler wird („Austauschverschmälerung") [nach Galla, H. J., Sackmann, E. (1975), Biochim. Biophys. Acta **401**, 509]

Abb. 6.32 Zunahme der Austauschfrequenz mit steigender Sonden-Konzentration. Die verwendete Diacyl-Phosphatidylcholin-Sonde verteilt sich homogen in Phosphatidylcholin-Membranen. Die Austausch-Frequenz steigt linear mit der Sonden-Konzentration x_i (**a**). In Phosphatidsäure-Membranen liegt Phasentrennung vor (**b–e**), die mit steigender Ca^{2+}-Konzentration verstärkt wird. Molares Phosphatidsäure/Ca^{2+}-Verhältnis **b** 0, **c** 0,4 **d** 0,66 **e** 1

tausch mit homogener Sonden-Verteilung ist der Fall der Phasentrennung gegenüberzustellen. Die markierte Sonde bildet angereicherte mosaikartige Domänen in der nichtmarkierten Gastmembran. Es kommt ständig zum Spin-Spin-Austausch. Die Austauschfrequenz ist nicht mehr linear von der Sonden-Konzentration abhängig, sondern steigt schon bei kleinen Konzentrationen steil an (Abb. 6.32), da die Domäne nur aus Spin-markiertem Lipid besteht. Eine solche vollständige Phasentrennung konnte in Lipid-Mischungen aus Phosphatidsäure und Phosphatidylcholin in Gegenwart von Ca^{2+} nachgewiesen werden. Die Spin-markierte Phosphatidsäure wird durch Ca^{2+} komplexiert und in der Membran segregiert.

3.1.9 Transversale Diffusion

Transversale Bewegungen von Lipiden, d. h. der Austausch von Lipiden zwischen den zwei monomolekularen Schichten einer Lipid-Doppelschicht, sind sehr langsam. In natürlichen Membranen liegen die Austauschzeiten im Bereich von mehreren Stunden und nur dann ist diese spezielle Art der ESR-Spektroskopie anwendbar.

Die Methode beruht auf der Reduktion von Spinsonden durch Ascorbinsäure. Eine spezielle Lipid-Sonde mit der Radikal-Gruppe im polaren Bereich (Abb. 6.33) wird in Membranvesikel eingebaut, so daß beide Monoschichten belegt sind.

Bei 0 °C können durch Ascorbinsäure alle außen liegenden Sonden reduziert werden (Abb. 6.34). Innenliegende Sonden werden nicht erreicht, da die Membranen bei 0 °C für Ascorbinsäure impermeabel sind. Man ent-

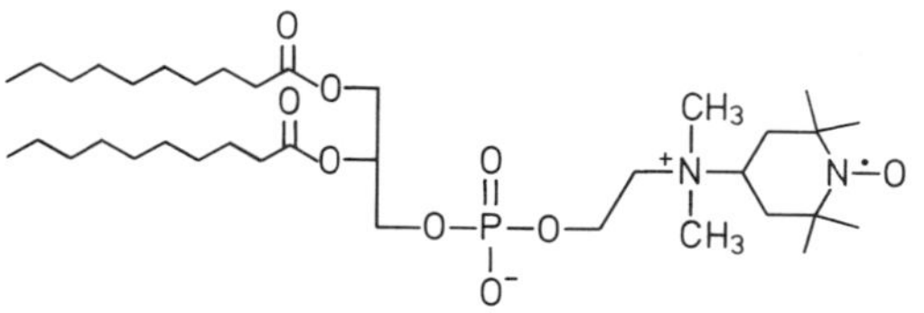

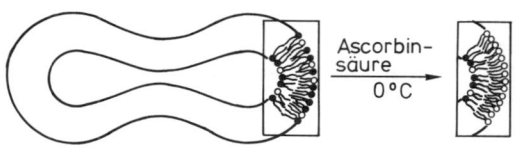

Abb. 6.33 Lipid-Sonde mit Nitroxid-Radikal im Bereich der polaren Kopfgruppen

fernt nun durch Säulenchromatographie bei 0 °C die überschüssige Ascorbinsäure. Durch Inkubation bei einer gewünschten Temperatur vollzieht sich der Lipid-Austausch zwischen den beiden Monoschichten und markiertes Lipid gelangt nach außen. Nach bestimmten Zeiten wird dieser Prozeß durch Abkühlen auf 0 °C gestoppt, und der nach außen gelangte Sondenanteil reduziert. Die verbliebene asymmetrische Verteilung der Spinsonden kann aus der Intensität des ESR-Spektrums ermittelt und zur Berechnung der Transferrate verwendet werden.

Entsprechende Experimente können zur Bestimmung von Membranpermeabilitäten durchgeführt werden, indem das innere wäßrige Kompartiment eines Vesikels mit einer permeierenden Sonde gefüllt wird. Durch die Membran durchgetretene Sonden werden mit Ascorbinsäure bei 0 °C reduziert und der Restinhalt zeitabhängig bestimmt.

3.2 Metall-Ionen in Proteinen

Zur Gruppe der Metalloproteine gehören viele Enzyme, aber auch andere funktionelle Proteine wie Hämoglobin oder die Proteine der mitochondrialen Atmungskette. Mit Hilfe

Abb. 6.34 Bestimmung der Lipid-Austauschrate in einer Membran-Doppelschicht durch Reduktion der an der Membranoberfläche liegenden Spinsonden. Als Reduktionsmittel wird Ascorbat verwendet. Die ausgefüllten und die offenen Kreise stehen für Spin-markierte bzw. unmarkierte Lipide [nach Kornberg, R. D., McConnell, H. M. (1971), Biochemistry **10**, 1111]

der ESR-Spektroskopie können paramagnetische Übergangsmetallionen z. B. von Kupfer, Eisen, Mangan oder auch Kobalt und Nickel untersucht werden. Die Elektronen mit ungepaartem Spin befinden sich im wesentlichen in d-Orbitalen. Dies bedeutet, daß die g-Faktoren aufgrund eines starken Beitrags des Bahndrehmoments zum gesamten magnetischen Moment erheblich vom Wert des freien Elektrons ($g = 2,0033$) abweichen. Sehr kurze Relaxationszeiten verlangen sehr häufig Messungen bei tiefen Temperaturen.

3.2.1 Elektronen-Konfiguration von Übergangsmetall-Ionen

Übergangsmetallionen können ein oder auch mehrere ungepaarte Elektronen besitzen. Die fünf d-Orbitale können mit je zwei entgegengesetzt orientierten Spins besetzt werden. Daraus ergeben sich zehn Elektronen-Konfigurationen, von denen einige in Abb. 6.35 dargestellt sind. Gemäß der Reihenfolge im Periodensystem werden die Orbitale mit Elektronen aufgefüllt. Zwei einfache Fälle stellen Mo^{5+} mit nur einem d-Elektron und Cu^+ mit 10 d-Elektronen dar. Mo^{5+} hat einen Spin von $S = \frac{1}{2}$, Cu^+ hat einen Spin von $S = 0$, da alle Elektronen gepaart sind. Cu^+ ist also diamagnetisch und zeigt kein ESR-Signal. Cu^{2+} dagegen besitzt ein ungepaartes d-Elektron, ist also ESR-aktiv. Liegen mehr als ein oder weniger als 9 Elektronen in d-Orbitalen vor, wird die Situation komplexer. Fe^{3+} z. B. besitzt fünf d-Elektronen. Je nach Umgebung, dem Ligandenfeld, kann ein „high spin"- bzw. „low spin"-Zustand eingenommen werden (s. Lehrbücher der anorganischen Chemie). Der „high spin"-Zustand hat durch maximale Einfachbelegung der d-Orbitalen den größtmöglichen Spin ($S = \frac{5}{2}$ bei Fe^{3+} oder Mn^{2+}), der „low spin"-Zustand durch maximale Doppelbelegung den kleinstmöglichen Spin ($S = \frac{1}{2}$). Da die Gesamtzahl der ESR-Linien ohne Hyperfein-Aufspaltung $2S$ beträgt, muß der „high spin"-Zustand fünf und der „low spin"-Zustand eine ESR-Linie aufweisen. Beim Fe^{2+} ist nur der „high spin"-Zustand paramagnetisch, der „low spin"-Zustand dagegen diamagnetisch und mit der ESR-Spektroskopie nicht detektierbar.

Da eine unterschiedliche Besetzung der d-Orbitale auch verschiedene Beiträge des Bahn-

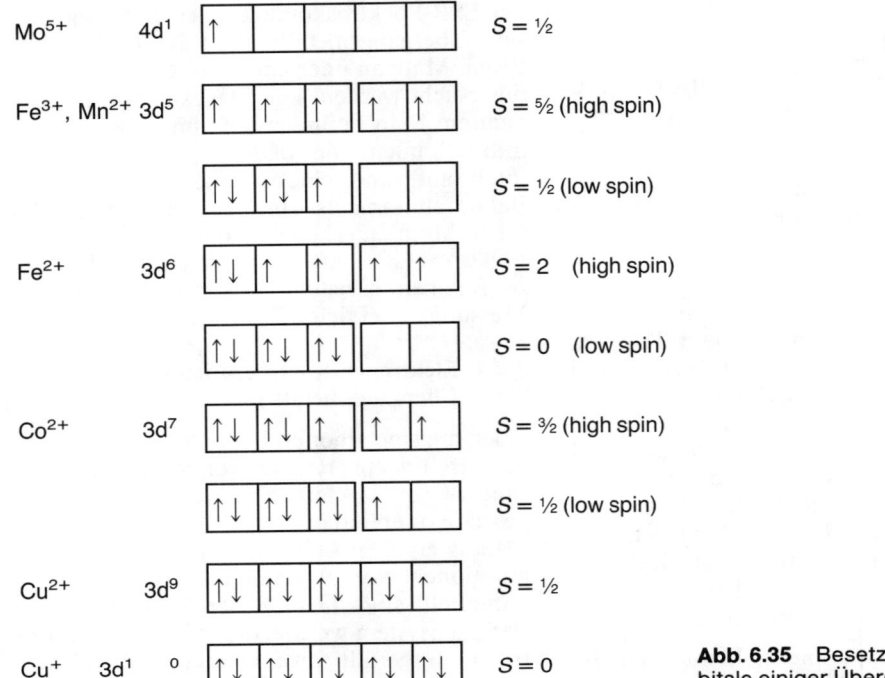

Abb. 6.35 Besetzung der fünf d-Orbitale einiger Übergangsmetallionen

drehimpulses beinhaltet, sind die g-Faktoren stark von den Liganden des Metall-Ions abhängig. Bei einem Fe^{3+} „low spin"-Komplex liegen die Werte des g-Faktors zwischen 1,4 und 3,1, bei „high spin"-Komplexen zwischen 2,0 und 9,7. Die Komplexität eines ESR-Spektrums von Übergangsmetallionen erhöht sich weiter durch die Tatsache, daß sowohl der g-Faktor wie auch die Hyperfein-Kopplungskonstante orientierungsabhängig sind.

3.2.2 Titration von Me^{2+}-Bindestellen in Proteinen

Calmodulin, ein ubiquitäres Ca^{2+}-Bindeprotein, soll hinsichtlich seiner Bindestellen analysiert werden. Da Ca^{2+} selbst nicht paramagnetisch ist, kann Mn^{2+} als Ersatz verwendet werden.

Mn^{2+} liegt in wäßriger Lösung als „high spin"-Komplex vor. Die Relaxationszeiten sind lang genug, so daß das Spektrum bei Zimmertemperatur aufgenommen werden kann. In Lösung erhalten wir durch Hyper-

fein-Wechselwirkung mit dem Kernspin $I = \frac{5}{2}$ eine Aufspaltung in sechs Linien (Abb. 6.36 a). Die Hyperfein-Kopplungskonstante beträgt $9,4 \cdot 10^{-3}$T. Der g-Faktor liegt bei $g = 2$, d. h. die mit fünf ungepaarten Elektronen halbbesetzte Schale muß eine insgesamt kugelsymmetrische Elektronendichte-Verteilung haben und weist dann kein Bahnmoment auf.

Bei Zugabe von Ca^{2+}-freiem Calmodulin wird Mn^{2+} komplexiert. Durch die nun entstehende Asymmetrie in der Koordinationssphäre werden die Linien verbreitert, und die Intensität des Spektrums ist niedrig (Abb. 6.36 b). Das Auftreten des scharfen Spektrums kann als Endpunkt für die Titration der Bindestellen gewertet werden. Die Zahl der Me^{2+}-Bindestellen ist mit Hilfe der ESR-Spektroskopie bestimmbar.

3.2.3 Cytochrom c-Oxidase

Die Cytochrom c-Oxidase der mitochondrialen Atmungskette besteht aus je einem Molekül Cytochrom a und Cytochrom a_3 und zwei

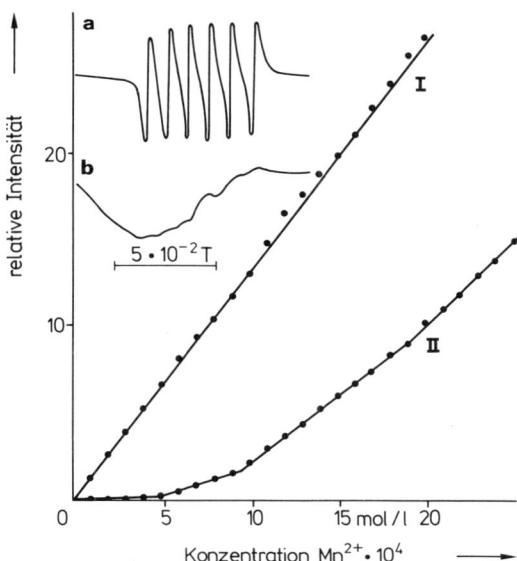

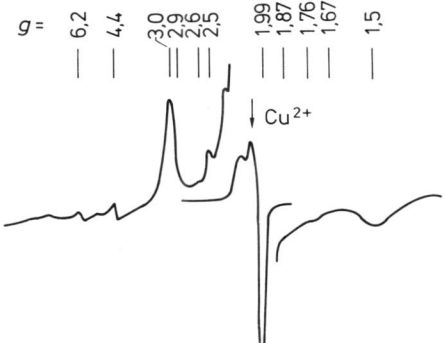

Abb. 6.37 ESR-Spektrum der Cytochrom *c*-Oxidase bei 81 K. Das ESR-Signal des Cu^{2+} bei $g \sim 2$ ist verkleinert dargestellt [nach van Gelder, B. F., Beinert, B. F., Biochim. Biophys. Acta **189**, 1]

Abb. 6.36 Titration einer $2{,}5 \cdot 10^{-4}$molaren Lösung von Calmodulin mit Mn^{2+}. Die Intensität der letzten ESR-Linie des isotropen Lösungsspektrums (freies Mn^{2+}) ist als Funktion der Mn^{2+}-Konzentration aufgetragen. Referenz I ohne, II mit Calmodulin. Die Differenz der beiden Kurven erlaubt die Bestimmung der Dissoziationskonstanten [nach Xue, Y. H., et al. (1983), Int. J. Biol. Macromol **5**, 154]

Kupfer-Ionenzentren. Das bei 81 K aufgezeichnete ESR-Spektrum des Enzyms ist in Abb. 6.37 gezeigt. Die niedrige Temperatur ist wegen der kurzen Relaxationszeiten zwingend, bei Zimmertemperatur kann in diesem Fall kein ESR-Spektrum aufgezeichnet werden. Das Spektrum hat Komponenten der Fe^{3+}-Ionen in der „low spin"-($g = 3{,}0$; 2,2 und 1,5) und der „high spin"-Konfiguration ($g = 6$ und 2). Das ESR-Signal des Cu^{2+}-Ions ist durch den g-Wert von nahezu 2 charakterisiert. Die fehlende Hyperfeinstruktur im Cu^{2+}-Spektrum ($I = \frac{3}{2}$) deutet auf eine starke Delokalisierung der Elektronen hin, was seiner Redox-Funktion entspricht.

3.3 Biologische freie Radikale

Freie Radikale kommen als Zwischenprodukte bei vielen enzymatischen Reaktionen des Metabolismus vor. Die Elektronenspinresonanz wird in diesem Bereich dazu verwendet, Radikale aufzuspüren und ihre Struktur zu identifizieren. Dadurch können der Mechanismus von Stoffwechsel-Reaktionen oder deren Kinetik charakterisiert werden.

Häufig verlaufen solche Reaktionen sehr schnell, so daß die paramagnetischen Spezies nur übergangsweise auftreten. Das ungepaarte Elektron ist meist stark delokalisiert und wechselwirkt mit verschiedenen Kernen der Umgebung. Wir erwarten also eine komplexe Hyperfeinstruktur. Die Hyperfein-Kopplungskonstanten, der g-Faktor und die Linienbreite sind die wichtigen Parameter, die eine strukturelle Zuordnung erlauben. Oft muß der Vergleich mit ESR-Spektren von chemisch synthetisierten Modellsubstanzen herangezogen werden. Die Einsatzmöglichkeit der ESR in diesem Bereich ist von großer Breite und soll exemplarisch an drei ausgesuchten Systemen verdeutlicht werden.

3.3.1 Flavin-Radikale

Ein wichtiger Elektronencarrier der Atmungskette ist das Flavin-Adenin-Dinukleotid (FAD). Der reaktive Teil des FAD ist ein Isoalloxazin-Ring, ein Akzeptor von zwei Elektronen. FAD übernimmt zwei Wasserstoffe vom Substrat und wird zum $FADH_2$ reduziert. Die Reduktion erfolgt durch Übertragung von zweimal einem Elektron, so daß radikalische Zwischenstufen auftreten. Aus dem Gleichgewicht zwischen oxidierter (FAD) und reduzierter Form (FADH) gehen halbreduzierte Formen, also freie Radikale hervor

$$FAD + FADH_2 \rightleftharpoons 2\,FAD \cdot\ + 2\,H^+.$$

Abb. 6.38 zeigt die ESR-Spektren zweier anionischer Isoalloxazin-Derivate. Die ausgeprägte Hyperfeinstruktur resultiert aus der Wechselwirkung des ungepaarten Elektrons mit verschiedenen Stickstoff- bzw. Wasserstoff-Kernen. Ersatz des Wasserstoffs am N in Position 3 des Ringes verändert das Spektrum nicht. Dies zeigt, daß die Spindichte am N3 gering sein muß. Durch entsprechenden Ersatz am N1, N5 oder N10 konnte durch spektrale Zuordnung die Aussage gewonnen werden, daß das Elektron nicht im Pyrimidin-Ring delokalisiert ist und dieser daher nicht am Elektronen-Transfer teilnimmt. Hohe Elektronendichten wurden am N-5, N-10, C-6 und C-8 gefunden, so daß diese Atome am Elektronen-Transfer beteiligt sein müssen.

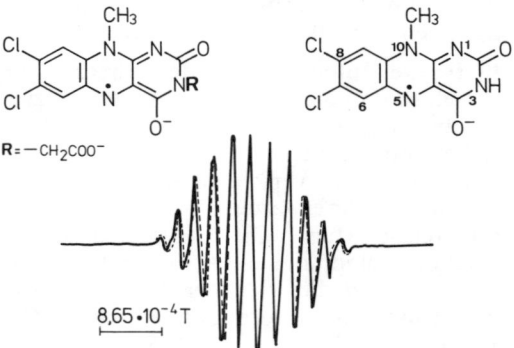

Abb. 6.38 ESR-Spektren des Radikals von 7,8-Dichloro-10-methylisoalloxazin als Beispiel eines Flavin-Analogons [nach Ehrenberg, A., et al. (1967), Eur. J. Biochem. **2**, 286]

3.3.2 Substrat-Radikale bei Enzym-Reaktionen

Bei Enzym-Substrat-Reaktionen können Radikale am Enzym, am Substrat oder an beiden gebildet werden. Es soll hier am Beispiel der Peroxidase-Reaktion das Auftreten von Substrat-Radikalen demonstriert werden.

Peroxidasen gehören zu den Häm-Proteinen und katalysieren die Oxidation einer Reihe von Substraten durch Übernahme eines Elektrons. Die reaktive Komponente ist ein Komplex zwischen Peroxidase und H_2O_2, der als „Compound I" bezeichnet wird.

Die Reaktionsfolge

Peroxidase	$+ H_2O_2$	$\xrightarrow{k_1}$	Compound I
Compound I	$+ SH_2$	$\xrightarrow{k_2}$	Compound II $+ \cdot SH$
Compound II	$+ SH_2$	$\xrightarrow{k_1}$	Peroxidase $+ \cdot SH$

gibt die Reduktion von Compound I, der oxidierten Form des Enzyms durch ein Substrat SH_2 wieder. Die dabei entstehende Form „Compound II" des Enzyms wird durch Reduktion mit einem zweiten Substrat-Molekül zur Peroxidase regeneriert. Die Radikale zerfallen durch Disproportionierung. Mögliche Substrate sind z. B. Hydrochinon oder 3,4-Dihydroxyphenylalanin (DOPA). Die ESR-Spektren der entstehenden anionischen Radikale sind in Abb. 6.39 gezeigt.

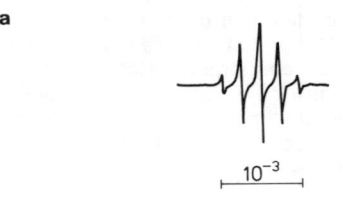

Abb. 6.39 ESR-Spektren der durch H_2O_2 erzeugten Radikale von Substraten der Meerrettich-Peroxidase **a** Hydrochinon **b** 3,4-Dihydroxyphenylalanin (DOPA) [nach Johnson, L. N., et al. (1974), J. Mol. Biol. **90**, 703]

Aus der Intensität des ESR-Signals wurde die „Steady state"-Konzentration des Radikals ermittelt, die im Einklang mit der oben angegebenen Reaktionsfolge steht. Die gut aufgelöste Hyperfeinstruktur zeigt, daß sich die Substrat-Radikale frei in Lösung befinden. In einem Enzym-gebundenen Zustand wären durch eingeschränkte Rotation breite Linien zu erwarten.

3.3.3 Strahlenschäden in DNA-Strängen

Bestrahlung von lebenden Zellen mit UV-Licht oder Röntgen-Strahlen können zum Strangbruch der DNA führen. Ein möglicher Mechanismus ist die Bildung von Radikalen, die dann durch ESR-Spektroskopie nachgewiesen werden können. Das in Abb. 6.40 wiedergegebene Spektrum einer bestrahlten DNA konnte durch Vergleich mit Spektren von bestrahlten Einkristallen der vier Basen dem Radikal des Thymidins zugeordnet werden (Abb. 6.41).

Literatur

Banwell, C. N. (1983), Fundamentals of Molecular Spectroscopy Kap. 7, McGraw Hill, Book Comp., New York.

Berliner, L. J. (Herausgeb.) (1976), Spin Labeling, Academic Press, New York.

Knowles, P. F., Marsh, D., Rattle H. W. E. (1976, Magnetic Resonance of Biomolecules, Wiley Interscience, New York.

Marsh, D. (1981), Electron Spin Resonance: Spinlabels in: Membrane Spectroscopy, Grell, E. (Herausgeb.), Springer Verlag, Berlin, Heidelberg, New York.

Neubacher, H., Lohmann, W. (1982), in: Biophysik, Hoppe, W., Lohmann, W., Markl, H., Ziegler H. (Herausgeb.), Springer Verlag, Berlin, Heidelberg, New York.

Scheffler, K., Stegmann H. B. (1970), Elektronenspinresonanz, Springer Verlag, Berlin, Heidelberg, New York.

Sealy, R. C., Hyde, J. S. und Antholine, W. E. (1985), Electron Spin Resonance, in: Modern Physical Methods in Biochemistry, Neuberger, A., van Deenen L. L. M. (Herausgeb.), Elsevier, Amsterdam, London, New York.

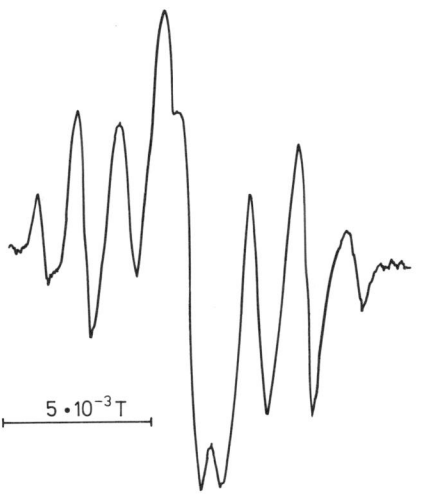

$5 \cdot 10^{-3}$ T

Abb. 6.40 ESR-Spektrum von bestrahlter DNA [nach Cook, J. B., Wyard, S. J., Nature **210**, 526]

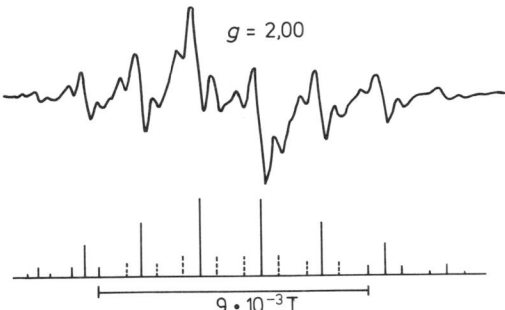

$g = 2,00$

$9 \cdot 10^{-3}$ T

Abb. 6.41 ESR-Spektrum eines durch γ-Strahlung erzeugten Radikals von Einkristallen des Thymidins [nach Pruden, B., et al. (1965), Proc. Natl. Acad. Sci. USA **53**, 917]

Kapitel 7
Kernmagnetische Resonanz

Die NMR-Spektroskopie (*nuclear magnetic resonance*) basiert wie die ESR-Spektroskopie auf einem magnetischen Resonanzphänomen (s. S. 72). Die physikalischen Grundlagen sind die gleichen, nur wird hier nicht der Elektronenspin, sondern der Kernspin betrachtet. Wesentlicher Unterschied ist die größere Masse, z. B. ist ein Proton 1836mal so schwer wie ein Elektron.

Das magnetische Moment eines Kern ist in Analogie zu Gl. (6.6) gegeben durch

$$\mu_I = g_N \cdot \mu_N \cdot I \qquad (7.1)$$

mit I dem Kernspin, μ_N dem Bohrschen Kernmagneton und der Proportionalitätskonstanten $g_N = 5,5855$ für ein freies Proton. Da μ_N definiert ist als

$$\mu_N = \frac{e \cdot h}{2\,m \cdot c} \quad , \qquad (7.2)$$

wobei m die Masse des Kerns, c die Lichtgeschwindigkeit und h das Plancksche Wirkungsquantum darstellen, muß also das magnetische Moment eines Elektrons ca. 660mal größer sein als das eines Protons. Entsprechend werden in der NMR-Spektroskopie zur Erfüllung der Resonanzbeziehung Gl. (6.11) niedrigere Frequenzen und stärkere Magnetfelder als bei der ESR-Spektroskopie benötigt. Die verwendeten Frequenzen liegen zwischen 100 und 500 MHz, also im Radiowellen-Bereich.

1. Kernspins in biologischen Substanzen

Für die NMR geeignet sind alle natürlich vorkommenden oder substituierte Isotope mit einem von Null verschiedenem Kernspin I. Da-

zu gehören das Proton ^{1}H, das Kohlenstoff-Isotop ^{13}C oder natürlicher Phosphor ^{31}P. Andere in biologischen Materialien natürlich vorkommende Kerne wie ^{12}C, ^{16}O oder ^{32}S haben einen Kernspin $I = 0$ und damit kein magnetisches Moment. Sie können nicht NMR-spektroskopisch verwendet werden.

Da sowohl Protonen als auch Neutronen zum Kernspin beitragen, gibt es kein einfaches Modell, um magnetische Kernmomente vorauszusagen. Eine empirische Regel besagt, daß nur Kerne mit gerader Massenzahl A und gerader Atomzahl Z einen Kernspin von $I = 0$ haben. Andere Massenzahl/Atomzahl-Kombinationen haben von Null verschiedene Kernspins (Tab. 7.1).

Tab. 7.1 Der Kernspin resultiert aus den Protonen und den Neutronen. Gerade Massen- und gerade Atomzahlen ergeben häufig einen Kernspin $I = 0$. Bei ungerader Massenzahl und gerader oder ungerader Atomzahl findet man meistens ein ungerades ganzzahliges Vielfaches von ½ für den Kernspin. Gerade Massezahlen und ungerade Atomzahlen ergeben einen ganzzahligen Kernspin.

Kern	Massenzahl	Atomzahl	Kernspin
^{12}C	12	6	0
^{16}O	16	8	0
^{32}S	32	16	0
^{13}C	13	6	½
^{15}N	15	7	½
^{17}O	17	8	5⁄2
^{19}F	19	9	½
^{31}P	31	15	½
D	2	1	1
^{14}N	14	7	1

Die Einsatzmöglichkeiten der verschiedenen Kerne in der NMR-Spektroskopie sind durch drei Parameter bestimmt:

a) das natürliche Vorkommen,
b) die relative Empfindlichkeit, also die Amplitude des Absorptionssignals pro Feldeinheit. Diese ist proportional zum Quadrat des magnetischen Momentes und hängt damit empfindlich von der Masse des Kerns ab. Ein Proton wird als Standard mit 1 gewertet,
c) die Linienbreite, die insbesondere bei Kernen mit $I > \frac{1}{2}$ durch das elektrische Quadrupol-Moment enorm steigt. Daher ist der Kern ^{14}N praktisch ohne Bedeutung für die NMR.

Aus dem Produkt von **a** und **b** ergibt sich die relative Signalintensität als Maß für die Verwendbarkeit eines Kerns (Tab. 7.2). Gleichzeitig wird dadurch eine Norm für die Ansprüche an die Probe, das Gerät und die Meßmethodik festgelegt. So muß bei ^{13}C-Kernen eine etwa um den Faktor 10^4 empfindlichere Messung durchgeführt werden als bei Protonen. Höhere Substrat-Konzentrationen oder Isotopen-Anreicherung (z. B. bei ^{13}C) können häufig das Problem lösen.

Tab. 7.2 Das relative natürliche Vorkommen multipliziert mit einer kernspezifischen Empfindlichkeit ergibt die relative Signalintensität als Maß für die NMR-Empfindlichkeit. Das Proton wird als Bezugsgröße mit 1 bewertet.

Kern	relatives natürliches Vorkommen	relative Empfindlichkeit	relative Signalintensität
^1H	0,9998	1	~1
^{19}F	1,0	0,8	0,8
^{31}P	1,0	0,06	0,06
^{13}C	0,011	0,016	$1,76 \cdot 10^{-4}$
D	$1,6 \cdot 10^{-4}$	0,01	$1,6 \cdot 10^{-6}$

2. Physikalisches Bild des NMR-Experiments

Wir betrachten ein Kollektiv von Kernen mit jeweils einem magnetischen Moment $\mathbf{\mu}$. Alle magnetischen Momente addieren sich vektoriell zu einer makroskopischen Gesamtma-gnetisierung. Ohne äußeres Magnetfeld sind die Kernspins statistisch verteilt, und der makroskopische Magnetisierungsvektor ist $\mathbf{M} = 0$.

Wird ein äußeres Magnetfeld $\mathbf{B}_0$ in z-Richtung eines festgelegten Achsensystems (s. S. 72) angelegt, so orientieren sich die Kernspins parallel bzw. antiparallel zum $\mathbf{B}_0$-Feld. Im thermischen Gleichgewicht ist das der parallelen Orientierung zuzuordnende energieärmere Niveau gemäß der Boltzmann-Verteilung stärker besetzt. Damit bekommt die makroskopische Magnetisierung in z-Richtung einen endlichen Wert M_z (Abb. 7.1). Die einzelnen Spins präzedieren mit der Larmor-Frequenz ν_L, jedoch ohne Phasenbeziehung, d. h. ihre Lage auf dem Kegelmantel ist willkürlich. Daraus folgt, daß sich alle Komponenten senkrecht zu $\mathbf{B}_0$ herausmitteln und daß keine Magnetisierung M_x in x- oder M_y in y-Richtung auftritt.

Analog zur ESR wird nun in x-Richtung ein linear polarisiertes magnetisches Wechselfeld $\mathbf{B}_1$ angelegt. $\mathbf{B}_1$ ist der magnetische Anteil des von einer auf der x-Achse liegenden Senderspule ausgehenden Hochfrequenz-Feldes zwischen 60 und 500 MHz. Ein linear polarisiertes Wechselfeld kann in zwei circular polarisierte Komponenten zerlegt werden, die in der xy-Ebene mit entgegengesetztem Drehsinn umlaufen. Der Anteil, dessen Umlaufrichtung mit der Spinpräzession übereinstimmt, zwingt dem Spin bei Eintritt der Re-

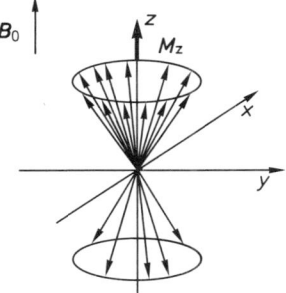

Abb. 7.1 Präzession einer Gruppe von identischen Kernen mit $I = 1/2$ im thermischen Gleichgewicht. Es resultiert eine makroskopische Magnetisierung M_z in z-Richtung. Durch die statistische Verteilung in der xy-Ebene sind die Komponenten entlang der x- und der y-Achse Null

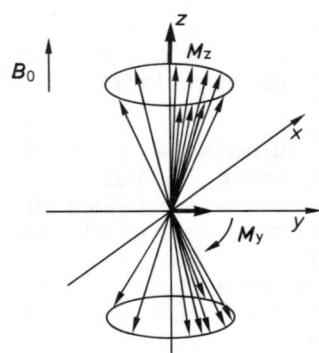

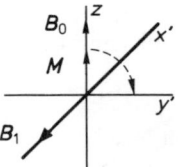

Abb. 7.3 Präzession der Magnetisierung um die B_1-Richtung (x'-Achse im rotierenden Koordinatensystem)

Abb. 7.2 Einfluß eines entlang der x-Achse orientierten B_1-Feldes. Der erzwungene phasengleiche Umlauf der Spins erzeugt eine Quermagnetisierung M_y

tierung überführt. Dies entspricht einer Störung der Boltzmann-Verteilung, durch Energieaufnahme aus dem B_1-Feld. Wir beobachten einen Absorptionsprozeß.

3. Meßtechnik

Mit den bisher erworbenen Kenntnissen können wir ein „CW-Experiment" (*continuous wave*) durchführen. Dabei wird die Absorption bei kontinuierlicher B_1-Feld-Strahlung über den Induktionsstrom in der Empfängerspule gemessen. Zur Herbeiführung der Resonanz kann die Senderfrequenz bei konstantem B_0-Feld oder das B_0-Feld bei konstanter Senderfrequenz variiert werden. Die Magnetfeld-Änderung ist das übliche Verfahren.

sonanz-Beziehung einen phasengleichen Umlauf auf. Das mit der Larmor-Frequenz rotierende B_1-Feld erzwingt also eine „Bündelung" der umlaufenden Spins. Es tritt eine Magnetisierung M_y senkrecht zu B_0 auf, die in der xy-Ebene mit der Larmor-Frequenz umläuft (Abb. 7.2). Eine auf der y-Achse liegende Empfängerspule mißt die durch den rotierenden Magnetisierungsvektor induzierte Spannung als NMR-Signal.

Um die Betrachtung zu vereinfachen, lassen wir das x-, y-, z-Koordinatensystem mit der Larmor-Frequenz um die z-Achse rotieren. Die rotierenden Achsen bezeichnen wir mit x' und y'. Dies hat den Vorteil, daß wir jetzt das Bild eines stationären B_1-Feldes in Richtung der x'-Achse haben. Auf die durch die Boltzmann-Verteilung hervorgerufene Magnetisierung in z-Richtung wirkt das B_1-Feld und übt ein Drehmoment $D = M_z \times B_1$ aus, so daß der makroskopische Magnetisierungsvektor M_z um einen Winkel φ aus der z-Richtung abgelenkt wird. Die Vektorspitze beschreibt eine Kreisbahn um die x'-Achse. Es tritt eine Magnetisierung auf, die senkrecht zum B_0-Feld (z-Achse) und senkrecht zum B_1-Feld (x'-Achse), also in der Richtung der y'-Achse liegt. Dies ist die transversale Magnetisierung $M_{y'}$. Bei Einstrahlung eines resonanten B_1-Feldes präzediert also der Magnetisierungsvektor um die Richtung des B_1-Feldes (Abb. 7.3). In der Summe werden mehr Spins aus der parallelen in die antiparallele Orien-

Tab. 7.3 Gebräuchliche Magnetfeld-Frequenz-Kombinationen

MHz	B_0 (T)	
60	1,41	
90	2,11	Elektromagnet
100	2,35	
220	5,17	
270	6,34	
300	7,05	supraleitende
360	8,46	Magneten
500	11,75	

Einige typische Magnetfeld-Frequenz-Kombinationen sind in Tab. 7.3 aufgeführt. Die NMR-Geräte werden häufig nach ihrer Arbeitsfrequenz bezeichnet. Man spricht z. B. von einem 500 MHz-Gerät. Große Probleme sind die Konstanz, die Stärke und die Homogenität des Magnetfeldes. Die Toleranz liegt bei Abweichungen in der Größenordnung von 10^{-8}. Mit gewöhnlichen Elektromagneten können Felder bis zu 2,5 T erzeugt werden. Darüber müssen supraleitende Spulen, die bei der Temperatur des flüssigen Heliums einen vernachlässigbaren Widerstand haben, verwendet werden. 600 MHz-Geräte sind der derzeitige Stand der Technik. Solche modernen Geräte arbeiten nicht mehr mit der CW-, sondern mit der Fourier-Transform-NMR-Spektroskopie, die kurz als FT-Technik bezeichnet wird. Dabei handelt es sich um eine noch zu besprechende Pulstechnik.

4. Struktur des NMR-Spektrums

Ein NMR-Spektrum ist primär durch zwei Größen charakterisiert. Die chemische Verschiebung bestimmt die Größe des Resonanzfeldes, also die Lage des Überganges auf der B_0-Achse (s. g-Faktor bei der ESR-Spektroskopie). Die Wechselwirkung mit benachbarten Kernspins (Spin-Spin-Kopplung) führt zu einer Multiplettstruktur (s. Hyperfein-Wechselwirkung der ESR). Dies gilt gleichsam für jeden betrachteten Kern also z. B. ^{1}H oder ^{13}C. Der Unterschied ist lediglich durch eine verschiedene Frequenzlage gegeben. Bei einem Feld von 10 T liegt z. B. die ^{1}H-Resonanz bei 425,7 MHz und die ^{13}C-Resonanz bei 107,1 MHz. Mit einem Experiment kann folglich nur jeweils eine Kernsorte spektroskopiert werden.

4.1 Chemische Verschiebung

Bisher haben wir nur isolierte Kerne betrachtet. Dies ist unrealistisch, da alle Kerne zumindest mit Elektronen in Atomen oder Molekülen assoziiert sind. Das B_0-Feld erzeugt Kreisströme in der Elektronenwolke. Bewegte Ladungen erzeugen aber ein Magnetfeld B_{ind}, das nach der Lenzschen Regel dem erzeugenden B_0-Feld entgegengesetzt gerichtet ist (Abb. 7.4). Das lokale Feld am Ort des Kerns B_{lok} ist also kleiner als das angelegte B_0-Feld

$$B_{lok} = B_0 - B_{ind} \quad . \tag{7.3}$$

Der betrachtete Kern ist abgeschirmt und zur Resonanz muß ein stärkeres B_0-Feld verwendet werden.

Das induzierte Feld hängt jedoch vom angelegten Feld ab

$$B_{ind} = \sigma \cdot B_0. \tag{7.4}$$

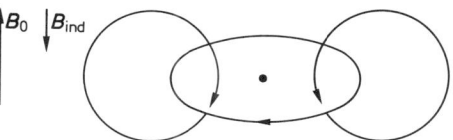

Abb. 7.4 Induktionsfeld B_{ind} und Abschirmeffekt auf einen Kern durch die ihn umgebenden bewegten Elektronen

Mit der Abschirm-Konstanten σ ergibt sich für das wirksame Feld

$$B_{lok} = B_0 (1 - \sigma). \tag{7.5}$$

Die Größe der Abschirmung hängt stark von der Elektronendichte ab, also von den Nachbaratomen oder Atomgruppen eines Kerns. So ist z. B. die Elektronendichte an einem Proton bei einer C–H-Gruppe viel größer als bei einer O–H-Gruppe, da Sauerstoff eine größere Elektronegativität besitzt. Entsprechend wird die Abschirm-Konstante σ_{CH} größer sein als σ_{OH} und die Resonanz eines Protons in einer C–H-Bindung wird bei höherem Feld liegen als die eines Protons in einer O–H-Bindung. Auch Nachbargruppen können die Abschirmung erhöhen (z. B. –CH$_3$, –NH$_2$ oder COO$^-$) oder erniedrigen (z. B. –OH, –COOH, –NH$_3^+$, –NO$_2$).

Spezielle Abschirmeffekte ergeben sich beim Benzol. Das B_0-Feld erzeugt einen Ringstrom der π-Elektronen. Das entstehende Magnetfeld im Innern des Ringes ist dem B_0-Feld entgegengesetzt gerichtet. Außen am Ring, also am Ort der Protonen, ist das induzierte Feld dem angelegten gleichgerichtet (Abb. 7.5). Eine vorhandene Abschirmung wird geschwächt, und die Resonanz der Benzol-Protonen liegt bei relativ kleinem Feld.

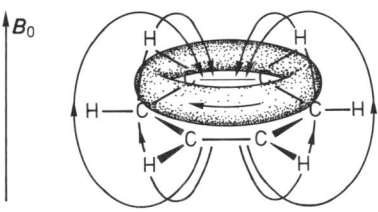

Abb. 7.5 Abschirm-Effekt durch die Bewegung der π-Elektronen des Benzols in einem B_0-Feld. Am Ort der Protonen resultiert eine Verstärkung des B_0-Feldes durch das induzierte Feld B_{ind}. Eine vorhandene Abschirmung wird geschwächt

Die chemische Verschiebung ist also eine charakteristische Größe für einen gegebenen Kern in einer definierten chemischen Umgebung. In dieser Möglichkeit der strukturellen Zuordnung liegt die Bedeutung der hochauflösenden NMR-Spektroskopie. Bei makromolekularen Strukturen tragen zusätzlich intra- und auch intermolekulare Reaktionsfelder zur Größe der Abschirmung bei.

Für die praktische NMR-Spektroskopie besteht die Notwendigkeit, die chemische Verschiebung zu quantifizieren. Dies wäre in Magnetfeld- oder Frequenzeinheiten möglich.

Bei einer CH_3-Gruppe z. B. beträgt die Größe des abschirmenden Feldes 3,26 μT. Dies entspricht gemäß Tab. 2.1, S. 17, bei einer Betriebsfrequenz von 100 MHz etwa 140 Hz. Bei einer Betriebsfrequenz von 500 MHz wären beide Werte fünfmal so groß, d. h. die Angaben variierten mit dem Gerätetyp. Man gibt daher keine absoluten Verschiebungen zu einem nicht abgeschirmten Kern (dem Proton) an, sondern man bezieht sich auf eine Referenz, und die chemische Verschiebung wird angegeben in **ppm** (*p*arts *p*er *m*illion):

$$\delta = \frac{\nu_{REF} - \nu_{Probe}}{\nu_{REF}} \cdot 10^6 \, \text{ppm}. \qquad (7.6)$$

Für eine Resonanz-Stelle, die in einem 200 MHz-Spektrum z. B. 200 Hz von der Referenz entfernt ist, wäre die chemische Verschiebung 1 ppm. Bei einem 500 MHz-Spektrum wäre der Unterschied 500 Hz, also immer noch 1 ppm.

Als Referenz-Signal hat sich *Tetramethylsilan* (TMS) $Si(CH_3)_4$ bzw. in wäßrigen Medien 2,2-*Dimethyl-2-silapentan-5-sulfonat* (DSS) $(CH_3)_3Si(CH_2)_3SO_3\cdot Na^+$ durchgesetzt. Im Vergleich zu den meisten Protonen haben diese beiden Substanzen die bessere Abschir-

Tab. 7.4 Chemische Verschiebung von Aminosäure-Protonen

Proton	ppm
–CH_3 (Seitenkette)	0,8–1,5
–CH_2 (Seitenkette)	1,5–3
$C_\alpha H$	3,5–4,5
Aromaten	7

mung, also die höchste Resonanz-Feldstärke. Die chemische Verschiebung (Abb. 7.6) wird von rechts nach links im Spektrum in ppm-Einheiten aufgetragen. Bei einer vorgegebenen Frequenz kennzeichnen die positiven Zahlen die Verschiebung zu niedrigerem Feld.

Einige typische Werte von Protonen der Aminosäuren gibt Tab. 7.4 wieder. Für ^{13}C-Kerne wird ebenfalls TMS als Referenz verwendet. Hierbei liegen jedoch die chemischen Verschiebungen bei etwa 200 ppm. Andere Kerne benötigen andere Referenzen.

4.2 Spin-Spin-Kopplung

In Abb. 7.7 ist das 60 MHz-Spektrum der Aminosäure Alanin in D_2O bei pD = 13 dargestellt. Die austauschbaren Protonen der Aminofunktion sind somit durch Deuterium **D** ersetzt. Als Referenz wurde DSS gewählt. Aufgrund der chemischen Verschiebung kann das Doublett bei 1,21 ppm der CH_3-Gruppe und das Quadruplett bei 3,31 ppm dem $C_\alpha H$ zugeordnet werden. Die Multiplett-Aufspaltung ist die Folge der Spin-Spin-Kopplung mit benachbarten Kernen, in unserem Beispiel mit benachbarten Protonen, da der Kohlenstoff nahezu vollständig als ^{12}C vorliegt. Wir sprechen von vicinaler Proton-Proton-Wechselwirkung.

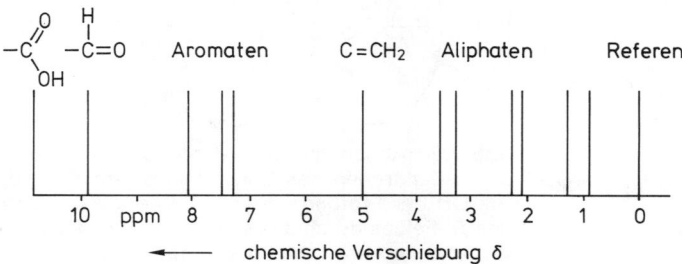

Abb. 7.6 Chemische Verschiebung von Protonen in einigen chemischen Gruppen

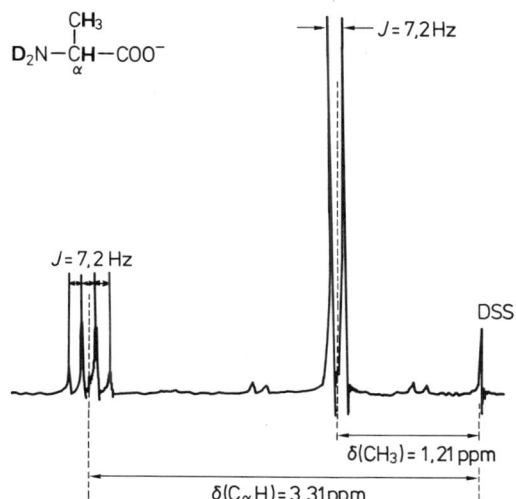

$$D_2N-\underset{\alpha}{\overset{\overset{\displaystyle CH_3}{|}}{CH}}-COO^-$$

$J = 7,2\,Hz$

$J = 7,2\,Hz$

DSS

$\delta(CH_3) = 1,21\,ppm$

$\delta(C_\alpha H) = 3,31\,ppm$

Abb. 7.7 60 MHz ^{1}H-NMR-Spektrum von Alanin in deuteriertem Wasser. Die Kopplungskonstanten betragen $J = 7,2\,Hz$ [nach Wüthrich, K. (1976), NMR in Biological Research: Peptides and Proteins, North-Holland Publishing Comp.]

Die Stärke der Wechselwirkung wird durch die Kopplungskonstante J ausgedrückt. J ist unabhängig von B_0 und liegt bei Protonen im Bereich von 0 bis 30 Hz, also bei 100 MHz im Bereich um 0,2 ppm.

Wie kommt es nun zur Aufspaltung? Betrachten wir die drei CH_3-Protonen. Man bezeichnet sie als äquivalent, da sie die gleiche chemische Verschiebung haben. Ohne Spin-Spin-Wechselwirkung würden wir eine NMR-Linie bei 1,21 ppm erhalten, denn die Kopplung äquivalenter Kerne untereinander beeinflußt das NMR-Spektrum nicht. Das benachbarte $C_\alpha H$ kann die Spinzustände $m = +\frac{1}{2}$ oder $m = -\frac{1}{2}$ einnehmen. Nach Abb. 7.8 bedeutet dies, daß das Feld am Ort des betrachteten Kerns um einen Betrag B_A je nach Orientierung des Nachbarspins erhöht oder erniedrigt wird. Das NMR-Signal wird in ein Dublett aufgespalten.

Eine entsprechende Betrachtung führt zum Quadruplett des $C_\alpha H$. Die drei Methyl-Protonen können zu einem Gesamtspin von $+\frac{3}{2}$, $+\frac{1}{2}$, $-\frac{1}{2}$ oder $-\frac{3}{2}$ kombinieren. Entsprechend erhalten wir zwei verschiedene Feldverstärkungen und zwei Feldabschwächungen am $C_\alpha H$, so daß vier Linien resultieren.

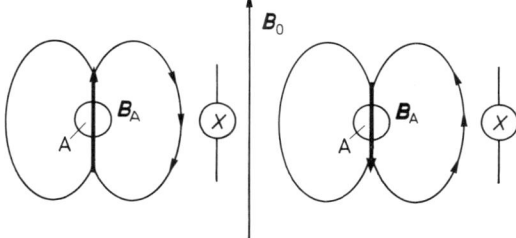

B_0

B_A

B_A

Abb. 7.8 Spin-Spin-Kopplung zweier Kerne **A** und **X**. Je nach Orientierung des Kerns **A** wird das Feld B_0 am Ort des Kerns **X** erhöht oder erniedrigt

Die aus dieser Betrachtung abzuleitende allgemeine Regel besagt, daß n äquivalente Kerne mit Spin $I = \frac{1}{2}$ im Spektrum $n + 1$ Multiplett-Komponenten erzeugen. Die Intensitätsverhältnisse der einzelnen Banden kann man dem Pascalschen Dreieck entnehmen:

$n = 0$	1
$n = 1$	1 1
$n = 2$	1 2 1
$n = 3$	1 3 3 1
$n = 4$	1 4 6 4 1

Im Falle des $C_\alpha H$ mit $n = 3$ Nachbarkernen ist das Intensitätsverhältnis der Banden 1:3:3:1.

Ein Multiplett mit Überlagerungen entsteht bei Kopplung mit mehreren Sätzen von Kernen. Dies sei am Beispiel der Aminosäure Lysin (Abb. 7.9) demonstriert. Die Multiplizität n benachbarter Kerne mit Spin I (hier $I = \frac{1}{2}$) beträgt allgemein

$$z = 2n \cdot I + 1. \tag{7.7a}$$

Bei zwei Sätzen äquivalenter Kerne mit jeweils verschiedener Kopplungskonstante gilt für die einzelnen Multiplizitäten:

$$\begin{aligned} z_1 &= 2\,n_1 \cdot I_1 + 1 \\ z_2 &= 2\,n_2 \cdot I_2 + 1 \end{aligned} \tag{7.7b}$$

Für die Gesamtmultiplizität gilt

$$z = z_1 \cdot z_2. \tag{7.7c}$$

Die theoretische Zahl von sechs Linien bei den $C_\beta H$ ($n_1 = 1$ vom $C_\alpha H$ und $n_2 = 2$ vom $C_\gamma H_2$, I ist jeweils $\frac{1}{2}$) wird selbst bei 220 MHz nicht mehr vollständig aufgelöst. Die $C_\gamma H_2$ müßten neun Linien aufweisen ($n_1 = 2$, $n_2 = 2$).

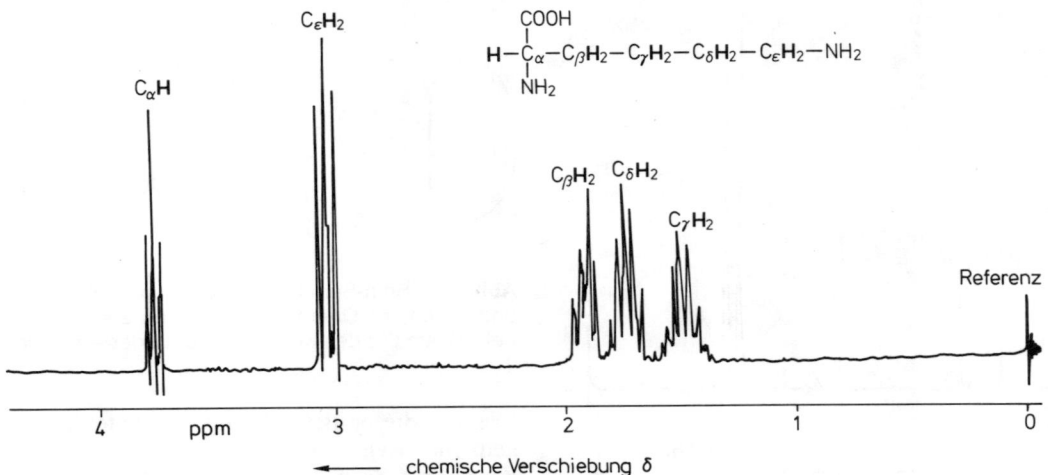

Abb. 7.9 ^{1}H-NMR-Spektrum der Aminosäure Lysin bei 220 MHz [aus Knowles, P., Marsh, D., and Rattle, H. W. E. (1976), Magnetic Resonance of Biomolecules, John Wiley & Sons]

Die übernächsten Nachbarn sind zu vernachlässigen.

Für die Biochemie ist von Bedeutung, daß vicinale Spin-Spin-Kopplung eine Strukturaussage an Biopolymeren erlaubt. M. Karplus konnte zeigen, daß die Kopplungskonstante von der Konformation einer **H–C–C–H**-Folge abhängt (Abb. 7.10). Bei der *trans*-Konformation beträgt der Winkel zwischen den beiden **C–H**-Bindungen $\theta = 180°$, bei der *gauche*-Konformation ist $\theta = 60°$. Über alle Winkel variiert die Kopplungskonstante zwischen 0 und 8 Hz.

5. Relaxationsmechanismen

Beim NMR-Experiment hat das Spinsystem Energie aufgenommen. Die Verteilung dieser Energie auf die Umgebung oder auf andere Spins wird allgemein als Relaxationsprozeß bezeichnet. Die Zeit, die nach Abschalten des B_1-Feldes vergeht, bis der Anteil $1/e = 0{,}37$ der aufgenommenen Energie dissipativ abgegeben wird, bezeichnet man als Relaxationszeit. Wir unterscheiden zwei Relaxationsprozesse. Die durch die Relaxationszeit T_1 charakterisierte Spin-Gitter-Relaxation oder longitudinale Relaxation ist im Mechanismus verschieden von der durch die Relaxationszeit T_2 charakterisierten Spin-Spin- oder auch transversalen Relaxation.

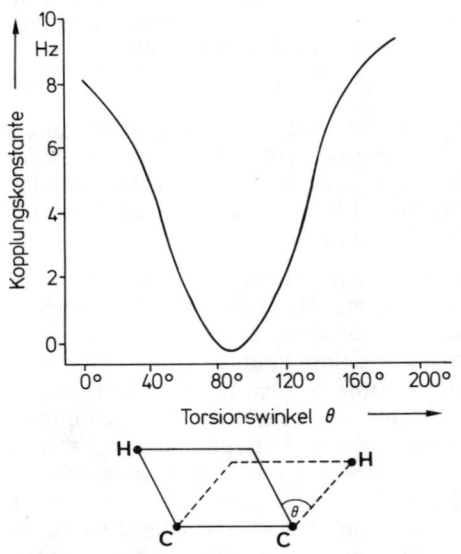

Abb. 7.10 Abhängigkeit der Kopplungskonstanten von der Konformation einer **C–C**-Bindung. Der Torsionswinkel θ beschreibt die Lage der Protonen an den benachbarten **C**-Atomen eines **H–C–C–H**-Fragments [aus Jardetzky, O., Roberts, G. C. K. (1981), NMR in Molecular Biology, Academic Press]

Beide Relaxationen tragen zur Breite der NMR-Linien bei, da sie die Lebensdauer eines Spinzustandes beeinflussen. Eine lange Lebensdauer in der Größenordnung von einer Sekunde bedeutet nach dem Heisenberg-schen Unschärfeprinzip eine geringe Energie-unschärfe. Bei 2,35 T erhält man z. B. eine schmale Linie von 0,1 Hz. Eine kurze Lebens-dauer von 10^{-4} s ergibt entsprechend eine et-wa 1000 Hz breite Linie. Grundsätzlich kann die Lebensdauer aus der Breite einer NMR-Linie ermittelt werden, viel eleganter und zu-verlässiger ist jedoch die Fourier-Transform-NMR-Spektroskopie.

Für den Mechanismus der Relaxation kom-men ausschließlich fluktuierende magneti-sche Wechselwirkungen in Frage. Als Wich-tigstes ist hier die magnetische Dipol-Dipol-Wechselwirkung zu nennen. Diese ist wieder-um abhängig von der Rotationskorrelations-zeit der benachbarten Moleküle oder der mo-lekularen Gruppen. Aus den Relaxationszei-ten können also Informationen über inter-bzw. intramolekulare Wechselwirkungen ab-geleitet werden, d. h. im Falle von Makro-molekülen über Konformation und Assoziation.

5.1 Spin-Gitter-Relaxation, T_1

Durch das B_0-Feld wurde eine longitudinale Magnetisierung in z-Richtung, (M_z) erzeugt. Das B_1-Feld stört die Boltzmann-Verteilung und verringert die longitudinale Magnetisie-rung. Wird das B_1-Feld abgestellt, kehrt M_z zu ihrem Gleichgewichtswert M_0 zurück (Abb. 7.11 a). Dies wird mit einem einfachen exponentiellen Zeitgesetz durch die Relaxa-tionszeit T_1 beschrieben:

$$M_z = M_0 \left[1\text{-exp}\left(-\frac{t}{T_1} \right) \right] \qquad (7.8)$$

Die Überschußenergie wird über thermische Prozesse an die Umgebung, die als das Gitter bezeichnet wird, abgegeben. Die Spin-Gitter-Relaxation ist ein enthalpischer Prozeß.

5.2 Spin-Spin-Relaxation, T_2

Im B_1-Feld präzedieren die Spins in Phase. Daraus resultiert eine Quermagnetisierung M_y. Ohne B_1-Feld geht diese Phasen-Kohä-renz mit der Relaxationszeit T_2 verloren, und die Spins verteilen sich wieder gleichmäßig auf dem Präzessionskegel. Die Quermagneti-sierung oder auch transversale Magnetisie-rung fällt auf Null ab (Abb. 7.11 b):

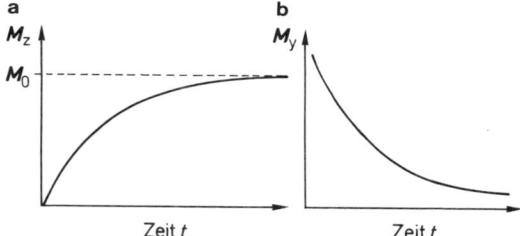

Abb. 7.11 Zeitabhängige Änderung der Magneti-sierung nach Abschalten des B_1-Feldes **a** longitu-dinale Magnetisierung M_z, b transversale Magne-tisierung M_y

$$M_y = M_{y0} \cdot \exp\left(-\frac{t}{T_2} \right) \qquad (7.9)$$

Die Spin-Spin-Relaxation ist ein entropischer Prozeß und wird auch als das „Phasenge-dächtnis" des Systems bezeichnet.

5.3 Vergleich der Relaxationszeiten

Spin-Gitter- und Spin-Spin-Relaxation kön-nen für eine Kern-Sorte gleich oder verschie-den groß sein. Bei kleinen Molekülen im gelö-sten oder flüssigen Zustand ist $T_1 \sim T_2$. Im festen Zustand oder bei gelösten Makromole-külen ist häufig $T_1 > T_2$, d. h. die Querma-gnetisierung fällt auf Null ab, bevor die Boltz-mann-Verteilung erreicht wird. Beachtet wer-den muß, daß T_1 niemals kleiner als T_2 sein kann. Die longitudinale Gleichgewichtsma-gnetisierung $M_z = M_0$ kann nur erreicht wer-den, wenn die Phasenbeziehung verloren ge-gangen ist. Bei einem endlichen M_y ist immer $M_z < M_0$, d. h. T_1 muß größer oder gleich T_2 sein.

Im CW-Experiment wird der Effekt von B_1 auf die Magnetisierung ständig durch die Re-laxationsprozesse korrigiert. Wie bei der ESR sind effektive Relaxationsprozesse für die Aufnahme eines NMR-Spektrums essentiell.

6. Puls-Fourier-Transform-NMR

Bei der CW-Technik wurden die Spektren bei kontinuierlicher Einstrahlung eines B_1-Feldes mit konstanter Frequenz durch Variation des B_0-Feldes aufgenommen. Die Beschreibung des Spektrums erfolgte durch die chemische Verschiebung und die Spin-Spin-Kopplungskonstante. Eine wesentliche Erweiterung der Möglichkeiten der NMR-Spektroskopie erbrachte die Einführung der Puls-Fourier-Transform-Spektroskopie (FT-Spektroskopie). Durch Verwendung dieser Pulsmethode erhalten wir Zusatzinformationen durch Messung der beiden Relaxationszeiten.

Dazu wird das B_1-Feld kurz als Puls eingeschaltet, und danach wird das Verhalten des Spinsystems zeitabhängig studiert. Diese heute nahezu ausschließlich verwendete Methode ist eng an das mathematische Verfahren der Fourier-Transformation gekoppelt. Wie bereits auf S. 37 f ausführlich beschrieben, erlaubt uns diese Umrechnung, aus dem zeitaufgelösten Spektrum wieder das konventionelle Frequenz-Spektrum zu erhalten. Der kurze Hochfrequenzpuls ist dabei nicht monochromatisch, sondern enthält alle Frequenzen aus dem Gesamtbereich der möglichen Verschiebung eines Kerns. Damit haben wir ein „breites" NMR-Gerät zur Verfügung, das in kurzen Zeiten (um eine Sekunde) das gesamte Spektrum liefert. Durch Spektren-Akkumulation mit einem aus der NMR-Spektroskopie nicht mehr wegzudenkenden leistungsfähigen Computer erhält man in kürzerer Zeit ein wesentlich intensiveres Spektrum.

Der Intensitäts-pro-Zeit-Gewinn ist mehr als ein Faktor 100 gegenüber der konventionellen NMR-Technik. Das Aufarbeiten der Spektren erfolgt nach der Aufnahme und Speicherung des Spektrums in der Zeitdomäne.

Mit diesem Kapitel wollen wir versuchen, die Grundlagen eines Pulsexperiments durch eine klassische, also nicht quantenmechanische Beschreibung zu verstehen.

6.1 Pulstechnik

In Abb. 7.3, S. 100, wurde die Wirkung des B_1-Feldes als Präzession der longitudinalen Magnetisierung um die x'-Achse des rotierenden Koordinatensystems x', y', z beschrieben. Grundlage der Pulstechnik ist die Kenntnis, daß ein Hochfrequenzpuls in Richtung der x'-Achse mit der Pulsdauer t_p und der magnetischen Induktion B_1 die Magnetisierung M_z in der zy'-Ebene um einen definierten Winkel θ dreht

$$\theta = \gamma \cdot B_1 \cdot t_p \quad . \tag{7.10}$$

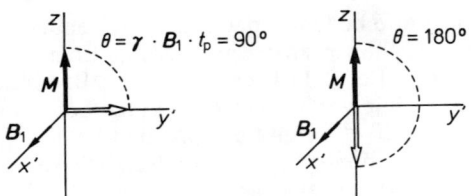

Abb. 7.12 90°- und 180°-Puls

B_1 muß dabei so groß gewählt werden, daß t_p klein gegenüber den Relaxationszeiten ist. Mit typischen Werten von t_p zwischen 1 und 50 μs kann dann jeder beliebige Winkel θ erhalten werden. Die Proportionalitätskonstante γ (das gyromagnetische Verhältnis) ist eine empirische Konstante für jeden Kern.

Beträgt der Winkel θ, um den die Magnetisierung in der Zeit t_p gedreht wird, gerade 90°, so sprechen wir von einem 90°-Puls oder bei 180° von einem 180°-Puls (Abb. 7.12).

6.2 Freier Induktionsabfall

Als freien Induktionsabfall FID (*free induction decay*), bezeichnen wir das Abklingen der Quermagnetisierung M_y' nach einem Hochfrequenzpuls. Betrachten wir die Situation nach einem 90°-Puls. Die Quermagnetisierung liegt mit ihrem Maximalwert in der y'-Richtung. Der Betrag von M_y' entspricht der Intensität des NMR-Signals. Nach dem B_1-Puls verlieren die Spins die durch B_1 aufgezwungene Phasen-Kohärenz, und M_y' klingt mit der Relaxationszeit T_2 ab:

$$\frac{dM_y'}{dt} = - \frac{M_y'}{T_2} \tag{7.11a}$$

Dies gilt jedoch nur in einem ideal homogenen B_0-Feld. Im realen Fall weist das B_0-Feld immer eine, wenn auch geringe, Inhomogenität auf, so daß für den gesamten FID

$$\frac{dM_y'}{dt} = - \frac{M_y'}{T_2^*} \tag{7.11b}$$

gilt. Die Relaxationszeit T_2^* beinhaltet beides, den Beitrag der transversalen Relaxation und den Beitrag der Magnetfeld-Inhomogenität.

Die in Abb. 7.13 dargestellte Abklingkurve der Quermagnetisierung entsteht aber nur, wenn die Impulsfrequenz exakt mit der Lar-

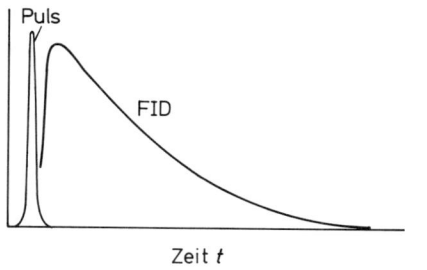

Abb. 7.13 FID nach einem resonanten 90°-Puls

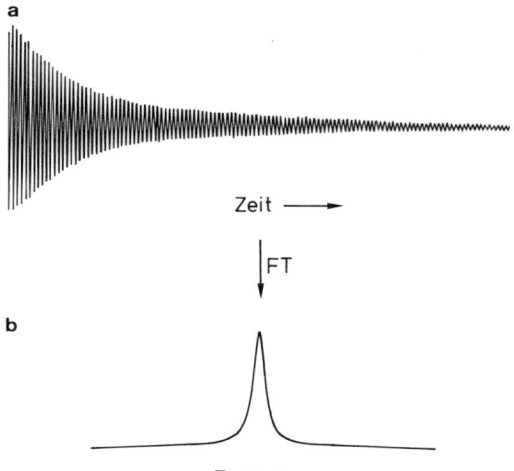

Abb. 7.14 FID und die Fourier-Transformation nach nichtresonanter Anregung einer Kernsorte

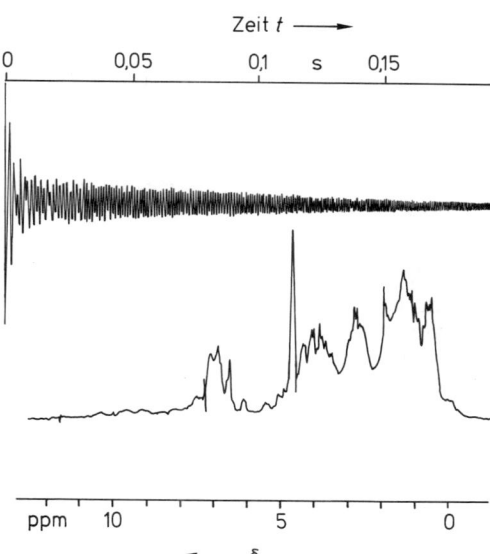

Abb. 7.15 FT ^{1}H-NMR-Spektrum des „Basischen Pankreas-Trypsin-Inhibitors" bei 100 MHz. Nach 90°-Pulsen wurden 100 FID akkumuliert. Die Fourier-Transformation liefert das Spektrum [nach Wüthrich, K., NMR in Biological Research: Peptides and Proteins, North-Holland Publishing Comp.]

mor-Frequenz einer Kernsorte übereinstimmt, d. h. sie ist nur für eine chemische Verschiebung gültig. Ein Vorteil der FT-NMR ist jedoch die gleichzeitige Aufnahme des Gesamtspektrums durch einen alle Frequenzen abdeckenden Hochfrequenzpuls. Dies bedeutet, daß die Impulsfrequenz nicht gleich der Resonanz-Frequenz ist, es liegt der „off-resonance"-Fall vor. Durch Interferenzen entstehen Schwebungen, wobei das Interferogramm die Form einer abklingenden Sinusschwingung hat (Abb. 7.14 a). Typische Frequenz-Unterschiede zwischen Larmor- und Impulsfrequenz liegen bei 50 Hz.

Für den resonanten und auch den normalerweise auftretenden nichtresonanten Fall kann die Information, die in der Zeitdomäne gemessen und dargestellt ist (Abb. 7.14 a) in die Frequenz-Domäne, also in das für die NMR konventionelle Absorptionssignal umgewandelt werden (Abb. 7.14 b). Dies geschieht durch die Fourier-Transformation.

Wie bereits erwähnt, liegt bei den Protonen eines Moleküls mit verschiedener chemischer Verschiebung immer der nichtresonante Fall vor. Das Spektrum in der Zeitdomäne stellt komplexe Schwebungen dar. Nach Akkumulation einer Vielzahl solcher FID wird durch einen Prozeßrechner das Frequenz-Spektrum berechnet (Abb. 7.15).

6.3 Spin-Echo-Methode zur Messung von T_2

In einem einfachen Experiment ist die Spin-Spin-Relaxationszeit T_2 nur meßbar, wenn T_2 klein gegenüber dem Beitrag aus der Magnetfeld-Inhomogenität ist. Sonst wird ein zu kleiner Wert $T_2^* < T_2$ bestimmt.

Eine experimentelle Möglichkeit die vorhandene Magnetfeld-Inhomogenität zu vernachlässigen, ist die „Spin-Echo-Methode" von

Hahn. Es handelt sich um eine Mehrfachpuls-Methode, bei der ein 90°-Puls nach einer Zeit von einem 180°-Puls gefolgt wird. Zur Zeit 2τ wird die transversale Magnetisierung gemessen.

Wir wollen zunächst den Effekt einer 90°-τ-180°-Puls-Sequenz in Abwesenheit einer Spin-Spin-Relaxation betrachten (Abb. 7.16).

In der Summe beseitigt eine 90°-τ-180°-Puls-Sequenz die durch Magnetfeld-Inhomogenitäten verursachten unterschiedlichen Präzessionsfrequenzen. Beziehen wir jetzt die Spin-Spin-Relaxation mit in die Betrachtung ein, so zerfällt innerhalb der Zeit 2τ die Quermagnetisierung aufgrund der Spin-Spin-Wechselwirkung. Dies führt ebenfalls zur Gleichverteilung der Spins auf dem Präzessionske-

gel. Dieser Effekt kann nicht durch die Puls-Sequenz aufgehoben werden, so daß das Spinecho, als M'_y oder die Signal-Intensität, nach 2τ kleiner ist und mit jeder weiteren Puls-Sequenz exponentiell abnimmt (Abb. 7.17). Aus der logarithmischen Auftragung der maximalen Echoamplitude als Funktion von τ kann über eine Serie von 90°-τ-180°-Pulsen die Spin-Spin-Relaxationszeit T_2 bestimmt werden.

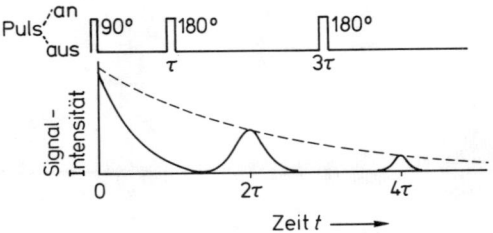

Abb. 7.17 Puls-Sequenz 90°-τ-180° und Spinecho nach 2τ bzw. 4τ

6.4 Messung von T_1

Die Spin-Gitter-Relaxationszeit T_1 kann analog zu T_2 durch Mehrfachpuls-Experimente ermittelt werden. Zwei Methoden, die progressive Sättigung und die Inversions-Erholungsmethode, sollen hier beschrieben werden.

6.4.1 Progressive Sättigung

Durch fünf bis zehn 90°-Pulse wird ein dynamisches Gleichgewicht zwischen Absorption und Relaxation erreicht. Nach einer Zeit τ erfolgt mit einem 90°-Puls die Messung des NMR-Absorptionssignals. Ist in dieser Zeit die longitudinale Magnetisierung noch nicht vollständig wiederhergestellt, so wird eine geringere Intensität der NMR-Linie gemessen. Mit der Zeit τ steigt die Signal-Intensität A auf ihren Maximalwert A_∞ an. Die Auftragung $\ln(A_\infty - A_t)$ als Funktion der Wartezeit liefert eine Gerade mit dem Anstieg $-1/T_1$ (Abb. 7.18).

6.4.2 Inversions-Erholungs-Methode

Diese Methode arbeitet mit einer 180°-τ-90°-Puls-Sequenz (Abb. 7.19). Der 180°-Puls invertiert die Magnetisierung in z-Richtung.

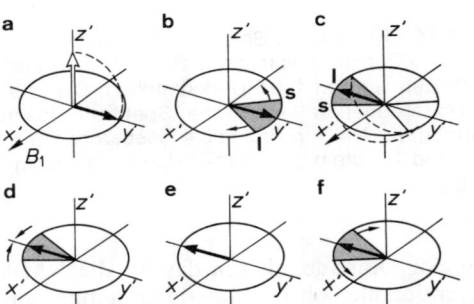

Abb. 7.16 Das Spin-Echo-Experiment nach Hahn **a** 90°-Puls in Richtung der x'-Achse kippt die Magnetisierung aus der z- in die y'-Richtung, **b** durch Magnetfeld-Inhomogenitäten präzedieren einige Spins schneller **s**, andere langsamer **l** als der auf der y'-Achse liegende Mittelwert. Im Zeitraum geht also die Spinkohärenz verloren, und M'_y wird kleiner, **c** zur Zeit τ erfolgt ein 180°-Puls, der wieder in x'-Richtung liegt. Die Magnetisierung rotiert um 180° um die x'-Achse, **d** nach dem 180°-Puls präzediert die Magnetisierung immer noch in der $x'y'$-Ebene, aber die „langsamen" Spins laufen nun dem Mittelwert voraus, die schnellen laufen hinterher. Es kommt zur Wiederherstellung der Phasen-Kohärenz, d.h. M'_y nimmt zu, **e** Zur Zeit 2τ nach dem 90°-Puls fallen alle Spins im Mittelwert zusammen. Die gemessene Magnetisierung, das „Spin-Echo" ist bei $t = 2\tau$ genauso groß wie direkt nach dem 90°-Puls, **f** bei $t > 2\tau$ geraten die Spins wieder außer Phase, und der Vorgang kann wiederholt werden [nach Farrar, T.C., Becker, E.D. (1971), Pulse and Fourier Transform NMR: Introduction to Theory and Methods, Academic Press]

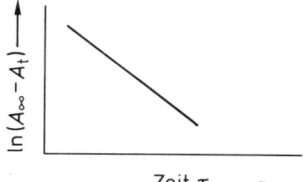

Abb. 7.18 Ermittlung von T_1 durch das Verfahren der progressiven Sättigung. Die Intensität A der NMR-Linie steigt mit der Zeit τ auf ihren Maximalwert $A\,\infty$

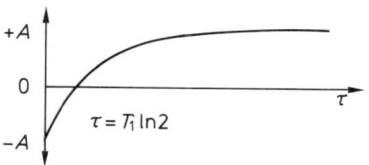

Abb. 7.20 Bestimmung der longitudinalen Relaxationszeit T_1 nach der Inversions-Erholungs-Methode

Beim Nulldurchgang gilt

$$1 - 2\exp\left(-\frac{\tau}{T_1}\right) = 0 \qquad (7.13\,a)$$

oder

$$\tau = \ln 2 \cdot T_1 \qquad (7.13\,b)$$

T_1 kann also aus der Zeit τ, bei der der Nulldurchgang erfolgt, oder aber auch wie vorher aus dem Anstieg der logarithmischen Auftragung der zeitabhängigen Signal-Intensität ermittelt werden.

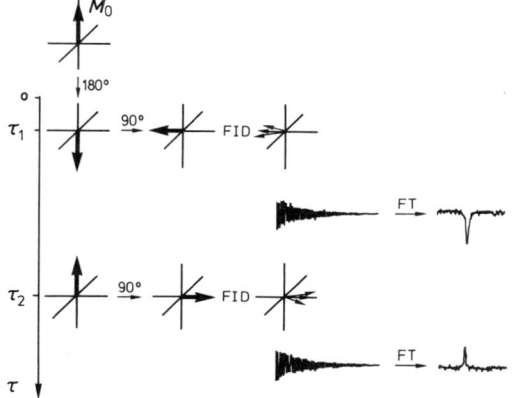

Abb. 7.19 Inversions-Erholungs-Methode zur Messung der longitudinalen Relaxationszeit T_1. Erfolgt der 90°-Puls innerhalb der Zeit, in der M_z noch invertiert ist, so bekommen wir ein Spektrum mit negativer Richtung

7. Anwendungsbeispiele

In diesem Kapitel sollen einige wenige Beispiele für die Anwendung der Protonen-Resonanz in der Biochemie dargestellt werden. Wir beschränken uns zunächst auf die Protonen-Resonanz. Beispiele zur ^{13}C- bzw. ^{31}P-NMR folgen in Abschn. 9 und 10.

7.1 Basen-Stapelung

Die Basen der Nukleinsäuren stellen aromatische Ringsysteme dar. Durch den Ringstrom-Effekt der delokalisierten π-Elektronen (s. Abschn. 4.1, S. 101) liegen die Protonen-Resonanzen bei niedrigem B_0-Feld. Sie besitzen eine große chemische Verschiebung. Abb. 7.21 gibt das Spektrum von 6,9-Dimethyl-Adenin wieder. In einer verdünnten Lösung liegen die Resonanzstellen der Protonen am C_2 bzw. C_8 des Ringes bei 8,1 bzw. 7,95 ppm und die der CH_3-Gruppen zwischen 3,05 und 3,75 ppm. Erhöht man die Basen-Konzentration, so tritt bei allen Protonen eine Hochfeld-Verschiebung (kleinere ppm-Werte) auf. Diese Verschiebung resultiert aus der in

Nach einer Zeit τ wird mit einem 90°-Puls M'_y über den FID gemessen. Auch hier führt die Fourier-Transformation zum NMR-Signal. Bei sehr kurzen Zeiten zeigt die Magnetisierung M_z noch in die „falsche" Richtung, und wir erhalten entsprechend ein negatives NMR-Signal (Abb. 7.19).

Erst nach längeren Zeiten entsteht ein positives Signal. Dazwischen liegt der Nulldurchgang mit $M_z = 0$ und entsprechend $M'_y = 0$. Zur Messung von T_1 muß das NMR-Signal als Funktion der Zeit (Zeitbereich bis 100 s) aufgenommen werden. Die Intensität steigt von $-A$ bis $+A$ (Abb. 7.20).

$$A = A_{max}\left[1 - 2 \cdot \exp\left(-\frac{\tau}{T_1}\right)\right] \qquad (7.12)$$

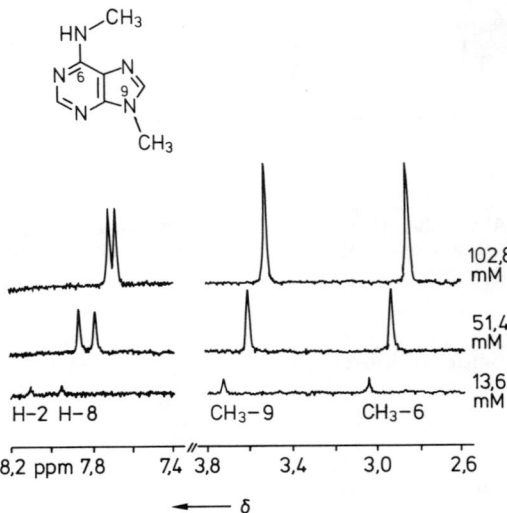

Abb. 7.21 Konzentrationsabhängigkeit des ¹H-NMR-Spektrums von 6,9-Dimethyl-Adenin zum Nachweis der Stapelwechselwirkung [nach Paul, H. H., et al. (1982), Biophysik, Hoppe, W., Lohmann, W., Markl, H., Ziegler, H. (ed.) S. 209, Springer-Verlag, Berlin, Heidelberg, New York]

Nukleinsäuren bekannten Stapelung der Basen senkrecht zu ihrer Ringebene. Die Nachbarmoleküle in einem Assoziat schwächen den Ringstrom-Effekt, und die chemische Verschiebung nimmt ab. Aus der exakten Berechnung des Abschirm-Effektes läßt sich die Lage der Nukleobasen in einem Assoziat bestimmen. Hochaufgelöste NMR-Spektren erlauben z. B. auch die Lokalisierung von Doppelstrangbereichen in RNA-Molekülen.

7.2 Analyse von Protein-Spektren

Wesentliches Problem der Protonen-Resonanz an Proteinen ist die Auflösung und die Zuordnung einzelner Resonanz-Linien. Apparativ läßt sich die Auflösung durch Verwendung höherer Frequenzen (z. B. 500 MHz) verbessern. Die Zuordnung kann durch Vergleich mit Computer-simulierten Spektren oder durch Vergleich mit Spektren von Modell-Peptiden vorgenommen werden. Moderne Verfahren der Spin-Entkopplung bzw. der zweidimensionalen NMR (Abschn. 8, S. 115) führen zur Verbesserung der Auflösung und erlauben die Zuordnung

wechselwirkender Spins in einem komplexen Makromolekül.

Typische Protonen-Resonanzen von Aminosäuren liegen im Bereich von 1 bis 4,5 ppm für das C-Proton und für aliphatische Reste oder im Bereich zwischen 7 und 9 ppm für aromatische Aminosäuren. In Peptiden oder Proteinen kommt es zu einer Überlagerung der Linien vieler chemisch und magnetisch ähnlicher Gruppen. In großen globulären Proteinen sind die einzelnen Linien wegen langer Rotationskorrelationszeiten (kurze Relaxationszeiten) stark verbreitert.

Abb. 7.22 zeigt das 270 MHz-Spektrum von β-Endorphin, einem Peptid-Hormon aus 32 Aminosäuren. Bei einem solchen niedermolekularen Protein sind die Linien scharf und gut aufgelöst. Die vollständige Zuordnung ist durch Vergleich mit den Spektren der einzelnen Aminosäuren möglich. Aus der Größe der chemischen Verschiebung bzw. der Spin-Spin-Kopplung kann die Information über Struktur und Dynamik des Peptids erhalten werden.

Bei Proteinen mit einer Molekülmasse $M_r > 10\,000$ ist dies bereits sehr schwierig.

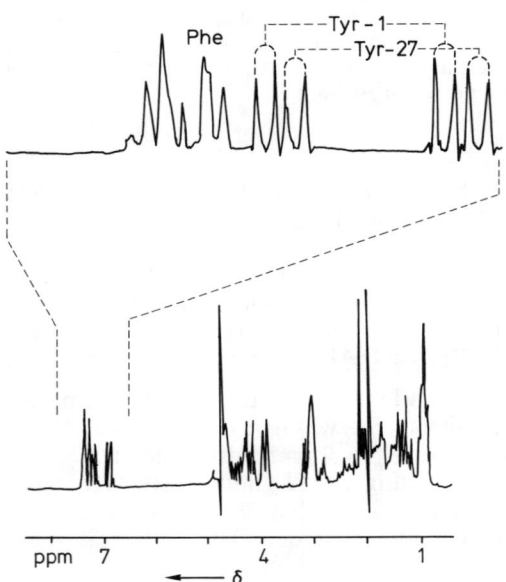

Abb. 7.22   270 MHz ¹H-NMR-Spektrum des β-Endorphin in D_2O [nach Zetta, L., et al. (1983), Eur. J. Biochem. **134**, 371]

Ein sehr viel untersuchtes Protein ist das Lysozym mit einer Molekülmasse M_r von etwa 14 000. Im nativen Zustand sind die Linien aufgrund der starren Struktur und den daraus resultierenden Dipol-Feldern stark verbreitert (Abb. 7.23 c). Im denaturierten Zustand wird diese intramolekulare Wechselwirkung aufgehoben. Das Spektrum besteht aus gut aufgelösten NMR-Linien (Abb. 7.23 b), und es entspricht nahezu dem aus der Summe der einzelnen Aminosäure-Resonanzen berechneten Spektrum (Abb. 7.23 a).

a

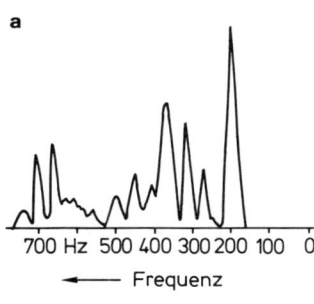

700 Hz 500 400 300 200 100   0
◄——— Frequenz

b

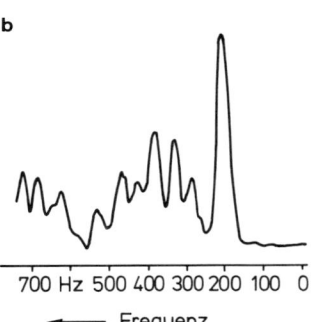

700 Hz 500 400 300 200 100   0
◄——— Frequenz

c

700 Hz 500 400 300 200 100   0
◄——— Frequenz

Abb. 7.23 Ausschnitt aus dem ¹H-Spektrum des Lysozyms **a** aus den Resonanzen der Aminosäuren berechnetes Spektrum, **b** denaturiertes Protein, **c** natives Protein [nach McDonald C. C., Phillips, W. C. (1969), J. Am. Chem. Soc. **91**, 1513]

Dieses Beispiel zeigt deutlich, daß das NMR-Spektrum nativer Proteine deren strukturelle Eigenschaften wiedergibt. Dadurch ist die NMR-Spektroskopie neben der Röntgen-Strukturanalyse zu einer wichtigen Methode bei der Analyse von Protein-Strukturen geworden. Die NMR ist, wenn auch in Grenzen, die einzige physikalische Methode, die die Untersuchung von Makromolekülen in Lösung mit atomarer Auflösung erlaubt.

7.3 Protonen-Spinrelaxation in Proteinen und Lipid-Membranen

Relaxationsmessungen liefern grundsätzlich die Information über oszillierende Bewegungen mit Frequenzen im Bereich der Larmor-Frequenz. Bei Proteinen liegen die Rotationen des Gesamtmoleküls und auch der Segmentbewegungen in diesem Bereich. Kleine Moleküle mit Rotationskorrelationszeiten $\tau_R < 10^{-9}$ s ergeben in der Regel sehr schmale NMR-Linien. Für die Halbwertsbreite $\Delta v_{\frac{1}{2}}$ einer Linie gilt:

$$\Delta v_{\frac{1}{2}} \geqslant \frac{1}{2\pi \cdot T_2} \qquad (7.14)$$

Der Zusammenhang zwischen τ_R und den Relaxationszeiten ist komplex. Im Bereich zwischen 10^{-12} s $< \tau_R < 10^{-8}$ s läßt sich jedoch qualitativ ein Abfall der Relaxationszeiten mit fallender Rotationsfrequenz (steigendes τ_R) feststellen. Die gemessene Relaxationszeit ist also ein Maß für die Beweglichkeit, z. B. eines Protein-Segments.

Die Relaxationsprozesse in Proteinen oder auch Lipid-Membranen werden im wesentlichen durch Dipol-Dipol-Wechselwirkung mit Kernen der Umgebung beeinflußt. Lösungsmittel-Einflüsse können durch Verwendung deuterierter Lösungsmittel ausgeschlossen werden. Damit hängt die Relaxationszeit von der Stärke benachbarter Dipole ab, die mit der sechsten Potenz des Abstandes abnimmt.

Anzahl, Stärke, Abstand und das Frequenz-Spektrum der oszillierenden Dipole bestimmen also die Größe der Relaxationszeit eines betrachteten Kerns. Zahl und Abstand ist bei der Protonen-Resonanz äußerst schwer bestimmbar. Überlappende Nachbarschaftsbeziehungen ergeben weitere Komplikationen, wodurch sich häufig die Aussage auf eine relative Beweglichkeitsänderung reduziert. Dies soll am Beispiel eines Metalloproteins und am Beispiel einer Lipid-Phasenumwandlung verdeutlicht werden.

Ferrichrom (Abb. 7.24) ist ein aus drei δ-N-Acetyl-δ-N-hydroxyornithinen und drei Glycinen bestehendes Hexapeptid mit hoher Affinität für Me^{3+}-Ionen. Durch die Metall-Koordination bekommt das Molekül eine starre Konformation, die der Struktur im Einkristall entspricht. In Lösung sollte also eine gemessene Relaxationszeit und die daraus abgeleitete Rotationskorrelationszeit der des Gesamtmoleküls entsprechen. Die zeitaufgelösten Spektren der Amid-Protonen nach einem $180°$-τ-$90°$-Puls zeigen aber, daß die Relaxationszeiten der drei Glycyl- und auch der drei Ornithyl-Reste verschieden sind. T_1 von **Orn 3** ist z. B. doppelt so groß wie T_1 von **Orn 2**. Da wir es mit einer festen Struktur zu tun haben, bedeutet dieser experimentelle Befund nur, daß die einzelnen Amid-Protonen unterschiedliche Dipolumgebungen in der dreidimensionalen Raumstruktur haben.

Das metallfreie Molekül besitzt in Lösung eine flexible Struktur. Die Relaxationszeiten der drei Glycidyl-Reste sind mit $T_1 = 0,31\,s$ etwa gleich, für die drei Ornithyl-Reste wurden T_1 von $0,23$, $0,24$ bzw. $0,175\,s$ gemessen. Zunehmende Beweglichkeit (größere Relaxa-

tionszeiten) kann durch abnehmenden Dipol-Dipol-Abstand (kleinere Relaxationszeiten) kompensiert werden. Eine absolute Aussage ist schwer erhältlich. Abhilfe kann durch partielle Deuterierung nicht betrachteter Protonen oder durch Verwendung der ^{13}C-NMR geschaffen werden.

Ähnlich problematisch stellt sich die Situation bei der Untersuchung von Lipid-Membranen dar. Der physikalische Zustand einer Membran kann zwar qualitativ beschrieben und Phasenumwandlungen können verfolgt werden, jedoch ist eine quantitative Aussage über den Ordnungsgrad oder über Molekülorientierungen nicht möglich. Abb. 7.26 a zeigt die NMR-Spektren eines Lipids unterhalb ($T = 39\,°C$) und weit oberhalb ($T = 67\,°C$) der Lipid-Phasenumwandlungstemperatur. Die Linien-Verschmälerung beim Übergang in die fluide Phase tritt im Bereich der Fettsäure-Ketten und auch im Bereich der Lipid-Kopfgruppen auf. Dies zeigt deutlich die zunehmende Flexibilität im Lipid-Molekül beim Überschreiten der Phasen-Umwandlungstemperatur. Das ^1H-NMR-Spektrum einer biologischen Membran ist in Abb. 7.26 b dargestellt. Vergleicht man diese Signal-Intensitäten mit denen, die die wäßrige Dispersion eines Lipid-Extraktes liefert, so kommt man zu dem Schluß, daß diese biologische Membran zu $75\,\%$ fluide Lipide enthält.

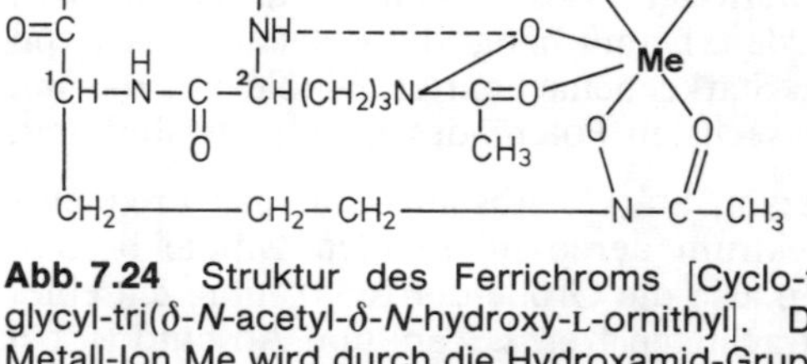

Abb. 7.24 Struktur des Ferrichroms [Cyclo-tri-glycyl-tri(δ-N-acetyl-δ-N-hydroxy-L-ornithyl]. Das Metall-Ion Me wird durch die Hydroxamid-Gruppe komplexiert. Das natürliche Fe^{3+} wurde durch das diamagnetische Al^{3+}ausgetauscht [nach Wüthrich, K., NMR in Biological Research: Peptides and Proteins, North-Holland Publishing Comp.]

7.4 pH-Abhängigkeit der NMR-Spektren von Aminosäuren

Die chemische Verschiebung von Protonen in Nachbarschaft funktioneller Gruppen hängt von dem Ionisationsgrad ab. Dies ist an dem einfachen Beispiel der Aminosäure Alanin in Abb. 7.27 demonstriert. Mit steigendem pD-Wert (die Messungen sind in deuteriertem Wasser durchzuführen) verschieben sich die Resonanz-Linien zu kleineren chemischen Verschiebungen, also zu höherem Feld. Betrachtet man die Frequenz-Verschiebung relativ zu pD = 0, so erhält man mit steigendem pD eine komplette Titrationskurve (Abb. 7.28). Bei den pk-Werten der Carboxy-Gruppe (pk = 2,34) und der Amino-Funktion (pk = 9,69) fällt die chemische Verschiebung sprunghaft ab. Bei den $C_\alpha H$ ist der Einfluß wegen der direkten Nachbarschaft zu

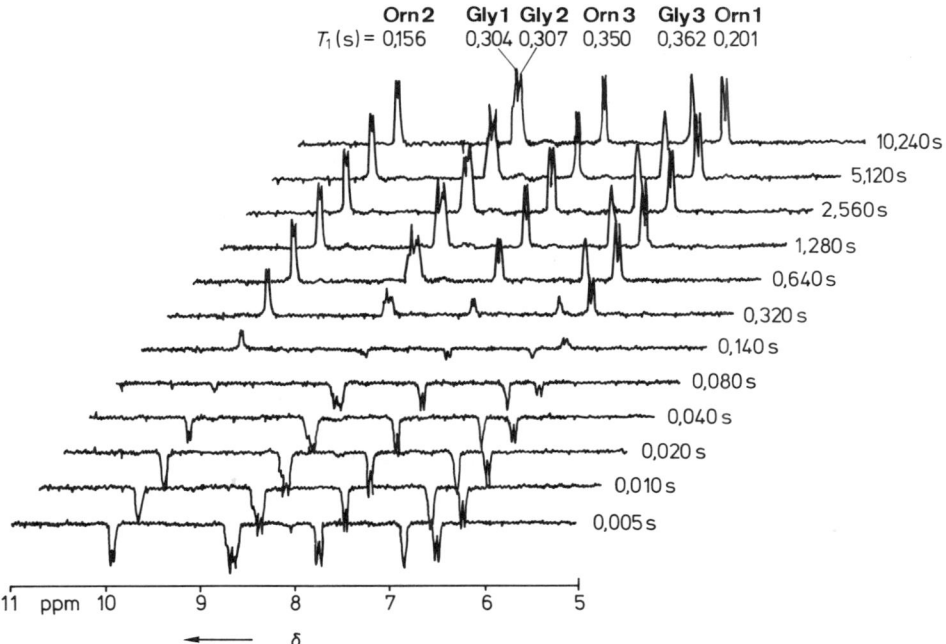

	Orn2	Gly1	Gly2	Orn3	Gly3	Orn1
T_1 (s) =	0,156	0,304	0,307	0,350	0,362	0,201

10,240 s
5,120 s
2,560 s
1,280 s
0,640 s
0,320 s
0,140 s
0,080 s
0,040 s
0,020 s
0,010 s
0,005 s

11 ppm 10   9   8   7   6   5

δ

Abb. 7.25 Partiell relaxierte FT ^{1}H-NMR-Spektren der Amid-Protonen von Ferrichrom (Al^{3+}) in deuteriertem DMSO. Die Wartezeiten nach dem 180°-Puls in einer 180°-τ-90°-Puls-Sequenz sind seitlich angegeben. Die T_1-Zeiten stehen unter der jeweiligen Bandenzuordnung [nach Wüthrich, K. (1976), NMR in Biological Research: Peptides and Proteins, North-Holland Publishing Comp.]

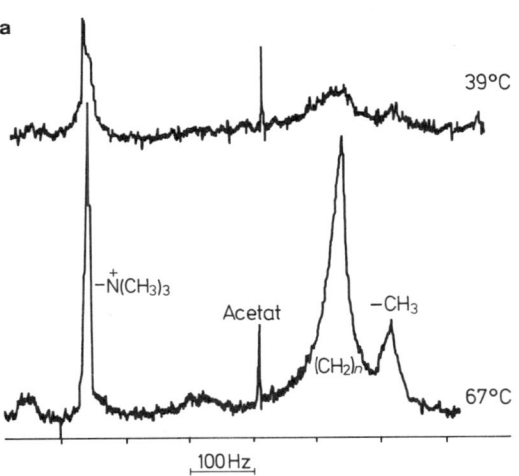

a

39°C

$-\overset{+}{N}(CH_3)_3$

Acetat

$(CH_2)_n$

$-CH_3$

67°C

100 Hz

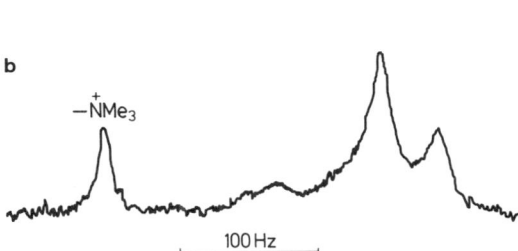

b

$-\overset{+}{N}Me_3$

100 Hz

Abb. 7.26 **a** ^{1}H-NMR-Spektren von Dipalmitoylphosphatidylcholine in wäßriger Dispersion unterhalb (T = 39 °C) und oberhalb (T = 67 °C) der Phasen-Umwandlungstemperatur des Lipids (T_t = 41 °C) [nach Levine, Y. K., et al. (1972), Biochemistry 11, **1416**] **b** ^{1}H-NMR von Vesikeln, die aus Membranen des Sarkoplasmatischen Retikulums hergestellt wurden [nach Lee, A. G. (1974), in Methods in Membrane Biology, Vol 2, Plenum Press.]

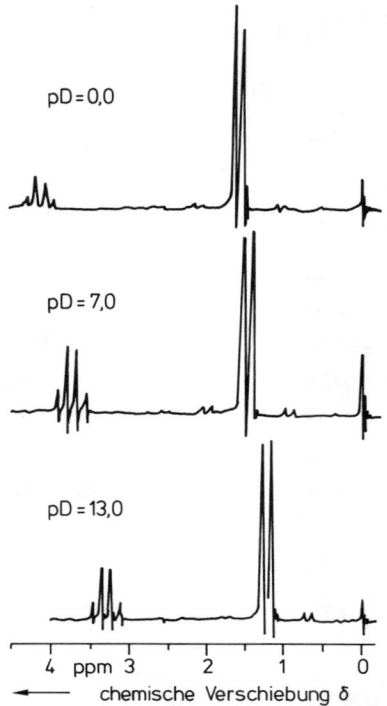

pD = 0,0

pD = 7,0

pD = 13,0

4   ppm   3   2   1   0

◄——— chemische Verschiebung δ

Abb. 7.27 60 MHz ¹H-NMR-Spektren von Alanin in D₂O bei verschiedenen pD-Werten [nach Wüthrich, K. (1976), NMR in Biological Research: Peptides and Proteins, North-Holland Publishing Comp.]

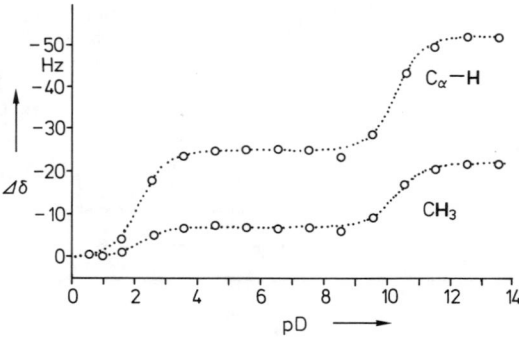

Abb. 7.28 Änderung der chemischen Verschiebung der C_α- und der Methyl-Protonen des Alanins mit dem pD-Wert der Lösung [nach Wüthrich, K. (1976), NMR in Biological Research: Peptides and Proteins, North-Holland Publishing Comp.]

den funktionellen Gruppen größer als bei den Protonen der CH_3-Gruppe. Die Interpretation dieser Daten ist einfach. Die bei hohem pH dissozierte COO^--Gruppe erzeugt mit ihrem delokalisierten π-Elektronensystem eine höhere Elektronendichte am C_α und auch am C_β. Daraus resultiert eine bessere Abschirmung der Protonen, also eine Verschiebung zu kleineren δ-Werten. Die deprotonierte NH_2-Gruppe besitzt im Gegensatz zum $-NH_3^+$ ein freies Elektronenpaar, was ebenfalls eine bessere Abschirmung mit steigendem pH-Wert bewirkt.

Von großem biologischen Interesse ist die Aminosäure Histidin, die sehr häufig an der Bildung von aktiven Zentren in Enzymen beteiligt ist. Die chemische Verschiebung der Protonen am Imidazol-Ring liegt pH-abhängig zwischen 7 und 9 ppm, also im Bereich der Aromaten. Abb. 7.29 zeigt die pH-Abhän-

gigkeit der verschiedenen Histidin-Resonanzen in der Ribonuclease A. Diese charakteristische pH-Abhängigkeit erleichtert enorm die Zuordnung der Histidin-Resonanzen. Aus den Titrationskurven kann der pk-Wert ermittelt werden.

Verschiebungen im pk-Wert ergeben Hinweise auf unterschiedliche chemische Umgebungen der Histidine, so daß Konformationsänderungen detektiert werden können. Eine weitere Einsatzmöglichkeit ist die Abschätzung eines intrazellulären pH-Wertes aus der chemischen Verschiebung der Histidin-Protonen. Dies setzt jedoch voraus, daß die Titra-

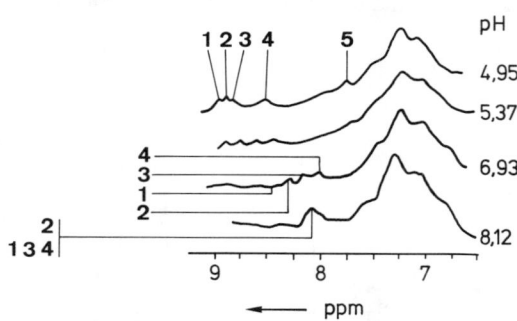

Abb. 7.29 Ausschnitt aus dem 100 MHz ¹H-NMR-Spektrum einer Lösung von Ribonuclease A in D₂O. Die Lage der Banden im aromatischen Bereich hängt empfindlich vom pD-Wert ab [nach Meadows, D. H., et al. (1967), Proc. Natl. Acad. Sci. USA **58**, 1307]

tionskurve bekannt ist. Da der pk-Wert jedoch auch von anderen Faktoren wie z. B. Ionenstärke, Liganden-Bindung oder der Konformation abhängt, ist die Genauigkeit einer solchen Aussage nicht sehr hoch.

8. Moderne Techniken

In Abschn. 4.2, S. 102, haben wir gesehen, daß es bei einfachen Spektren aus der Multiplett-Struktur möglich ist, die Kopplungskonstante J zu bestimmen. Multipletts mit gleichen J-Werten sind miteinander gekoppelt. Häufig besteht ein Spektrum jedoch aus verschiedenen Multipletts mit gleicher Kopp-

lungskonstante. Dann ist es nur mit Hilfe einer Doppelresonanz-Technik möglich, der Spin-Entkopplung, miteinander koppelnde Kerne zuzuordnen.

8.1 Spin-Entkopplung

Das Prinzip der Spin-Entkopplung ist einfach zu verstehen, wenn man sich an die Ursache der Multiplett-Aufspaltung erinnert. Die Nachbarspins erzeugen am Ort des betrachteten Kerns ein Zusatzfeld. Wenn man nun mit einem zweiten Sender den koppelnden Nachbarkern durch Einstrahlen in seine Resonanz-Frequenz zu dauernden Übergängen zwingt, dann mittelt sich das Zusatzfeld heraus, und

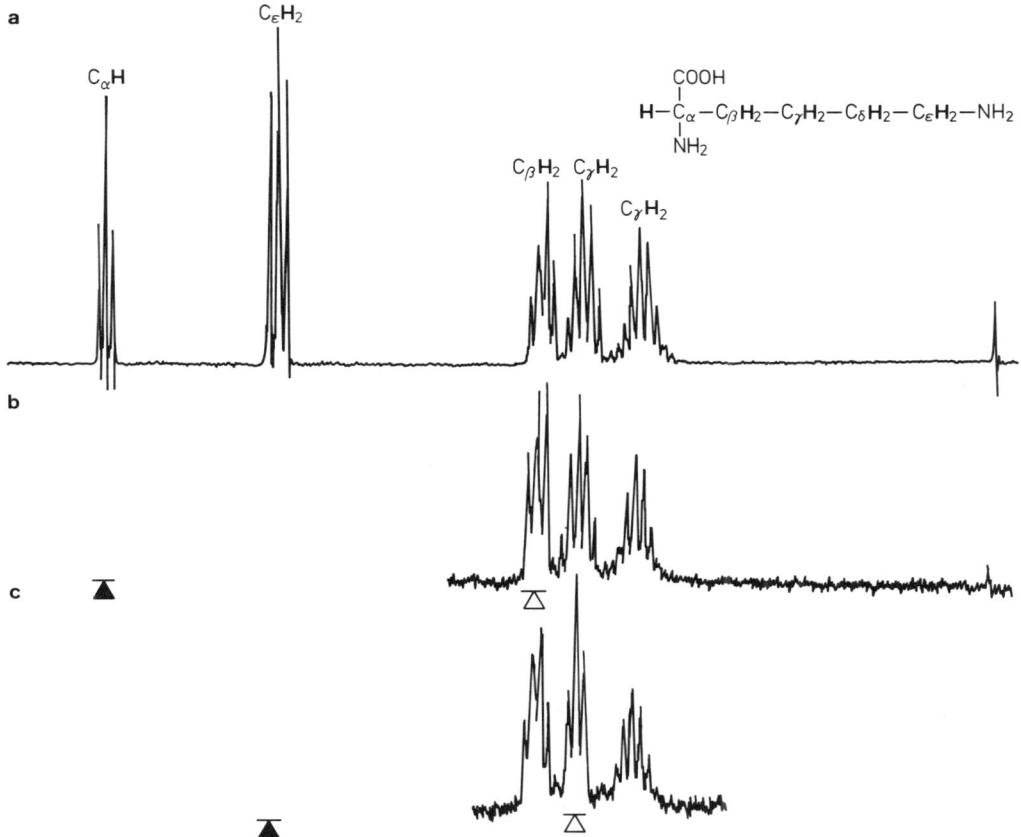

Abb. 7.30 Spin-Entkopplung am Beispiel des ^{1}H-Spektrums von Lysin in D_2O **a** nicht entkoppelt, **b** Entkopplung der C_α-Protonen, **c** Entkopplung der C_δ-Protonen. Schwarze Pfeile ▲ zeigen auf die Frequenzen zur Entkopplung, helle Pfeile △ auf die verursachte spektrale Veränderung [nach Knowles, P., Marsh, D., Rattle, H. W. E. (1976), Magnetic Resonance of Biomolecules, John Wiley & Sons]

die Multiplettstruktur des betrachteten Kerns vereinfacht sich oder verschwindet ganz. Wir erhalten bei gleichen Kernen ein homonukleär entkoppeltes Spektrum. Abb. 7.30 demonstriert die Spin-Entkopplung am Beispiel des Lysins. Das nichtentkoppelte Spektrum (Abb. 7.30 a) hatten wir bereits in Abb. 7.9, S. 104) gesehen. Strahlt man z. B. mit dem Zusatzfeld in die Resonanz der $C_\alpha H$ bei 3,8 ppm ein, so koppelt das $C_\alpha H$ nicht mehr mit den $C_\beta H_2$ (Abb. 7.30 b). Durch Spin-Entkopplung vereinfacht sich das Multiplett zu drei Linien, die jetzt nur noch aus der Kopplung mit den $C_\gamma H_2$ herrühren. In (Abb. 7.30 c) sind die $C_\varepsilon H_2$ entkoppelt, und die Zahl der Linien der $C_\delta H_2$ reduziert sich von ursprünglich neun auf drei. Da eine Kopplung nur mit Protonen auftritt, die zwei oder drei Bindungen voneinander entfernt sind, kann durch eine solche selektive Eliminierung der Spin-Spin-Kopplung eine eindeutige Zuordnung benachbarter

Kerne vorgenommen werden. Die Entkopplung von Protonen und damit verbunden die Vereinfachung der Multiplettstruktur hat insbesondere bei der ^{13}C-Spektroskopie große Bedeutung. Wenn Protonen-Resonanzen während der Aufnahme des NMR-Spektrums eines anderen Kerns angeregt werden, spricht man von heteronuklearer Entkopplung (z. B. Protonen-Entkopplung bei Aufnahme eines ^{13}C-Spektrums).

8.2 Zweidimensionale NMR-Spektroskopie

Die Entwicklung der zweidimensionalen NMR-Spektroskopie (2D-Spektren) hat die Darstellung und die Analyse komplexer ^1H-NMR-Spektren wesentlich erleichtert. Bei der J-Spektroskopie werden die chemische Verschiebung und die Kopplungskonstante voneinander getrennt und erscheinen als zwei Frequenzvariable. In Abb. 7.31 ist der Aus-

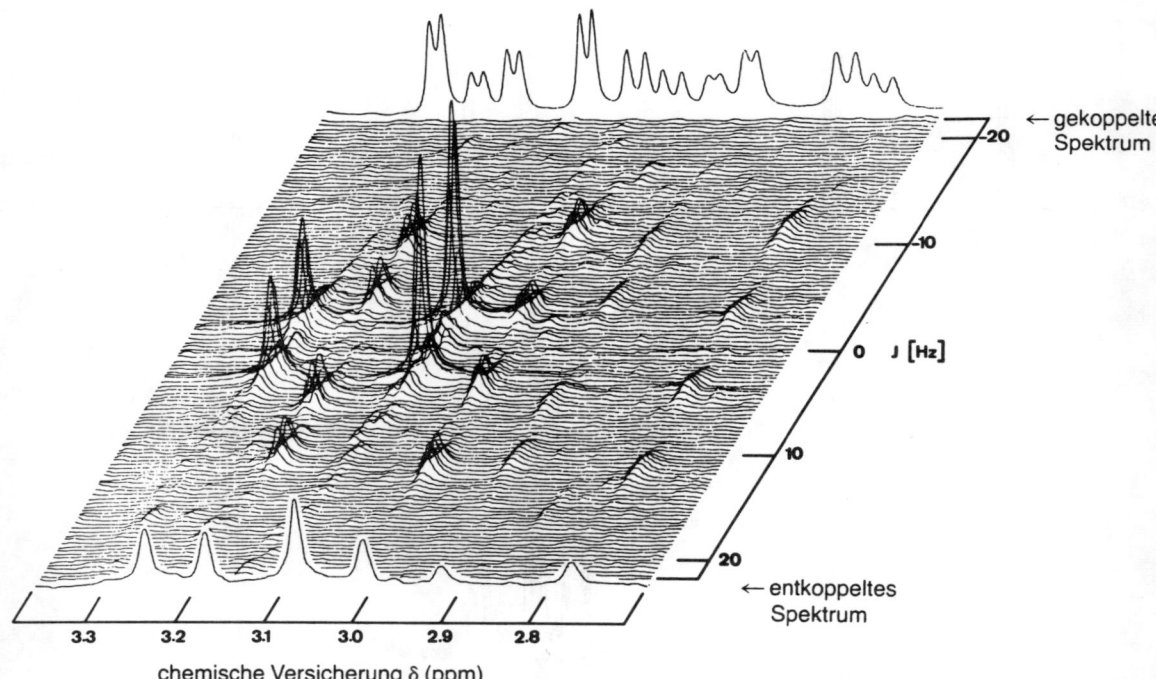

Abb. 7.31 Ausschnitt aus dem zweidimensionalen 360 MHz ^1H-NMR-Spektrum einer Lösung der Aminosäuren Alanin, Isoleucin, Threonin, Histidin und Tryptophan. Am oberen Rand ist das nichtentkoppelte, am unteren Rand das vollständig entkoppelte Spektrum wiedergegeben. Letzteres stellt die Projektion des 2D-Spektrums entlang der J-Achse dar [nach Nagamaya, K., Wüthrich, K. (1977), Naturwissenschaften, **64**, 581]

schnitt aus einem 360 MHz-2D-Spektrum einer Aminosäure-Mischung wiedergegeben. Am oberen Rand ist das konventionelle Spektrum und am unteren das vollständig entkoppelte Spektrum wiedergegeben. Das erste erhält man durch Projektion aller „Erhebungen" in Richtung der δ-Achse, das zweite durch Projektion entlang der J-Achse. Die 2D-Darstellung ist praktisch aus der Drehung jedes einzelnen durch J charakterisierten Multipletts um 90° entstanden. Eine zweite Möglichkeit der 2D-NMR ist die korrelierte 2D-Spektroskopie COSY (*c*orrelated *s*pectroscop*y*). Hier ist auf der einen Achse die normale chemische Verschiebung und auf der zweiten Achse ist die Differenz-Frequenz zwischen korrelierten Spins aufgetragen (Abb. 7.32).

Die Bedeutung der 2D-Spektroskopie liegt im Auftreten von „Cross-peaks", d. h. Absorp-

tionssignale, die von beiden Frequenzen abhängen. Solche Spin-gekoppelten Kerne liegen z. B. bei ± 0,5 $\Delta\delta$, d. h. Kerne mit der chemischen Verschiebung von 0,5 und 2 ppm wechselwirken miteinander. Diese Kreuzkorrelationen liefern wichtige Aufschlüsse über gegenseitige Wechselwirkung einzelner Gruppen in einem Protein und liefern damit einen Beitrag zur Struktur-Aufklärung von Proteinen.

9. ^{13}C-NMR

Die in den vorangegangenen Abschnitten erläuterten Grundlagen der NMR-Spektroskopie können zwanglos auf ^{13}C-Kerne mit einem Spin von $I = \frac{1}{2}$ übertragen werden.

Der Vorteil der ^{13}C-NMR von Makromolekülen liegt darin, daß direkt das Molekülgerüst

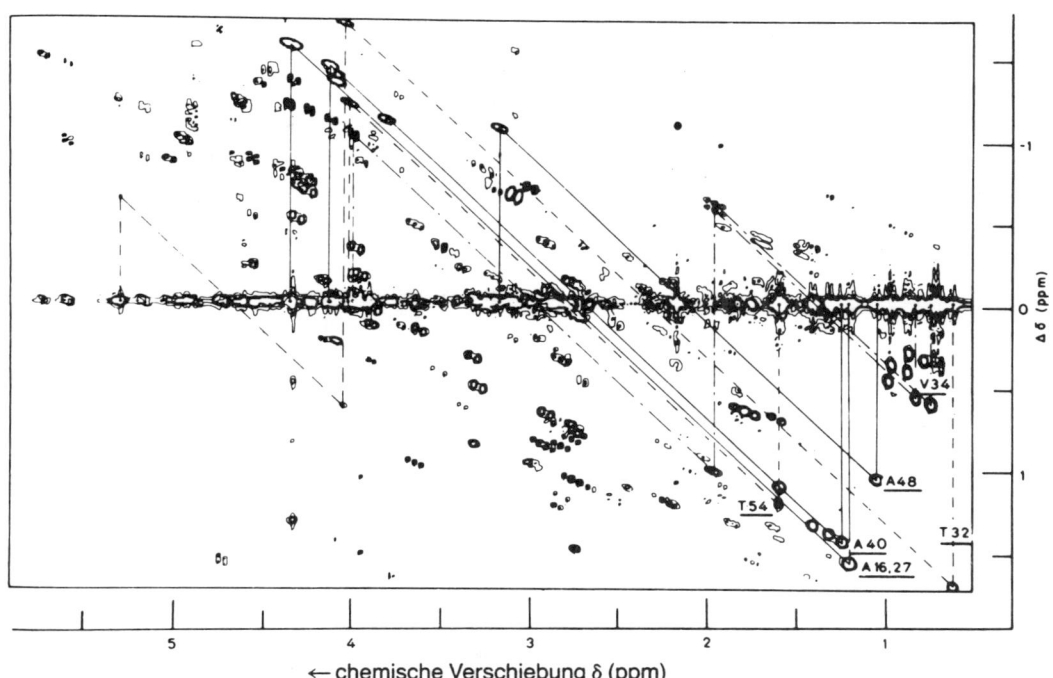

Abb. 7.32 360 MHz COSY ^{1}H-Spektrum des basischen Pankreas Trypsin-Inhibitors (BPTI). Auf der Abszisse ist die gewohnte chemische Verschiebung und auf der Ordinate ist die Differenz-Frequenz zwischen korrelierten Kernen aufgetragen. So sind z. B. die Kerne bei ca. 0,5 ppm und bei ca. 2 ppm gekoppelt. Die Differenz-Frequenz beträgt ± 0,5 ppm. Die auftretenden Banden in der 2D-Darstellung nennt man „Cross-peaks". Weitere Cross-peaks sind durch diagonale Linien verbunden [nach Nagamaya, K., Wüthrich, K. (1977), Naturwissenschaften, **64**, 581]

und auch funktionelle Gruppen ohne Protonen spektroskopiert werden können. Der Nachteil liegt in einem geringen natürlichen Vorkommen und einer geringen Empfindlichkeit, so daß die relative Signal-Intensität im Vergleich zu ^{1}H etwa um einen Faktor 6000 niedriger ist. Dies kann teilweise durch Isotopen-Anreicherung kompensiert werden. Eine weitere Verstärkung des Signals bekommt man durch den Kern-Overhauser-Effekt NOE (*N*uclear *O*verhauser *E*nhancement). Die starke Hyperfeinaufspaltung durch Wechselwirkung mit Protonen kann durch Spin-Entkopplung aufgehoben werden, was die Komplexität des Spektrums erheblich reduziert. Für den Biochemiker sind die Messung der chemischen Verschiebung und insbesondere die Spin-Spin-Relaxationszeit T_1 von Interesse.

9.1 Chemische Verschiebung

Im Vergleich zur ^{1}H-NMR-Spektroskopie sind die Werte der chemischen Verschiebung bei ^{13}C-Kernen erheblich größer. Wie aus Abb. 7.33 zu entnehmen ist, liegen die δ-Werte im Bereich bis zu 200 ppm, während bei Protonen maximal 10 ppm erreicht wurden. Qualitativ ist aber der Einfluß von Nachbargruppen der gleiche.

9.2 Spin-Spin-Kopplung

In natürlich vorkommenden Materialien ist lediglich die Kopplung zu ^{1}H-Kernen von Bedeutung. Die homo- und heteronuklearen Spin-Spin-Kopplungskonstanten der ^{13}C-Kerne sind mit 130 bis 200 Hz erheblich größer als die ^{1}H-^{1}H-Kopplungskonstanten mit typischen Werten bis zu 10 Hz. Isotope anderer Kerne (^{13}C, ^{15}N oder ^{17}O) sind aufgrund des geringen Vorkommens nicht von Bedeutung. Bei Isotopen-angereicherten Substanzen können jedoch z. B. aus der ^{13}C-^{13}C-Spin-Spin-Kopplung ebenso wie aus der ^{1}H-^{1}H-Kopplung wichtige Struktur-Informationen gewonnen werden.

9.3 Isotopen-Anreicherung

Eine Probe biologischen Materials enthält ca. 1,1 % ^{13}C-Kerne bezogen auf den Gesamtkohlenstoff. Eine Intensitätsverbesserung kann durch Isotopen-Anreicherung erhalten werden. Dazu müssen Biomaterialien mit vermehrtem ^{13}C-Einbau vorliegen, die z. B. über entsprechend dotierte Medien *in vivo* oder durch chemische Synthese erhalten werden. Die Intensitätssteigerung ist aber durch eine zunehmende ^{13}C-^{13}C-Kopplung benachbarter Kerne mit steigendem ^{13}C-Gehalt beschränkt. Abb. 7.34 demonstriert dies überzeugend am Beispiel des Alanins. Das Protonen-entkoppelte Spektrum besteht beim natürlichen Alanin aus den drei Einzellinien des C_α-, C_β- und der COO$^-$-Gruppe. Treten bei Anreicherung vermehrt ^{13}C-Kerne in benachbarten Positionen auf, so führt dies zur Spin-Spin-Kopplung mit einem statistischen ^{13}C-Nachbarn

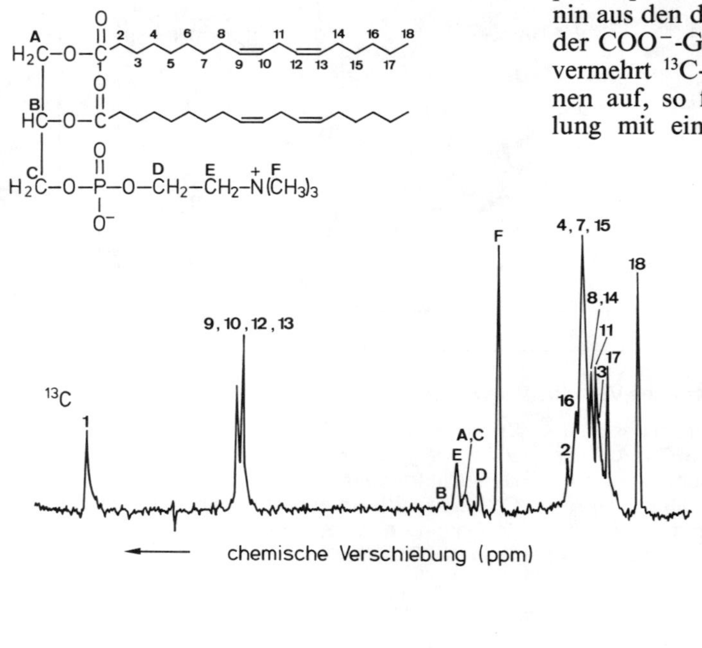

Abb. 7.33 Protonen-entkoppeltes FT ^{13}C-NMR-Spektrum von Diacylphosphatidylcholin aus Ei in wäßriger Dispersion (D$_2$O) bei 25,16 MHz. Die Bandenzuordnung ergibt sich aus der Numerierung am Lipid [nach Wüthrich, K. (1976), NMR in Biological Research: Peptides and Proteins, North-Holland Publishing Comp.]

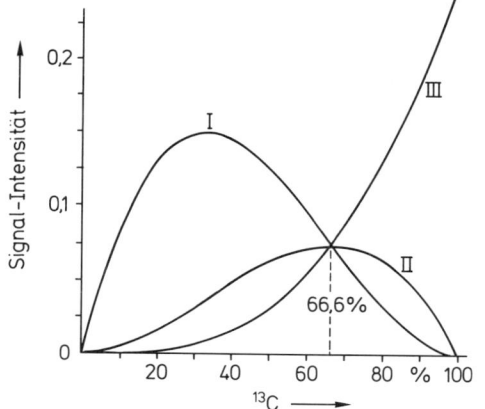

Abb. 7.34 Anreicherung des Isotops ^{13}C und der Effekt auf die Intensität der NMR-Linie des α-Kohlenstoffs **I** Singulett bei keinem ^{13}C-Nachbar, **II** Doublett bei einem ^{13}C-Nachbar, **III** Triplett bei zwei ^{13}C-Nachbarn [nach Wüthrich, K. (1976), NMR in Biological Research: Peptides and Proteins, North-Holland Publishing Comp.]

und damit zur Aufspaltung in ein Doublett. Bei ^{13}C-Kernen in allen drei Positionen erhalten wir ein Quadruplett. Ab ca. 30% ^{13}C nimmt die Intensität des vorher gut auflösbaren Singuletts stark ab.

9.4 Doppelresonanz-Technik und Nuklear-Overhauser-Effekt

Bei der ^{13}C-NMR wird in der Regel das Verfahren der Doppelresonanz, also die Aufhebung der ^{1}H-^{13}C-Kopplung angewendet. Das Spektrum vereinfacht sich durch simultane Anregung der Protonen-Resonanzen. Enthält das entkoppelnde Feld die Resonanz-Frequenzen aller vorhandenen Protonen, so spricht man von einer Breitband-Entkopplung oder bei Verwendung eines Rauschsignals, das alle Frequenzen enthält, von einer Rausch-Entkopplung. Dies Verfahren führt zur Entkopplung aller Protonen.

Eine willkommene Begleiterscheinung der Entkopplung ist eine Intensitätssteigerung aufgrund des NOE. ^{13}C- und ^{1}H-Kerne bilden ein gemeinsames Spin-System mit einer der Boltzmann-Verteilung entsprechenden Besetzung der Spin-Niveaus. Erregt man nun die Protonen-Resonanz, so wird das Gleichge-

wicht gestört. Das System stellt die Boltzmann-Verteilung durch vermehrte ^{13}C-Relaxation wieder her, d. h. der Grundzustand der ^{13}C-Kerne wird stärker besetzt, und es kann mehr Hochfrequenz-Leistung aufgenommen werden. Die Signal-Intensität kann dadurch bis zu einem Faktor drei gesteigert werden. Diese Betrachtung gilt natürlich auch für die Entkopplung zweier ^{1}H-Kerne in der Protonen-Resonanz, hat dort aber wegen der ohnehin vorhandenen guten Signal-Intensität nicht die Bedeutung wie in der ^{13}C-Spektroskopie.

9.5 Bestimmung von Segmentbeweglichkeiten durch T_1-Messung

Messungen der Spin-Gitter-Relaxationszeit T_1 sind von großer Bedeutung zur Charakterisierung dynamischer Prozesse in Makromolekülen. Unterschiedliche T_1-Zeiten, z. B. einer bestimmten Aminosäure in verschiedenen Positionen im Peptid, erlauben über die zu berechnenden Rotationskorrelationszeiten eine Aussage über die Beweglichkeit der Segmente. In einem Molekül hängen die Relaxationszeiten von ^{13}C-Kernen wegen der r^{-3}-Abhängigkeit der Dipol-Dipol-Wechselwirkung natürlich stark von den benachbarten Atomen ab. So liegen typische Zeiten von T_1 bei ^{13}C-Kernen mit gebundenem Wasserstoff bei 1 bis 20 s und ohne gebundenen Wasserstoff bei Zeiten um 30 s. In großen Molekülen können wesentlich kürzere T_1-Zeiten vorkommen.

Einige typische T_1-Zeiten sind in Abb. 7.35 am Beispiel eines Lipids aufgeführt. Die Rotation des Gesamtmoleküls ist durch die Einbettung in eine Membran eingeschränkt. Man

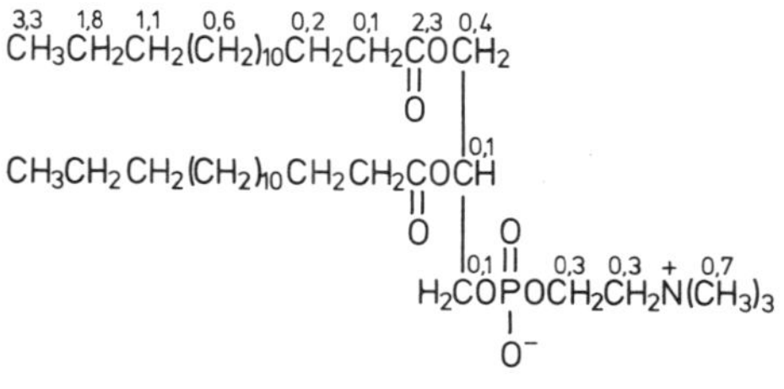

$$\underset{3,3}{CH_3}\underset{1,8}{CH_2}\underset{1,1}{CH_2}\underset{0,6}{(CH_2)_{10}}\underset{0,2}{CH_2}\underset{0,1}{CH_2}\underset{2,3}{CO}\underset{0,4}{CH_2}$$

Abb. 7.35 Longitudinale Relaxationszeiten T_1 (in s) der ^{13}C-Kerne an verschiedenen Positionen in einem Lipid im fluiden Zustand [nach Levine, Y. K. et al. (1972), Biochemistry **11**, 1416]

erkennt deutlich, daß die Cholin-Gruppe am Kopf des Lipids recht beweglich ist. In der Nähe des Glycerol-Grundgerüsts (C_2, C_3) ist die CH_2-Segmentbeweglichkeit stark eingeschränkt, nimmt aber zum Kettenende hin drastisch bis zu einem Maximum an der terminalen CH_3-Gruppe zu.

10. ^{31}P-NMR

^{31}P ist das natürlich vorkommende Phosphor-Isotop mit Spin $I = \frac{1}{2}$. Die chemische Verschiebung wird häufig relativ zur Phosphorsäure gemessen, Kopplungskonstanten liegen bei 10 bis 30 Hz.

Eine wichtige Anwendung der ^{31}P-Spektroskopie ergibt sich aus dem Vorkommen von Phosphor in vielen biologisch interessanten Molekülen. Nukleinsäuren und Phospholipide, phosphorylierte Proteine, aber auch Moleküle des Stoffwechsels wie Glucose-6-Phosphat und besonders ATP oder cAMP können spektroskopiert werden. Damit können ^{31}P-NMR-Studien *in vivo* durchgeführt werden, um z. B. Stoffwechselvorgänge zu verfolgen (Abb. 7.36).

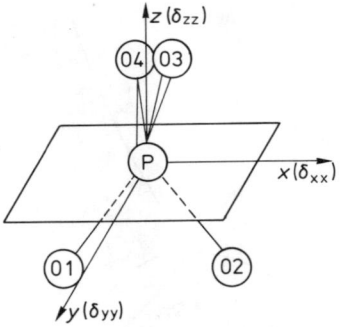

Abb. 7.37 Anisotropie der chemischen Verschiebung von ^{31}P in der Phosphat-Gruppe eines Phospholipids; 03 und 04 sind die freien und 01 und 02 die Sauerstoffe in einer Ester-Bindung [nach Seelig, J., (1978), Biochim. Biophys. Acta **515**, 105]

Darüber hinaus liefert die ^{31}P-Spektroskopie Aussagen über die räumliche Anordnung der Biomoleküle. Dies ist möglich durch die Anisotropie der chemischen Verschiebung. Die Elektronenverteilung um eine R_2PO_4-Gruppe z. B. in Phospholipiden ist nicht isotrop. Dadurch ist aber die chemische Verschiebung von der Orientierung des Molekülachsen-Systems (Abb. 7.37) zum B_0-Feld abhängig.

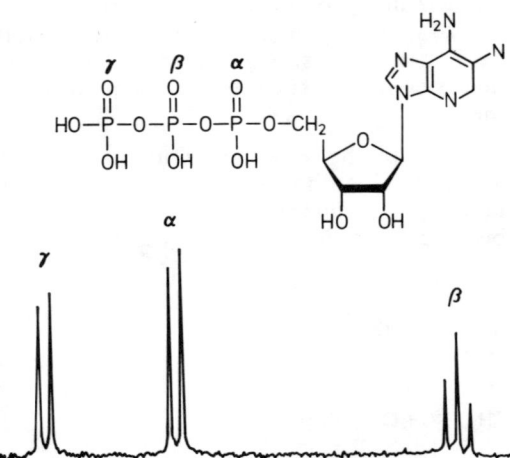

Abb. 7.36 ^{31}P-NMR-Spektrum von Adenosintriphosphat bei einer Betriebsfrequenz von 49,48 MHz mit Phosphorsäure als Referenz. Die Zuordnung der Linien ist aus der Numerierung am Molekül abzuleiten. Beachte die Kopplung mit den benachbarten ^{31}P [nach Mavel, G. (1973), Annual Reports on NMR-Spectroscopy, Vol 5B]

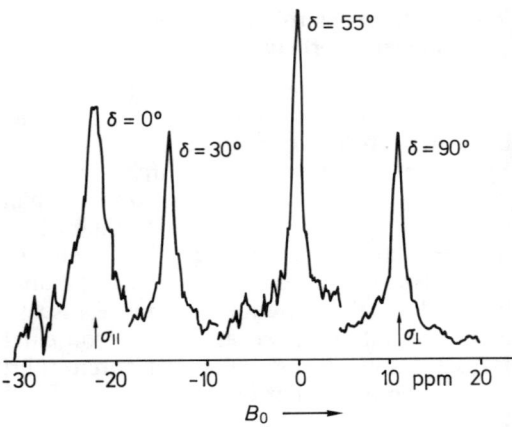

Abb. 7.38 Orientierungsabhängiges Protonenentkoppeltes ^{31}P-NMR-Spektrum eines Phospholipids in planaren Lipid-Multischichten. δ ist der Winkel zwischen dem Magnetfeld B_0 und der Membrannormalen [nach Seelig, J., Gally, H. (1976), Biochemistry **15**, 5199]

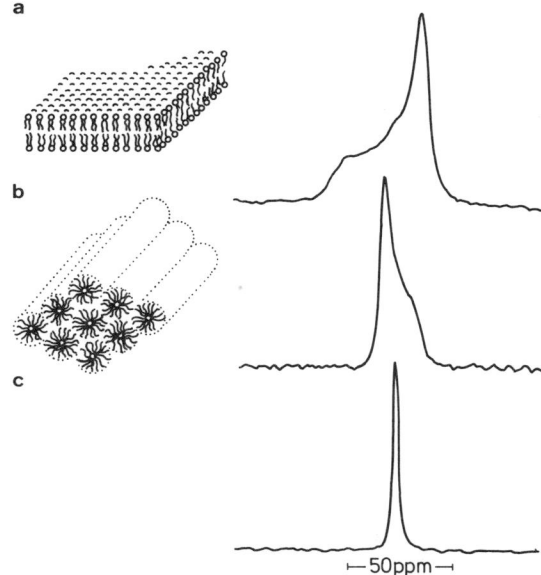

├─50ppm─┤

Abb. 7.39 ³¹P-NMR-Spektren von polymorphen Phasen hydratisierter kristalliner Phospholipide **a** Doppelschicht, **b** die hexagonale Phase wird von Phosphatidylethanolaminen ausgebildet, **c** Phasen mit isotroper Bewegung kommen z. B. bei Micellen oder Vesikeln (kubischen und rhombischen Phasen) vor [nach Cullis, P. R., Hoppe, M. J. (1978), Nature **271**, 672]

Entsprechend dem *g*-Faktor der ESR-Spektroskopie muß die chemische Verschiebung dann durch einen Abschirmtensor der die Komponente δ_{xx}, δ_{yy} und δ_{zz} enthält, beschrieben werden (s. S. 81 f). Das ³¹P-Spektrum wird orientierungsabhängig (Abb. 7.38). Die Anisotropie liefert mit den $\delta_{\parallel}$ und $\delta_{\perp}$-Werten analog zur ESR-Spektroskopie von Sonden einen Ordnungsgrad. In wäßrigen Dispersionen von Lipiden kann aus der Form der Spektren die Zuordnung von Lipid-Phasen vorgenommen werden.

Literatur

Berliner, L. H., Reuben, J. (1978, 1980), Biological Magnetic Resonance Band 1 und 2, Plenum Press, New York.

Breitmaier, E., Spohn, K. H., Berger, St. (1975), ¹³C-Spin-Gitter-Relaxationszeiten.

Chan, S. I., Bocain, D. F., Petersen, N. O. (1981), Nuclear Magnetic Resonance Studies of the Phospholipid Bilayer Membrane, in: Membrane Spectroscopy, Grell, E. (Herausgeb.), Springer Verlag, Berlin, Heidelberg, New York.

Cullis, P. R., de Kruijff, B. (1979), Lipid Polymorphism and the Functional Roles of Lipids in Biological Membranes, Biochim. Biophys. Acta **559**, 399–420.

Günther, H. (1974), Physikalische Methoden in der Chemie: ¹³C-NMR-Spektroskopie, Chem. unserer Zeit **8**, 45–53 und 84–94.

Günther, H. (1983), NMR-Spektroskopie, Georg Thieme Verlag, Stuttgart, New York.

Hesse, M., Meier, H., Zeeh, B. (1987), Spektroskopische Methoden in der organischen Chemie, Georg Thieme Verlag, Stuttgart, New York.

Knowles, P. F., Marsh, D., Rattle, H. W. F. (1976), Magnetic Resonance of Biomolecules, Wiley Interscience, New York.

Paul, H.-H., Penka, V., Lohmann, W. (1982), Kernresonanzspektroskopie in: Biophysik, W. Hoppe, W. Lohmann, H. Markl, Ziegler, H. (Herausgeb.), Springer Verlag, Berlin, Heidelberg, New York.

Roberts, J. K. M., Jardetzky, O. (1985), Nuclear Magnetic Resonance Spectroscopy in Biochemistry, in: Modern Physical Methods in Biochemistry, Neuberger, A., van Deenen, L. L. M. (Herausgeb.), Elsevier, Amsterdam, London, New York.

Seelig, J. (1977), ³¹P Nuclear Magnetic Resonance and the Head Group Structure of Phospholipids in Membranes, Biochim. Biophys. Acta **515**, 105–141.

Shaw, D. (1976), Fourier Transform NMR Spectroscopy, Elsevier, Amsterdam, London, New York.

McLaughlan, K. H. (1972), Magnetic Resonance, Clarendon Press, Oxford.

Wüthrich, K. (1976), NMR in Biological Research: Peptides and Proteins, North Holland Publ. Comp., Amsterdam.

Kapitel 8
Lichtstreuung

Neben der in Kap. 2 behandelten Absorption elektromagnetischer Strahlung stellt deren Streuung beim Auftreffen auf Materie einen weiteren Prozeß der Wechselwirkung zwischen Licht und Materie dar. Im Gegensatz zur Absorption elektromagnetischer Strahlung, die nur bei bestimmten, molekülspezifischen Wellenlängen auftritt, ist die Lichtstreuung im gesamten Wellenlängenbereich der sichtbaren Strahlung beobachtbar. Wie wir im folgenden sehen werden, läßt sich aus der Analyse der gestreuten Strahlung die relative Molekülmasse M_r der streuenden Teilchen bestimmen. Man erhält weiter Informationen über die Moleküldimensionen, die Wechselwirkung zwischen Makromolekülen und kann die Diffusionskoeffizienten der streuenden Teilchen in Lösung bestimmen.

Bei der Lichtstreuung treten verschiedene Streuprozesse auf, deren wesentlicher Unterschied in der Intensität und der Frequenz der Streustrahlung liegt:

– **Elastische Lichtstreuung** liegt vor, wenn einfallende und gestreute Strahlung die gleiche Frequenz aufweisen. Ist die Abmessung der streuenden Teilchen klein gegen die Wellenlänge der einfallenden Strahlung ($d \ll \lambda/2$), spricht man von Rayleigh-Streuung. Die durch große Teilchen verursachte Streuung wird als Mie-Streuung bezeichnet.

– **Quasi-elastische Lichtstreuung** liegt vor, wenn die Frequenz des gestreuten Lichtes durch Translationsbewegungen der streuenden Teilchen verändert wird. Die gestreute Strahlung weist in diesem Fall ein Frequenz-Spektrum auf, das aus der Doppler-Verbreiterung der gestreuten Strahlung resultiert.

– **Inelastische Lichtstreuung** (Raman-Streuung) tritt auf, wenn bei der Einstrahlung des Lichts Molekülschwingungen angeregt werden. Dieser Effekt wird ausführlich in Kap. 9 behandelt.

1. Elastische Lichtstreuung

Zur Darstellung der physikalischen Grundlagen der Lichtstreuung werden wir zunächst die Wechselwirkung elektromagnetischer Strahlung mit einem isolierten Molekül ausführlich betrachten. Im Anschluß daran wird die für die praktische Anwendung interessante Streuung von Licht an Makromolekülen in Lösung behandelt.

1.1 Streuung an einem isolierten, isotropen Molekül

Wir betrachten ein einzelnes Molekül, auf das eine monochromatische, polarisierte Lichtwelle auftrifft (Abb. 8.1). Die Frequenz der Strahlung soll weit entfernt von den Absorptionsbanden des Moleküls liegen. Die elektrische Feldstärke einer in x-Richtung fortschreitenden Lichtwelle der Frequenz v (die magnetische Komponente spielt bei der Beschreibung der Lichtstreuung keine Rolle und wird daher nicht betrachtet) läßt sich darstellen durch

$$E = E_0 \cdot \cos 2\pi \ v \left(t - \frac{x}{c} \right) \quad . \tag{8.1}$$

Darin ist t die Zeit, x der Ort und c die Lichtgeschwindigkeit. Das streuende Teilchen sei klein gegenüber der Wellenlänge der einfallenden Strahlung, so daß die elektrische Feldstärke am Ort des gesamten Teilchens als kon-

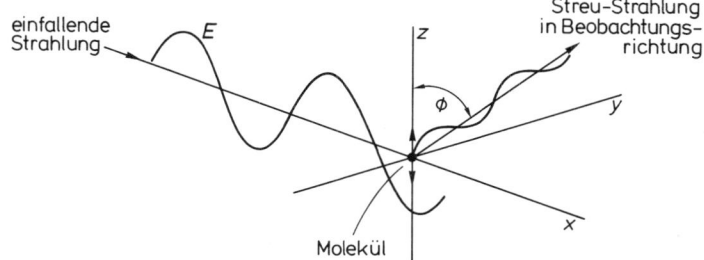

einfallende Strahlung

E

z

Streu-Strahlung in Beobachtungsrichtung

Φ

y

x

Molekül

Abb. 8.1 Streuung von Licht an einem polarisierbaren Teilchen. Dargestellt ist der elektrische Feldstärkevektor **E** der einfallenden Strahlung und die Streustrahlung des Moleküls in Beobachtungsrichtung. ∅ ist der Winkel zwischen Dipolachse und Streurichtung

stant angenommen werden kann. Das elektrische Feld der einfallenden Lichtwelle bewirkt eine Kraft auf die elektrische Ladung des Moleküls. Diese Kraft führt zu einer Verschiebung der Elektronen und des Kerns in entgegengesetzter Richtung und induziert dadurch ein elektrisches Dipolmoment $\mu = \alpha\,E$. Die Größe des induzierten Dipolmoments wird durch die Polarisierbarkeit α bestimmt, die für ein isotropes Teilchen ein Skalar, d. h. richtungsunabhängig ist. Die auf das Teilchen treffende elektromagnetische Strahlung bewirkt somit ein oszillierendes Dipolmoment (s. Kap. 9):

$$\boldsymbol{\mu} = \alpha \cdot \boldsymbol{E}_0 \cdot \cos 2\pi\ \nu\left(t - \frac{x}{c}\right) \qquad (8.2)$$

Wie aus der Elektrodynamik bekannt ist, sendet ein solcher oszillierender Dipol wiederum elektromagnetische Strahlung aus. Die elektrische Feldstärke der Dipolstrahlung ist proportional zu $\mathrm{d}^2\mu/\mathrm{d}t^2$ und ist vom Winkel Φ zwischen Dipolachse und betrachteter Streurichtung abhängig. Die Feldlinien-Verteilung in der Umgebung eines oszillierenden Dipols und die Richtungscharakteristik der emittierten Strahlung ist in Abb. 8.2 und 8.3 a dargestellt. Die Streuintensität ist maximal in einer Richtung senkrecht zur Dipolachse, während in Richtung der Dipolachse keine Strahlung emittiert wird. Für die Amplitude des elektrischen Feldes der Dipolstrahlung erhält man aus der klassischen Elektrodynamik den Ausdruck

$$E = \frac{\alpha \cdot E_0 \cdot 4\,\pi^2 \cdot \sin\Phi}{r \cdot \lambda^2} \cos 2\pi\ \nu\left(t - \frac{x}{c}\right)\ . \qquad (8.3)$$

Die Intensität der gestreuten Strahlung ist proportional zum Quadrat der elektrischen

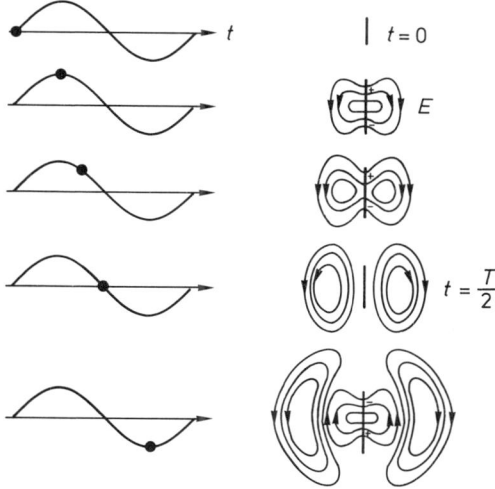

t

t = 0

E

$t = \dfrac{T}{2}$

Abb. 8.2 Elektrisches Feld in der Umgebung eines oszillierenden Dipols. Links ist die jeweilige Phase der einfallenden Strahlung am Ort des Dipols dargestellt.

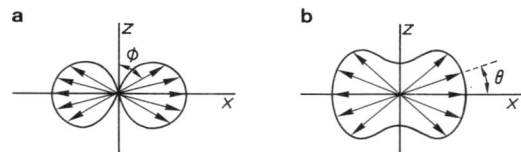

a

z

Φ

x

b

z

θ

x

Abb. 8.3. Winkelverteilung der Intensität I_s der Streustrahlung **a** für in z-Richtung polarisiert einfallende Strahlung $I_s \sim \sin^2\varphi$. Es besteht Rotationssymmetrie zur z-Achse, **b** für unpolarisiert einfallende Strahlung $I_s \sim (1 + \cos^2\theta)/2$. Es besteht Rotationssymmetrie zur x-Achse. Die Länge der Pfeile ist ein Maß für die Streu-Intensität. Die x-Achse ist die Einfallsrichtung des Lichtes

Feldstärke. Für das Verhältnis der Streuintensität I_s zur Intensität des eingestrahlten Lichts I_0 erhält man

$$\frac{I_s}{I_0} = \frac{16\,\pi^4 \cdot \alpha^2 \cdot \sin^2\!\Phi}{r^2 \cdot \lambda^4} \quad . \tag{8.4}$$

In dieser Gleichung, die die Streuung an einem einzelnen Molekül wiedergibt, erkennt man bereits die charakteristischen Eigenschaften der Streustrahlung. Neben der schon erwähnten Richtungsabhängigkeit, die durch den Term $\sin^2\Phi$ ausgedrückt wird, ist vor allem die λ^{-4}-Abhängigkeit der Streuintensität zu bemerken. Sie erklärt beispielsweise den hohen Anteil an kurzwelligem Licht in der Streustrahlung des Sonnenlichts in der Atmosphäre und läßt den Himmel blau erscheinen. Die Frequenz v des gestreuten Lichtes bleibt gegenüber der Frequenz der einfallenden Strahlung unverändert, wie wir es für die elastische Lichtstreuung gefordert haben.

Das bisher gesagte bezog sich auf linear polarisiertes Licht. Bei Verwendung von unpolarisiertem Licht besitzt die relative Streuintensität lediglich eine veränderte Winkelabhängigkeit

$$\frac{I_s}{I_0} = \frac{8\,\pi^4 \cdot \alpha^2}{r^2 \cdot \lambda^4} (1 + \cos^2\theta) \quad . \tag{8.5}$$

Die grundsätzlichen Größen wie α^2, r^2 und λ^4 bleiben erhalten. Der Winkel θ liegt jetzt zwischen einfallender Strahlung und der Beobachtungsrichtung. Die zugehörige Intensitätsverteilung der Streustrahlung für die verschiedenen Raumrichtungen ist in Abb. 8.3 b dargestellt.

1.2 Streuung an mehreren Molekülen

Nach diesen grundlegenden Betrachtungen können wir jetzt die Lichtstreuung an Systemen untersuchen, in denen mehrere Teilchen enthalten sind. Im Unterschied zur Streuung an einem einzelnen Teilchen müssen wir dabei die gegenseitige Phasenlage der von verschiedenen Molekülen emittierten Streustrahlung berücksichtigen. In dem für praktische Anwendungen interessanten Fall der Streuung an gelösten Makromolekülen kann man dabei zeigen, daß für Teilchen, die relativ zueinander eine freie Bewegung ausführen können, der zeitliche Mittelwert der Streuintensität I_s durch die Summe der Streuintensitäten der einzelnen Moleküle gegeben ist

$$I_{s,\,\text{Gesamt}} = \sum_i I_{si,\,\text{Einzelmolekül}} \cdot$$

1.3 Streuung an verdünnten Gasen

Zur Darstellung der Information, die wir aus der Messung der Streuintensität über die streuenden Teilchen erhalten können, ist es vorteilhaft, anstelle der Polarisierbarkeit der Teilchen die Brechzahl n einzuführen. Dies soll zunächst zum besseren Verständnis an einem Gas gezeigt und in Abschn. 1.4 auf Lösungen übertragen werden.

Die Verknüpfung zwischen Polarisierbarkeit und Brechzahl ist durch die Clausius-Mosotti-Gleichung gegeben

$$n^2 - 1 = 4 \cdot \pi \cdot N \cdot \alpha. \tag{8.6}$$

N ist die Zahl der Teilchen pro Volumeneinheit. Für verdünnte Gase liegt die Brechzahl nahe bei 1. Entwickelt man die Brechzahl in einer Taylor-Reihe nach der Teilchen-Konzentration c im Gas und beschränkt man sich auf die dn/dc-linearen Terme $n \approx 1 + (dn/dc)c$, so erhält man für die Polarisierbarkeit

$$\alpha = \frac{c}{2\,\pi \cdot N} \cdot \frac{dn}{dc} \quad . \tag{8.7}$$

Mit $c = \dfrac{M_r N}{L}$, wobei M_r die relative Molekülmasse der Teilchen und L die Avogadro-Zahl ist, läßt sich Gl. (8.5) für die Streuintensität der Teilchen darstellen durch

$$\frac{I_s}{I_0} = \frac{2\pi^2 \cdot M_r^2 (1 + \cos^2\theta)}{r^2 \cdot L^2 \cdot \lambda^4} \left(\frac{dn}{dc}\right)^2 \cdot$$

Damit haben wir eine Beziehung zwischen der meßbaren Streuintensität und der Molekülmasse der streuenden Teilchen, die damit experimentell aus der Lichtstreuung bestimmt werden kann. Die Änderung der Brechzahl mit der Konzentration dn/dc ist hierfür in einem separaten Experiment zu bestimmen.

Auf eine interessante Folgerung aus der Betrachtung der Phasenbeziehung der emittierten Streustrahlen sei hier nur am Rande hingewiesen. Betrachtet man das Streuverhalten eines idealen Kristalls, so ist leicht einzusehen, daß bei einer im Vergleich zur Lichtwellenlänge genügend kleinen Gitter-Konstanten lediglich in Richtung der einfallenden Lichtwelle eine Streuintensität zu erwarten ist. Für alle anderen Beobachtungsrichtungen läßt sich zu jedem Streuzentrum i ein Streuzentrum i' finden, dessen emittierte Streustrahlung eine Phasenverschiebung von $l \cdot 180°$ (l = 1, 3, 5, ...) gegenüber i aufweist und somit Auslöschung bewirkt. In Richtung der einfallenden Strahlung dagegen sind alle Streuwellen in Phase und verstärken einander.

1.4 Streuung an Molekülen in Lösung

Für die Lichtstreuung an Molekülen in Lösung ergibt sich eine der Streuung an verdünnten Gasen analoge Ableitung. Allerdings muß für Lösungen die Brechzahl n_0 des Lösungsmittels berücksichtigt werden, d.h. anstelle des Terms $n^2 - 1$ ist jetzt der Ausdruck $n^2 - n_0^2$ in Gl. (8.6) einzusetzen:

$$n^2 - n_0^2 = 4 \cdot \pi \cdot N \cdot \alpha. \qquad (8.9)$$

Darin ist α die Differenz zwischen der Polarisierbarkeit der gelösten Moleküle und der Polarisierbarkeit der Lösungsmittel-Moleküle. Durch Umformen und Erweitern mit der Konzentration ergibt sich

$$\alpha = \frac{(n + n_0)}{4\pi} \cdot \frac{(n - n_0)}{c} \cdot \frac{c}{N} \qquad (8.10a)$$

Die Größe $(n - n_0)/c$, die die spezifische Änderung der Brechzahl für die gelösten Moleküle darstellt, läßt sich für eine lineare Änderung der Konzentration durch $\mathrm{d}n/\mathrm{d}c$ ausdrücken. Weiterhin ist für verdünnte Lösungen $n + n_0 \approx 2n_0$, und wir erhalten

$$\alpha = \frac{n_0}{2\pi} \cdot \frac{\mathrm{d}n}{\mathrm{d}c} \cdot \frac{M_r}{L} \qquad (8.10b)$$

Die Streuintensität eines gelösten Teilchens ist damit gegeben durch

$$\frac{I_s}{I_0} = \frac{2\pi^2 (1 + \cos^2\theta) \, n_0^2}{r^2 \cdot L^2 \cdot \lambda^4} \left(\frac{\mathrm{d}n}{\mathrm{d}c}\right)^2 M_r^2 \qquad (8.11)$$

Üblicherweise gibt man anstelle von Gl. (8.11) bevorzugt die Streuintensität i_s pro Volumeneinheit des streuenden Mediums an. Die streuenden Teilchen sind statistisch verteilt und unabhängig voneinander, so daß wir die Gesamtintensität pro Volumeneinheit

durch Summieren über die Beiträge der einzelnen Teilchen erhalten. Mit $N = L\,c/M_r$ Teilchen pro Volumeneinheit gilt:

$$\frac{i_s}{I_0} = \frac{2\pi^2 \cdot n_0^2 \,(1 + \cos^2\theta)}{r^2 \cdot L \cdot \lambda^4} \left(\frac{\mathrm{d}n}{\mathrm{d}c}\right)^2 c M_r \qquad (8.12)$$

Die durch die experimentelle Anordnung der Meßapparatur gegebenen Größen r und θ (s. Abschn. 2, S. 128) sowie die Streuintensität pro Volumeneinheit i_s werden zum Rayleigh-Verhältnis R_θ zusammengefaßt:

$$R_\theta = \frac{i_s}{I_0} \cdot \frac{r^2}{1 + \cos^2\theta} \qquad (8.13)$$

Mit

$$K = \frac{2\pi^2 \cdot n_0^2}{L \cdot \lambda^4} \cdot \left(\frac{\mathrm{d}n}{\mathrm{d}c}\right)^2$$

folgt damit die Gl. (8.14) für ideale Lösungen

$$\frac{K \cdot c}{R_\theta} = \frac{1}{M_r} \qquad (8.14)$$

Bei realen Lösungen muß die Wechselwirkung zwischen den gelösten Molekülen durch entsprechende konzentrationsabhängige Korrekturterme berücksichtigt werden:

$$\frac{K \cdot c}{R_\theta} = \frac{1}{M_r} + 2\,B \cdot c + \dots \qquad (8.15)$$

Der zweite Virial-Koeffizient B ist ein Maß für die Stärke der Wechselwirkung zwischen den Molekülen.

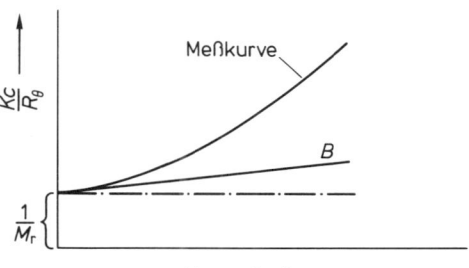

Abb. 8.4 Typische Meßkurve für Kc/R_θ in Abhängigkeit von der Konzentration c an streuenden Teilchen. Der Ordinatenabschnitt liefert die Molekülmasse; die Steigung der Kurve bei kleinen Konzentrationen den 2. Virial-Koeffizienten B

Abb. 8.4 zeigt eine typische Meßkurve für die Werte Kc/R_θ in Abhängigkeit von der Konzentration c. Die Messung erfolgt bei einem konstanten Streuwinkel θ. Die Extrapolation der Meßkurve für $c \to 0$ liefert aus dem Ordinaten-Schnittpunkt die Molekülmasse der streuenden Teilchen, während die Steigung der Kurve bei kleinen Konzentrationen den zweiten Virial-Koeffizienten B ergibt.

1.5 Streuung an größeren Molekülen

Unsere bisherigen Betrachtungen beschränkten sich auf die Streuung an Teilchen, deren größte Dimensionen klein gegenüber der Lichtwellenlänge sind. Da diese Voraussetzung für viele biologische Moleküle nicht zutrifft, wird im weiteren der Einfluß der Teilchengröße auf die Streuintensität untersucht. Während wir bisher davon ausgegangen sind, daß die elektrische Feldstärke der einfallenden Strahlung für das gesamte Molekül gleich ist, und wir damit das Molekül als punktförmigen Dipol behandeln konnten, werden bei einer größeren räumlichen Ausdehnung des Moleküls die Ladungen in verschiedenen Teilen des Moleküls mit unterschiedlicher Phase zur Oszillation angeregt. Wir erhalten daher induzierte Dipole innerhalb eines Moleküls, die phasenverschoben oszillieren (Abb. 8.5).

Die Streuzentren innerhalb eines Moleküls sind dabei in ihrer gegenseitigen Anordnung weitgehend fixiert und können somit nicht mehr als unabhängige Streuer angesehen werden. Die Wellenzüge der Streustrahlung des Moleküls interferieren und löschen sich je nach Molekülgeometrie und Streurichtung mehr oder weniger stark aus.

Das unterschiedliche Streuverhalten der Makromoleküle aufgrund der Interferenz der Streuzentren innerhalb eines Moleküls wird durch eine Funktion $P(\theta)$ beschrieben. Diese gibt das Verhältnis zwischen der unter einem Winkel θ beobachtbaren Streuintensität des Makromoleküls und der Streuintensität eines Teilchens an, das die gleiche Molekülmasse, aber eine im Vergleich zur Lichtwellenlänge viel kleinere Dimension hätte:

$$P(\theta) = \frac{\text{Streuintensität des Makromoleküls}}{\text{Streuintensität des Makromoleküls ohne Interferenz-Effekte}} \le 1$$

Die Ableitung dieser Funktion, die über den Rahmen dieses Buches hinausgeht, liefert als Ergebnis den Ausdruck

$$P(\theta) = 1 - \frac{16\,\pi^2 \cdot R_G^2}{3\,\lambda^2}\sin^2\frac{\theta}{2} \quad . \qquad (8.16)$$

R_G ist der Gyrationsradius der streuenden Moleküle und als mittlerer Abstand der Massenpunkte des Moleküls vom Molekül-Schwerpunkt definiert.

Mit Einführung des Korrekturfaktors $P(\theta)$ in Gl. (8.15) ergibt sich für die Lichtstreuung an realen makromolekularen Lösungen

$$\frac{K \cdot c}{R_\theta} = \frac{1}{P(\theta)}\left(\frac{1}{M_r} + 2\,B \cdot c\right) \quad . \qquad (8.17)$$

Die Streuintensität ist nunmehr abhängig vom Winkel θ, unter dem die Streustrahlung gemessen wird. Für kleine Streuwinkel ($\theta \to 0$), große Wellenlängen ($\lambda \gg R_G$) oder sehr kleine Teilchen ($R_G \to 0$) wird $P(\theta) \approx 1$, und wir erhalten erwartungsgemäß aus Gl. (8.17) wieder den bereits diskutierten Grenzfall der Rayleigh-Streuung an sehr kleinen Teilchen.

Interessant ist der Fall, wenn $P(\theta)$ von 1 verschieden ist. Die Winkelabhängigkeit der

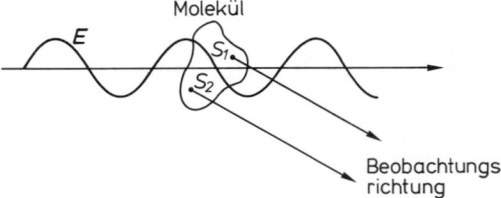

Abb. 8.5 Streuung zweier Streuzentren **S₁** und **S₂** innerhalb eines Moleküls. Die Phasen der emittierten Streuwellen sind verschieden und führen zu destruktiver Interferenz in Abhängigkeit vom Streuwinkel

Tab. 8.1 Gyrationsradius streuender Moleküle mit verschiedenen Formen

Form	Gyrationsradius R_G	
Kugel	$\left(\dfrac{3}{5}\right)^{1/2} R_K$	R_K Kugelradius
Stäbchen	$12^{1/2}\,L$	L Stäbchenlänge
Rotationsellipsoid	$\left(2 + \dfrac{\gamma^2}{5}\right)^{1/2} A$	mit $2A$, $2A$ und $\gamma 2A$ als Ellipsoidachsen

Streustrahlung ermöglicht dann die Bestimmung des Gyrationsradius R_G und damit Aussagen über die Form der streuenden Moleküle (Tab. 8.1). Wie man aus Gl. (8.16) leicht sehen kann, ist eine praktische Anwendung nur für genügend große Teilchen möglich, d. h. wenn sich für $P(\theta)$ eine merkliche Abweichung vom Wert 1 ergibt.

Mit Einsetzen von Gl. (8.16) in Gl. (8.17) erhalten wir

$$\frac{K \cdot c}{R_\theta} = \frac{1}{1 - \dfrac{16\,\pi^2 \cdot R_G^2}{3\,\lambda^2} \cdot \sin^2\dfrac{\theta}{2}} \left(\frac{1}{M_r} + 2\,B \cdot c\right) \tag{8.18}$$

oder mit der Näherung $1/(1 - x) \approx 1 + x$ für kleine Werte von $x\,(x \ll 1)$

$$\frac{K \cdot c}{R_\theta} = \left(1 + \frac{16\,\pi^2 \cdot R_G^2}{3\,\lambda^2} \sin^2\frac{\theta}{2}\right)\left(\frac{1}{M_r} + 2\,B \cdot c\right) \tag{8.19}$$

Im Gegensatz zur Lichtstreuung an einer realen Lösung kleiner Teilchen (Abschn. 1.4) ist die Streuintensität einer realen makromolekularen Lösung sowohl von der Konzentration als auch vom Streuwinkel abhängig. Im typischen Streulicht-Experiment ist daher die Streuintensität i_s und damit das Rayleigh-Verhältnis R_θ für verschiedene Streuwinkel und Konzentrationen zu bestimmen. Daraus können wir die Molekülmasse, den Gyrationsradius und den Virial-Koeffizienten der streuenden Moleküle erhalten.

Zur Ermittlung der Molekülmasse muß man $K\,c/R_\theta$ für $c \to 0$ und $\theta \to 0$ extrapolieren

$$\lim_{\substack{c \to 0 \\ \theta \to 0}} \frac{K \cdot c}{R_\theta} = \frac{1}{M_r} \quad . \tag{8.20}$$

Eine günstige Darstellung zur Durchführung der genannten Extrapolationen stellt das Auftragen der Meßwerte in einem „Zimm-Diagramm" dar (Abb. 8.6). Darin ist die Größe $K \cdot c/R_\theta$ gegen $\sin^2(\theta/2) + m \cdot c$ aufgetragen. Dabei ist m eine beliebig zu wählende Konstante (hier $m = 3$), die einen vernünftigen Maßstab auf der Abszisse liefert. Jede Messung von R_θ bei einem bestimmten Streu-Winkel θ und einer bestimmten Konzentration c ergibt einen Meßpunkt im Zimm-Diagramm. Hält man die Konzentration c_A konstant, so liegen die Meßwerte für verschiedene Streuwinkel auf der Kurve A. Der untere Endpunkt der Kurve für $\theta = 0°$ ist durch den Abszissenwert $m \cdot c$ gegeben. Für andere Konzentrationen ergeben sich parallel zu A verlaufende Kurven. Die Endpunkte aller Kurven für $\theta = 0°$ bilden eine Gerade, die durch die Gleichung

$$\left.\frac{K \cdot c}{R_\theta}\right|_{\theta = 0} = \frac{1}{M_r} + 2\,B \cdot c \tag{8.21}$$

gegeben ist. Der Ordinaten-Schnittpunkt dieser Geraden ($c = 0$, $\theta = 0$) liefert die Molekülmasse der Moleküle, ihre Steigung gibt uns den 2. Virial-Koeffizienten an.

Variieren wir die Teilchen-Konzentration bei

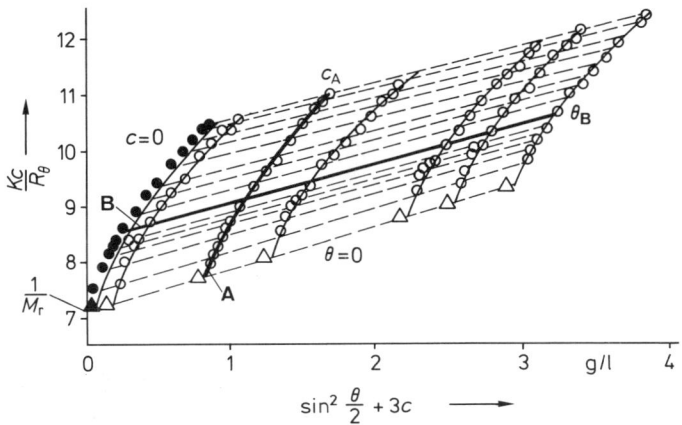

Abb. 8.6 Zimm-Diagramm für die Licht-Streuung am Beispiel einer Lösung von rRNA aus Ascites Tumorzellen. Die Extrapolation zur Konzentration $c = 0$ ist mit (●) und die Extrapolation zu $\theta = 0$ mit (△) gekennzeichnet. Kurve **A** gibt die Meßpunkte für konstante Proben-Konzentration c_A, Kurve **B** die Meßwerte bei konstantem Streuwinkel θ_B wieder [nach Kronmann, M.J., et al. (1960), Biochim. Biophys. Acta **40**, 410]

konstantem Streuwinkel θ_B, so liegen die Meßwerte auf der Kurve **B**. Der linke Endpunkt dieser Kurve ist durch die Größe $\sin^2(\theta/2)$ gegeben. Die Gesamtheit aller Endpunkte liegt in diesem Fall auf einer Geraden, für die gilt

$$\frac{K \cdot c}{R_\theta}\bigg|_{c=0} = \frac{1}{M_r}\left(1 + \frac{16\,\pi^2 \cdot R_G^2}{3\,\lambda^2}\sin^2\frac{\theta}{2}\right) \quad (8.22)$$

Der Ordinaten-Abschnitt dieser Kurve liefert ebenfalls die Molekülmasse M_r und stellt eine Kontrolle für die oben genannte Bestimmung dar. Die Steigung der Geraden ergibt den Gyrationsradius R_G der Moleküle.

Obwohl der Gyrationsradius eindeutig definiert ist, muß zur Ableitung der Teilchen-Dimensionen die Form der Moleküle bekannt sein. Tab. 8.1 zeigt für einfache Molekülformen den Zusammenhang zwischen Form und Gyrationsradius.

2. Meßtechnik

Abb. 8.7 zeigt den Aufbau einer typischen Lichtstreu-Apparatur. Als Lichtquelle wird bevorzugt ein Laser eingesetzt, dessen intensive monochromatische Strahlung über ein optisches System auf die Streuzelle fokussiert wird. Die emittierte Streustrahlung wird mit einem Photomultiplier registriert, der für die Messung bei unterschiedlichen Streuwinkeln auf einem um die Streuzelle drehbaren Arm montiert ist. Bei der Messung der Streuintensität von Lösungen ist die Streuintensität des Lösungsmittels getrennt zu ermitteln und von der Gesamtstreuintensität abzuziehen. Alle in Abschn. 1 abgeleiteten Gleichungen beziehen sich auf die Differenz der Streuung von Lösung und Lösungsmittel.

3. Quasi-elastische Lichtstreuung

Wie wir bisher gesehen haben, erhält man aus der Intensität der Streustrahlung Informationen über die Molekülmasse der Makromoleküle, während die Winkelabhängigkeit der Streustrahlung Aufschluß über die Form der streuenden Teilchen gibt. Neben Intensität und Winkelabhängigkeit, die aus der elastischen Lichtstreuung erhalten werden, stellt die Analyse der Frequenz der Streustrahlung eine weitere Informationsquelle dar. Abb. 8.8 zeigt schematisch die spektrale Verteilung des Streulichts im Vergleich zu der monochromatischen Primärstrahlung. Die Ursache für diese Verbreiterung ist die thermische Molekularbewegung der streuenden Partikel. Die Frequenz der emittierten Streustrahlung wird durch die thermische Bewegung aufgrund des Doppler-Effekts geringfügig von der Frequenz des eingestrahlten Lichts abweichen. Dazu trägt sowohl die Translations- als auch die Rotationsbewegung der Moleküle bei.

Die Zeit t, die ein Molekül benötigt, um die Strecke x zurückzulegen, ist über die Gleichung $t \sim x^2/D$ mit dem Diffusionskoeffizienten D des Moleküls verbunden. Die spektrale Verteilung der Streuintensität besitzt die Form einer Lorentz-Kurve

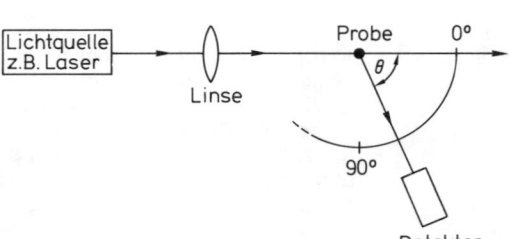

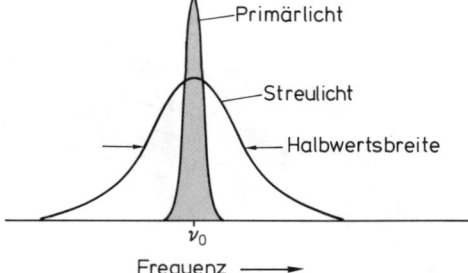

Abb. 8.7 Schematischer Aufbau einer Lichtstreu-Apparatur. Die gestreute Strahlung wird mit einem Photomultiplier detektiert, der drehbar um die Streuzelle angeordnet ist

Abb. 8.8 Spektrale Verteilung der Streulicht-Intensität bei quasi-elastischer Lichtstreuung. Die Halbwertsbreite des Frequenz-Spektrums beträgt etwa 10 kHz

$$I(\nu) = \frac{D \cdot q^2}{2\,\pi} \cdot \frac{1}{(\nu - \nu_0)^2 + \left(\dfrac{D \cdot q^2}{2\,\pi}\right)^2} \cdot$$

(8.23)

wobei q der Streuvektor ist

$$|q| = \frac{4\,\pi}{\lambda}\sin\frac{\theta}{2} \quad.$$

Die Halbwertsbreite $\Delta\nu$ der Lorentz-Kurve in Abb. 8.8 ist gegeben durch

$$\Delta\nu = \frac{D \cdot q^2}{2\pi} \quad,$$

(8.24)

so daß man aus der Halbwertsbreite der spektralen Verteilung der Streuintensität direkt den Diffusionskoeffizienten D der streuenden Partikel erhält.

Für kugelförmige Teilchen ist der Diffusionskoeffizient nach der Stokes-Einstein-Relation gegeben durch

$$D = \frac{k \cdot T}{6\pi \cdot \eta \cdot r} \quad.$$

(8.25)

Bei bekannter Viskosität der Lösung kann der hydrodynamische Radius r der Teilchen bestimmt werden.

4. Anwendungsbeispiele

Bestimmte amphipathische Moleküle wie Seifen oder Lipide neigen in Lösung zur Bildung von Aggregaten z. B. in Form von Micellen. Die Micell-Bildung erfolgt bei Überschreiten eines kritischen Wertes der Teilchen-Konzentration, die als kritische Micell-Bildungskonzentration (cmc) bezeichnet wird. Die sprunghafte Zunahme der Streuintensität bei der Ausbildung der Micellen (Abb. 8.9) (die Streuung der monomeren Einheiten ist äußerst klein) ermöglicht eine Bestimmung der kritischen Micell-Bildungskonzentration mit der Methode der elastischen Lichtstreuung. Gleichzeitig läßt sich die Molekülmasse der Micellen bestimmen.

Literatur

Brunner, H., Dransfeld, K. (1982), Lichtstreuung an Makromolekülen, in: Biophysik, Hoppe, W., Lohmann, W., Markl, H., Ziegler, H., (Herausgeb.), Springer Verlag, Berlin, Heidelberg, New York.
Cantor, Ch. R., Schimmel, P. R. (1980), Biophysical Chemistry, Band II, Kap. 14.6, W. H. Freeman Comp., San Francisco.
Van Holde, K. E. (1971), Physical Biochemistry, Kap. 9, Prentice-Hall, Englewood Cliffs, New Jersey.

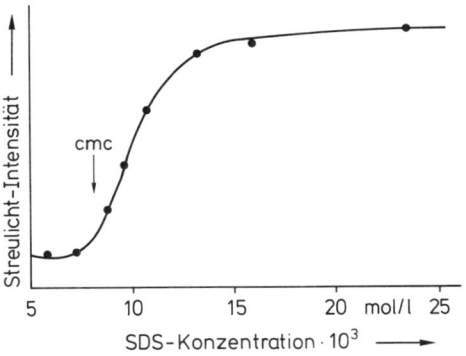

Abb. 8.9 Streulicht-Intensität einer wäßrigen Lösung von Natriumdodecylsulfat als Funktion der Konzentration. Aus dem Anstieg der Streulicht-Intensität läßt sich die kritische Micell-Bildungskonzentration zu etwa 10^{-2} mol/l bestimmen [nach Rhode, A. (1978), Dissertation Universität Ulm]

Kapitel 9
Raman-Spektroskopie

Die Raman-Spektroskopie ist eine Streumethode, d. h. wir haben es mit einer nichtresonanten Wechselwirkung zwischen Licht und Materie zu tun. Im Gegensatz zu der in Kap. 8 beschriebenen (elastischen) Lichtstreuung ist die Raman-Streuung inelastisch, d. h. die Streustrahlung enthält zusätzlich zu dem einfallenden Licht frequenzverschobene Banden, das Raman-Spektrum (Abb. 9.1). Die Frequenz-Verschiebung liegt im Energiebereich der Vibrations- und Rotationsübergänge. Die eingestrahlten Photonen nehmen bei der Wechselwirkung mit den Molekülen der durchstrahlten Substanz diese Energie auf oder geben den entsprechenden Energiebetrag unter Anregung der Moleküle in einen höheren Schwingungszustand ab. Aus der Frequenz-Verschiebung der Raman-Linien in Bezug zur Frequenz des eingestrahlten Lichts ergeben sich direkt die Frequenzen der Molekülschwingungen. Die Raman-Spektroskopie deckt also wie die IR-Spektroskopie den Frequenzbreich zwischen 150 und 4000 cm^{-1} ab und liefert somit eine vergleichbare Information. Aus diesem Grund behandeln viele Lehrbücher diese beiden Methoden in einem gemeinsamen Kapitel. In diesem Buch wurde die Unterscheidung in eine Absorptions- (IR) und eine Streumethode (Raman) vorgenommen.

1. Physikalische Grundlagen

Den Raman-Effekt können wir mit der Polarisierbarkeit eines Moleküls als Grundlage dieser Spektroskopie klassisch beschreiben.

1.1 Klassische Beschreibung der Polarisierbarkeit

In einem statischen elektrischen Feld wirkt auf die positiven Kerne und die negativen Elektronen eine Kraft. Diese versucht, die Ladungszentren zu trennen. Es resultiert ein induziertes elektrisches Dipolmoment, und das Molekül wird polarisiert. Die Größe des induzierten Dipols μ hängt von der Feldstärke E ab:

$$\mu = \alpha \cdot E. \tag{9.1}$$

Die Proportionalitätskonstante α ist die Polarisierbarkeit des Moleküls.

Das elektrische Feld einer elektromagnetischen Strahlung mit der Frequenz v_0 oszilliert zeitabhängig am Ort des Moleküls (s. Kap. 3):

$$E = E_0 \cdot \cos 2\pi \, v_0 \, t \quad. \tag{9.2}$$

Hierbei ist E_0 die Maximalamplitude und t die Zeit.

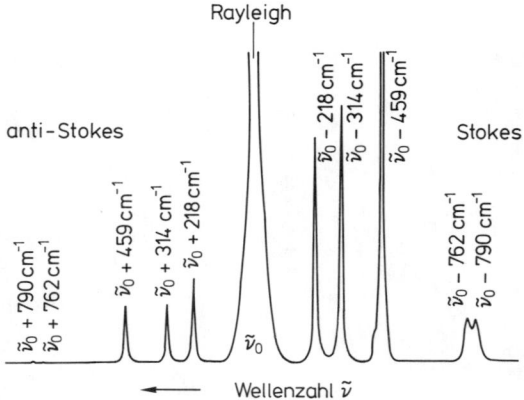

Abb. 9.1 Raman-Spektrum von Tetrachlorkohlenstoff. Die Raman-Banden liegen Frequenz-verschoben zu beiden Seiten der Rayleigh-Bande [nach Long, D. A. (1977), Raman Spectroscopy, McGraw Hill]

Das induzierte Dipolmoment wird damit ebenfalls zeitabhängig:

$$\boldsymbol{\mu}(t) = \alpha \cdot \boldsymbol{E}_0 \cdot \cos 2\pi \nu_0 t \qquad (9.3)$$

Abb. 9.2 **a** gibt die Situation mit einer zeitlich konstanten Polarisierbarkeit graphisch wieder.

Diese Betrachtung ist jedoch nicht korrekt, wenn die Molekülschwingungen mit einbezogen werden. Ändern die Kerne ihre Lage, so folgen die Elektronen dieser Bewegung. Die Polarisierbarkeit des Moleküls, also das Vermögen, Elektronen durch ein äußeres Feld zu verschieben, wird vom Kern-Kern-Abstand abhängig. Die Modulation der Polarisierbarkeit α durch die Frequenz der Molekülschwingung ν_{vib} ist in Abb. 9.2 dargestellt, und die erhaltene zeitabhängige Änderung von α wird beschrieben durch

$$\alpha_{(t)} = \alpha_0 + \alpha_{\mathrm{vib}} \cdot \cos 2\pi \nu_{\mathrm{vib}} t \quad . \qquad (9.4)$$

Hierbei ist α_0 die Polarisierbarkeit des Moleküls bei Gleichgewichtslage der Kerne, α_{vib} ist die Änderung der Polarisierbarkeit mit der Kernbewegung, und ν_{vib} ist die Frequenz der Molekülschwingung.

Das Resultat dieser Betrachtung ist die in Abb. 9.2 **b** eingezeichnete Schwebung. Aus der Akustik wissen wir, daß eine Schwebung durch Überlagerung einer Grundfrequenz und einer dazu verschobenen Frequenz entsteht (s. S. 37 f). Die Schwebungsfrequenz ist dann die Differenz der beiden Schwingungsfrequenzen. Wir erwarten also, daß das gestreute Licht gegenüber dem Anregungslicht

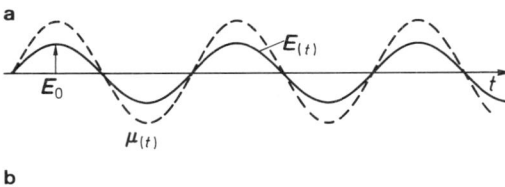

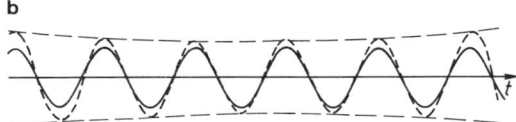

Abb. 9.2 Zusammenhang zwischen induziertem Dipolmoment und einem oszillierenden elektrischen Feld bei **a** zeitlich konstanter Polarisierbarkeit α, **b** Modulation der Polarisierbarkeit α

eine um die Modulationsfrequenz verschobene Frequenzkomponente enthält. Neben der Frequenz der elastischen Streustrahlung (Rayleigh-Streuung) müssen, zu höheren oder niedrigeren Frequenzen verschoben, die nach dem Entdecker Ch. Raman (1928) benannten Raman-Banden auftreten (Abb. 9.1). Die Zahl der Banden hängt von der Zahl der molekularen Eigenschwingungen ab. Die zu niedrigeren Frequenzen verschobenen Banden nennen wir Stokes-, die zu höheren Frequenzen verschobenen Anti-Stokes-Ramanbanden. Der Gesamtprozeß wird als inelastische Streuung bezeichnet.

Mathematisch läßt sich dieses Phänomen leicht beschreiben. Durch Kombination der Gln. (9.3) und (9.4) erhalten wir für das induzierte Dipolmoment

$$\boldsymbol{\mu}(t) = \alpha_0 \cdot \boldsymbol{E}_0 \cdot \cos 2\pi \nu_0 t + \\ \alpha_{\mathrm{vib}} \cdot \boldsymbol{E}_0 \cdot \cos 2\pi \nu_{\mathrm{vib}} t \cdot \cos 2\pi \nu_0 t \quad . \qquad (9.5)$$

Unter Verwendung der geometrischen Identität

$$\cos a \cdot \cos b = 1/2 \left[\cos(a + b) + \cos(a - b)\right]$$

läßt sich Gl. (9.5) umformen zu

$$\boldsymbol{\mu}(t) = \alpha_0 \cdot \boldsymbol{E}_0 \cdot \cos 2\pi \nu_0 t + \frac{1}{2}\alpha_{\mathrm{vib}} \cdot \boldsymbol{E}_0 \cdot \\ \cos 2\pi (\nu_0 + \nu_{\mathrm{vib}}) t \qquad (9.6) \\ + \frac{1}{2}\alpha_{\mathrm{vib}} \cdot \boldsymbol{E}_0 \cdot \cos 2\pi (\nu_0 - \nu_{\mathrm{vib}}) t \quad .$$

Diese Gleichung besagt, daß der oszillierende Dipol neben der Frequenz des eingestrahlten Lichts Frequenzkomponenten $\nu_0 \pm \nu_{\mathrm{vib}}$ aufweist. Da ein mit gegebener Frequenz oszillierender Dipol Strahlung dieser Frequenz emittiert, muß eine Probe, die mit der Frequenz ν_0 bestrahlt wird, Licht der Wellenlänge ν_0 (Rayleigh-Bande) und der Wellenlängen $\nu_0 + \nu_{\mathrm{vib}}$ und $\nu_0 - \nu_{\mathrm{vib}}$ (Raman-Banden) abstrahlen. Das Streulicht enthält die Frequenzen der molekularen Schwingungen. An dieser Stelle sei ausdrücklich betont, daß eine Schwingung nur dann Raman-aktiv ist, wenn sich die Polarisierbarkeit während der Schwingung ändert ($\alpha_{\mathrm{vib}} \neq 0$). Ist $\alpha_{\mathrm{vib}} = 0$, so sind die Terme für die Anti-Stokes- bzw. Stokes-Banden Null, und das Streulicht enthält nur die eingestrahlte Frequenz.

1.2 Raman-Effekt als Zwei-Photonen-Prozeß

Es erscheint paradox, daß eine Probe Licht mit höherer Frequenz und damit höherer Energie als das eingestrahlte Licht aussenden kann. Dies läßt sich durch die Annahme eines Zwei-Photonen-Prozesses erklären. Photonen der Frequenz ν_0 werden vom System aufgenommen. Jedes Photon kann das Molekül in einen höheren Anregungszustand versetzen. Für das Verständnis des Raman-Effekts muß man sich klar machen, daß die Anregung zu einem virtuellen Energie-Niveau erfolgt (Abb. 9.3). Dieses Niveau muß nicht (aber kann) einem elektronischen Übergang zuzuordnen sein. Nach sehr kurzer Zeit ($\sim 10^{-11}$ s) wird dieser Zwischenzustand wieder verlassen, ein Photon wird emittiert. Sind Anfangs- und Endzustand gleich, liegt Rayleigh-Streuung vor, und die Emission erfolgt mit identischer Frequenz. Liegt der Endzustand energetisch niedriger als der Anfangszustand, so erhalten wir Anti-Stokes-Ramanstreuung und im umgekehrten Fall Stokes-Ramanstreuung. Die Stokes-Banden sind gegenüber der einfallenden Strahlung wegen des Energieverlustes rot-, die anti-Stokes-Banden durch den Energiegewinn blauverschoben. Da das Ausgangsniveau für die Stokes-Bande energetisch niedriger liegt und somit gemäß der Boltzmann-Verteilung stärker besetzt ist, sind Stokes-Übergänge wahrscheinlicher und im Raman-Spektrum intensiver (s. Abb. 9.1).

1.3 Resonanz-Raman

Liegt die Frequenz des eingestrahlten Lichts im Bereich einer Absorptionsbande, so treten im Streulicht ebenfalls Raman-Banden auf. Wir sprechen dann von Resonanz-Raman-Spektroskopie (Abb. 9.3 **b**). Diese Emission darf nicht mit der Fluoreszenz verwechselt werden. Die Raman-Streuung nach Anregung im Bereich der Absorptionsbande eines Chromophors ist eine direkte Emission im Zeitbereich von 10^{-11} s. Verbleibt das Molekül nach Schwingungsrelaxation für eine längere Zeit im angeregten elektronischen Zustand ($\sim 10^{-8}$ s), dann erfolgt der Übergang zum Grundzustand durch Emission von Fluoreszenz oder durch strahlungslose Übergänge. Auftretende Fluoreszenz erschwert die Aufnahme eines Raman-Spektrums erheblich. Eine Unterscheidung zwischen Raman- und Fluoreszenz-Banden kann aufgrund des Zeitunterschiedes erfolgen oder aus der Frequenzabhängigkeit. Fluoreszenz tritt unabhängig von der Anregungswellenlänge immer an der gleichen Stelle im Spektrum auf. Raman-Banden haben einen definierten Frequenzunterschied zur Rayleigh-Bande und verschieben sich daher im Frequenzspektrum mit der Anregungsfrequenz.

1.4 Auswahlregeln

IR-Absorption und Raman-Streuung sind zwei sich ergänzende Methoden der Schwingungsspektroskopie. Von der Art der Schwingung hängt es ab, ob diese nur IR-aktiv, nur Raman-aktiv oder beides ist.

Für die Absorption im IR-Bereich ist eine Änderung des Dipolmomentes während der Schwingung Voraussetzung (s. Abschn. 2.2, S. 37f). Bedingung für den Raman-Effekt ist die Änderung der Polarisierbarkeit während der Schwingung, d. h. die Deformierbarkeit der Elektronenwolke im Molekül muß sich ändern. Dies ist an einigen Schwingungen zwei- bzw. dreiatomiger Oszillatoren in

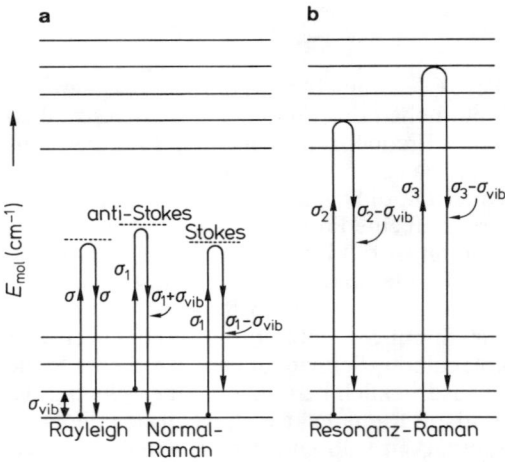

Abb. 9.3 Inelastische Streuung als Zwei-Photonen-Prozeß **a** Anregung eines Moleküls zu einem energetischen Zwischenzustand. Etwa 10^{-11} s nach der Absorption eines Photons erfolgt die Emission. Die Pfeillänge charakterisiert die Frequenz, **b** Resonanz-Raman bei Einstrahlung in eine Absorptionsbande

Tab. 9.1 demonstriert. Wir betrachten die Änderung von α und μ entlang der Normalkoordinate einer Schwingung. Negative Werte von Q stellen eine Stauchung, positive Werte eine Streckung des Kern-Kern-Abstandes dar. Die Entscheidung über Raman- bzw. IR-Aktivität erfolgt über die erste Ableitung $\partial\alpha/\partial Q$ oder $\partial\mu/\partial Q$ an der Gleichgewichtsposition. Hat z. B. die Tangente von $\alpha(Q)$ bei $Q = 0$ eine Steigung, so ist diese Schwingung Raman-aktiv, ist die Tangente horizontal, dann ist die Schwingung Raman-inaktiv. Beachte, daß $\partial\alpha/\partial Q$ in den Gln. (9.5) und (9.6) durch α_{vib} dargestellt wurde.

Betrachten wir die symmetrische und die asymmetrische Streckschwingung eines linearen Moleküls **A-B-A**, z. B. CO_2. Die symmetrische Schwingung ist Raman-aktiv, denn es ist $\partial\alpha/\partial Q \neq 0$ an der Gleichgewichtslage. Die Deformierbarkeit der Elektronenwolke ist in der gestauchten Form verschieden von der der gestreckten Form. Das Dipolmoment ändert sich jedoch nicht bei dieser Schwingung, die symmetrisch zum Symmetriezentrum erfolgt, und solche Schwingungen sind immer IR-inaktiv. Bei der asymmetrischen Streckschwingung ist die Situation gerade umgekehrt. Die Polarisierbarkeit ist in gestauchter und gestreckter Form gleich und durchläuft in der Gleichgewichtslage ein Minimum. Die erste Ableitung $\partial\alpha/\partial Q$ ist dort Null, die Schwingung ist Raman-inaktiv. Für die Dipolmomentänderung gilt $\partial\mu/\partial Q \neq 0$, die Schwingung ist IR-aktiv. Für die symmetrische Streckschwingung des nichtlinearen **A-B-A** (z. B. H_2O) erhalten wir eine Bande sowohl im IR- wie auch im Raman-Spektrum. Entsprechende Betrachtungen müssen für alle $3N$-6 Schwingungen eines nichtlinearen Moleküls angestellt werden, um die Entscheidung über IR- bzw. Raman-Aktivität zu treffen.

Ohne näher darauf einzugehen soll noch erwähnt werden, daß die Änderung der Polarisierbarkeit (und auch des Dipolmomentes) nicht auf eine Ebene beschränkt ist, sondern in den drei Raumrichtungen verschieden sein kann. Die Polarisierbarkeit muß daher korrekt durch einen Tensor mit neun Elementen (s. Abschn. 4.1.3) wiedergegeben werden. Ei-

Tab. 9.1 Änderung der Polarisierbarkeit α und des Dipolmoments μ mit der Normalkoordinate Q der Schwingung

	a	b	c	d	e
Molekül	Ⓐ–Ⓐ	Ⓐ–Ⓑ	Ⓐ–Ⓑ–Ⓐ	Ⓐ Ⓑ–Ⓐ	Ⓐ ᴮ Ⓐ
Art der Schwingung	a	b	c	d	e
Änderung der Polarisierbarkeit mit der Normalkoordinate	a	b	c	d	e
Ableitung der Polarisierbarkeit	$\neq 0$	$\neq 0$	$\neq 0$	$= 0$	$\neq 0$
Raman-aktiv	ja	ja	ja	nein	ja
Änderung des Dipolmomentes mit der Normalkoordinate	f	g	h	i	j
Ableitung des Dipolmomentes	$= 0$	$\neq 0$	$= 0$	$\neq 0$	$\neq 0$
IR-aktiv	nein	ja	nein	ja	ja

ne Schwingung ist dann Raman-aktiv, wenn die Ableitung mindestens einer Komponente des Polarisierbarkeitstensors nach der Normalkoordinate an der Gleichgewichtsposition von Null verschieden ist. Dies bedeutet, daß die Raman-Spektroskopie auch Aussagen über Molekül-Symmetrie, Molekül-Orientierung und Molekül-Struktur liefert. Nichtaktive Schwingungen können durch Kopplung mit anderen Schwingungen aktiv werden, wenn dadurch höhere als die erste Ableitung ungleich Null werden.

2. Meßtechnik

Als Lichtquelle werden heute nahezu ausschließlich Laser verwendet, da diese einen monochromatischen, intensiven und leicht fokussierbaren Lichtstrahl liefern. Meist werden mit Edelgas gefüllte Laser-Röhren (Argon-Ionen-, Krypton-Ionen-, Helium-Neon-Laser) oder Stickstoff-Laser verwendet. Diese emittieren definierte Linien im UV- oder VIS-Bereich des Lichtes. Hohe Frequenzen werden bevorzugt verwendet, da die Intensität des Streulichts mit ν^4 steigt. Geht man von der 632,8 nm-Linie eines He-Ne-Lasers zur 488 nm-Linie eines Ar^+-Lasers über, so steigt die Intensität des Streulichts um einen Faktor 2,8. Für Resonanz-Raman-Untersuchungen wird meistens ein durchstimmbarer, also in der Frequenz des Lichts variabler Farbstoff-Laser verwendet. Damit steigt aber der Preis der Lichtquelle von zur Zeit ca. 10^5 DM um mindestens einen Faktor 3.

Das Laserlicht durchstrahlt die Probe, und das Streulicht wird in der Regel unter einem Winkel von 90° auf das Gitter eines Monochromators umgelenkt, wo die spektrale Zerlegung der Streustrahlung erfolgt (Abb. 9.4). An den Monochromator werden höchste Anforderungen bezüglich seines Auflösungsvermögens gestellt. Er muß die Rayleigh-Streuung, die etwa um einen Faktor 10^5 intensiver als die Raman-Streuung ist, von den Raman-Banden trennen. Ein Doppelmonochromator erreicht im Abstand von $50\,cm^{-1}$ vom Maximum der Rayleigh-Bande eine Unterdrückung um einen Faktor 10^{10} und ist hinreichend gut geeignet. Mitunter werden Dreifachmonochromatoren verwendet, die die

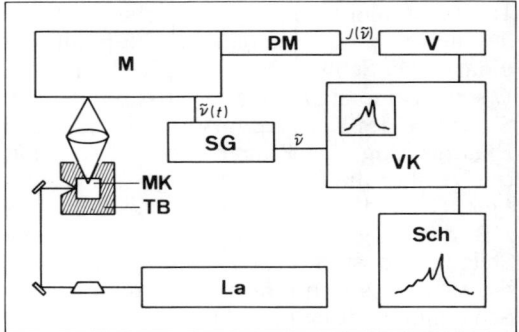

Abb. 9.4 Schematischer Aufbau eines Raman-Spektrometers: **La** Laser, **TB** Temperierblock, **MK** Meßküvette, **M** Monochromator, **PM** Photomultiplier, **V** Vorverstärker, **SG** Steuergerät, **VK** Vielkanalanalysator, **Sch** Schreiber

Aufzeichnung von Raman-Banden bis herunter zu $10\,cm^{-1}$ ermöglichen. Die Weglängen zwischen Spiegel und Gitter liegen im Bereich von ca. 1 m und bestimmen die Dimensionen des Spektrometers.

Das Spektrum wird mit Hilfe eines Photonenvervielfachers (Photomultiplier) meist mit der Technik des „Photon countings" durchgeführt. Jedes auf den Detektor fallende Photon löst einen Impuls aus, der als Signal in einem Vielkanalanalysator gespeichert wird. Dies ist ein Rechner, der den Monochromator steuert und gleichzeitig die Impulse eines Frequenzintervalls in einem Kanal sammelt und abspeichert. Aus dem Inhalt aller Kanäle ergibt sich das Raman-Spektrum. Die so aufsummierte und gemittelte Streuintensität wird als Funktion der Wellenzahl, also dem Abstand vom Maximum der Rayleigh-Bande in cm^{-1}, aufgezeichnet. Das Raman-Spektrum sieht aus wie ein in Absorption dargestelltes IR-Spektrum, darf aber nicht mit diesem verwechselt werden.

3. Anwendungsbeispiele

Die Beispiele können hier in der Zahl gering gehalten werden, da die grundsätzliche Aussage die gleiche wie die der IR-Spektroskopie ist. Inter- und intramolekulare Wechselwirkungen können aus der Intensität oder der Breite der Raman-Banden abgeleitet werden.

Spezifische Frequenzverschiebungen erlauben Aussagen über Konformationsänderungen oder z. B. die Ausbildung von Wasserstoff-Brücken.

3.1 Raman-Spektren von Proteinen

Die Schwingungen des Peptid-Gerüsts und auch der Seitengruppen der Aminosäuren können empirisch durch Vergleich zugeordnet werden. Abb. 9.5 zeigt einen Ausschnitt aus dem Raman-Spektrum des Lysozyms. Neben den Amid-Banden im Protein sind insbesondere die Aromaten-Schwingungen gut aufgelöst. Die hier nicht gezeigten Amid A- und B-Banden liegen wieder im Bereich um 3100 bis 3300 cm^{-1}, die Amid I- bis Amid

VII-Banden zwischen 1680 und 2000 cm^{-1}. Aus der Verschiebung der Amid I-Bande von ca. 1650 cm^{-1} in einer α-helikalen Struktur zu 1665 bis 1670 cm^{-1} im β-Faltblatt oder im Zufallsknäuel lassen sich wie bei der IR-Spektroskopie Konformationsänderungen in Proteinen verfolgen.

3.2 Phasenumwandlungen in Lipiden

Das Spektrum von Lipid-Membranen ist im wesentlichen durch die Schwingungen des Kohlenwasserstoff-Bereichs gekennzeichnet (Abb. 9.6). Man unterscheidet die Bereiche „akustische Schwingungen", „optische Schwingungen" und den Bereich der CH-Schwingungen.

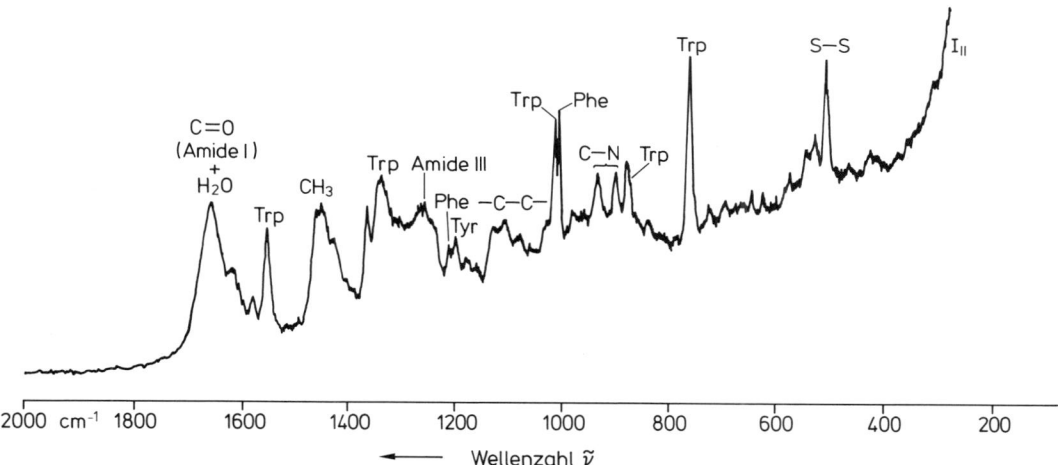

Abb. 9.5 Ausschnitt aus dem Raman-Spektrum von Lysozym in wäßriger Lösung [nach Lord, R. C., Mendelsohn, R. (1981), in: Membrane Spectroscopy, E. Grell ed., Springer Verlag, S. 381]

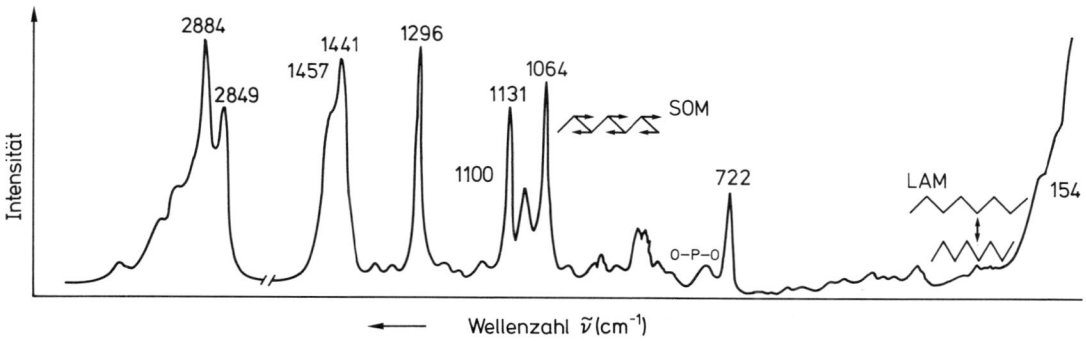

Abb. 9.6 Raman-Spektrum von Dipalmitoylphosphatidylcholin [nach Gaber, B. P., Peticolas, W. L. (1977), Biochim. Biophys. Acta **465**, 260]

Als „akustische Schwingungen" werden die Ziehharmonika-ähnlichen longitudinalen Schwingungen der gesamten CH_2-Kette bezeichnet. Die häufig verwendete Abkürzung LAM kommt von „*l*ongitudinal *a*coustic *m*odes". Der Bereich dieser Schwingungen liegt mit 100 bis 300 cm^{-1} sehr eng an der Rayleigh-Bande. Die Frequenz der Schwingung nimmt mit steigender Kettenlänge ab, so daß aus der Frequenzlage eine Aussage über die Länge eines schwingenden Kettenbereichs und damit über die Wechselwirkung z. B. mit Proteinen gewonnen werden kann.

Die „optischen Schwingungen" SOM (*s*celetal *o*ptical *m*odes) liegen im Bereich um 1100 cm^{-1}. Deutlich sichtbar sind drei Banden bei 1128, 1100 und 1064 cm^{-1} (Abb. 9.7). Diese sind typisch für C–C-Streckschwingungen in *trans*-Konformation. Die mittlere überdeckt eine Raman-Bande bei 1083 cm^{-1}, die charakteristisch für C–C-Schwingungen in *gauche*-Konformationen ist. Bei der Umwandlung von der kristallinen zur flüssigkristallinen Phase nimmt die Zahl der *gauche*-Lagen stark zu. Das Verhältnis der Intensitäten I_{1083}/I_{1128} muß also beim Durchlaufen der Phasenumwandlung ebenfalls zunehmen (Abb. 9.8).

Der dritte Bereich sind die C–H-Streckschwingungen zwischen 2800 und 3000 cm^{-1}. Diese liefern wichtige Informationen über die Kettenpackungsdichte und können ebenfalls zur Charakterisierung von Lipid-Phasen herangezogen werden.

Trotz hoher Anschaffungskosten ist die Raman-Spektroskopie heute eine wichtige Methode zur Untersuchung von Membransystemen. Die geringe Streuintensität des Wassers erlaubt im Gegensatz zur IR-Absorption eine problemlose Messung.

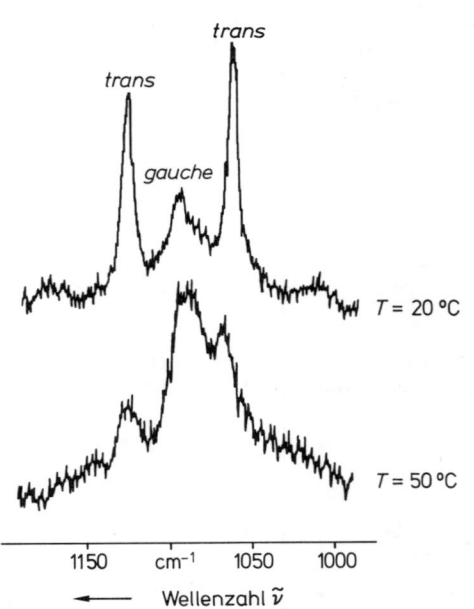

Abb. 9.7 Bereich der optischen Schwingungen von Dipalmitoylphosphatidylcholin in wäßriger Dispersion **a** bei $T = 20\,°C$ befindet sich das Lipid im kristallinen, **b** bei $T = 50\,°C$ im fluiden Zustand. Charakteristische Banden für *trans*- bzw. *gauche*-Lagen sind gekennzeichnet [nach Lippert, J. L., Peticolas, W. L. (1972), Biochim. Biophys. Acta **282**, 8]

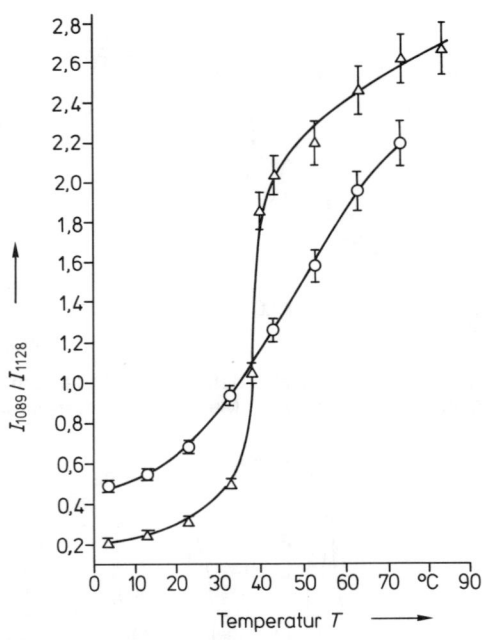

Abb. 9.8 Bestimmung der Lipid-Phasenumwandlung von Dipalmitoylphosphatidylcholin aus dem Intensitätsverhältnis der Raman-Banden bei 1083 und 1128 cm^{-1} **a** reines Lipid **b** Lipid mit 10% Cholesterol [nach Lippert, J. L., Peticolas, W. L. (1971), Proc. Natl. Acad. Sci. USA **68**, 1572]

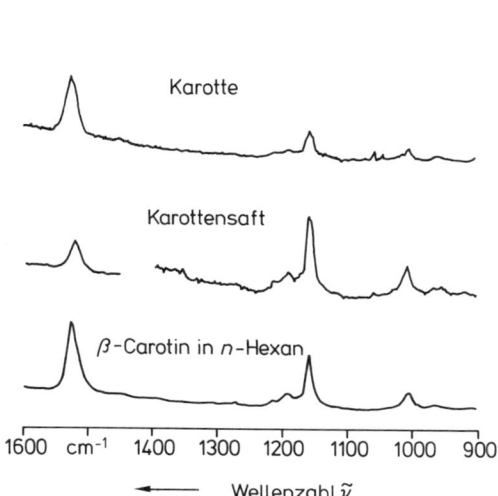

Abb. 9.9 Resonanz-Raman-Spektren von **a** einer Karotte, **b** Karottensaft, **c** β-Carotin in *n*-Hexan [nach Gill, D., et al. (1970), Nature, **227**, 743]

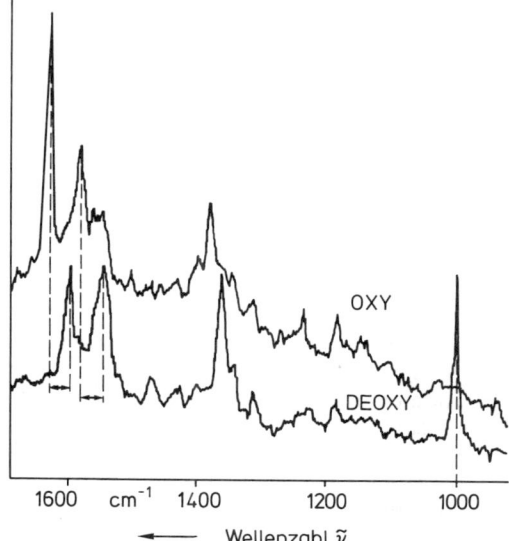

Abb. 9.10 Resonanz-Raman-Spektren von Oxy- und Deoxyhämoglobin. Die Anregungswellenlänge liegt bei 514,5 nm [nach Strekas, T. C., Spiro, T. G. (1974), Biochim. Biophys. Acta 351, **237**]

3.3 Resonanz-Raman-Spektroskopie

Raman-Streuung im Bereich einer Absorptionslinie bietet den Vorteil einer um einige Größenordnungen verstärkten Streuintensität. Sie bietet daher die Möglichkeit, in biologischen Materialien definierte Bereiche um einen Chromophor zu untersuchen. Nichtresonante Streubanden erscheinen wegen der fehlenden Verstärkung durch die Absorption lediglich im Untergrund des resonanten Spektrums. Dies ist besonders überzeugend in Abb. 9.9 wiedergegeben. Die Resonanz-Raman-Spektren einer ganzen Karotte oder vom Karottensaft stimmen sehr gut mit dem Spektrum des Chromophors β-Carotin überein.

Durchaus ernsthafte Untersuchungen z. B. an Häm-Proteinen (Abb. 9.10), erlauben Aussagen über die Schwingungsstruktur des Porphyrin-Ringes und damit über konformative Änderungen z. B. bei der Oxigenierung oder bei der Anlagerung anderer Liganden. Mit der Resonanz-Raman-Technik kann spezifisch die Konformation und die Wechselwirkung einer Vielzahl von Metallproteinen oder anderen Chromophoren wie Chlorophyll, Carotinoiden, Vitaminen oder Coenzymen untersucht werden.

Literatur

Banwell, C. N. (1983), Fundamentals of Molecular-Spectroscopy, Mc Graw Hill Book Comp., New York.

Brame, E. G., Grasselli, J. G. (1976), IR- and Raman Spectroscopy Part C, Marcel Dekker Inc., New York, Basel.

Long, D. A. (1977), Raman Spectroscopy, Mc Graw Hill Book Comp., New York.

Lord, R. C., Mendelsohn, R. (1981), Raman Spectroscopy of Membrane Constituents and Related Molecules, in: Membrane Spectroscopy, Grell, E., (Herausg.), Springer Verlag, Berlin, Heidelberg, New York.

Spiro, Th. (1974), Chemical and Biochemical Applications of Lasers, Academic Press, New York.

Spiro, Th. (1975), Resonance Raman Spectroscopic Studies of Heme Proteins, Biochim. Biophys. Acta **416**, 169.

Verma, S. P., Wallach, D. F. (1984), Raman Spectroscopy of Lipids and Biomembranes, in: Biomembrane Structure and Function, Chapman, D. (Herausgeb.). Verlag Chemie, Weinheim, Deerfield Beach, Florida, Basel.

Weidlein, J. (1982), Schwingungsspektroskopie, Georg Thieme Verlag, Stuttgart, New York.

Kapitel 10

Röntgen- und Neutronen-Beugung

Wie wir bei der Betrachtung der Lichtstreuung gesehen haben, wird elektromagnetische Strahlung beim Auftreffen auf Moleküle oder Atome zu einem Teil oder vollständig elastisch, d. h. ohne Änderung der Frequenz, gestreut. Dabei zeigte sich (Kap. 8.1.3) bei der Streuung an einem Kristall, daß nur in Richtung der einfallenden Strahlung eine beobachtbare Streulicht-Intensität auftritt. In allen anderen Richtungen führt die Interferenz der gestreuten Wellen zur Auslöschung. Ist dagegen die Wellenlänge der einfallenden Strahlung von gleicher Größenordnung wie die Gitterkonstanten des betrachteten Kristalls, so beobachtet man ein oder mehrere gebeugte Strahlenbündel, deren Richtung von der Einfallsrichtung abweicht. Dies trifft für den Bereich der Röntgen-Strahlung zu.

Der folgende Abschnitt soll einen ersten Einblick in das Gebiet der Röntgen-Strukturanalyse vermitteln, die durch ausgeprägte Komplexität gekennzeichnet ist.

1. Röntgen-Beugung

Das Auftreten von gebeugten Strahlenbündeln unter definiertem Winkel kann man sich vereinfacht als Reflexion der einfallenden Strahlung an den Netzebenen des Kristalls vorstellen (Abb. 10.1). Bezeichnet θ den Einfalls- und Ausfallswinkel der Röntgen-Strahlung und d den Abstand benachbarter Netz-

ebenen, so erhält man für das Auftreten konstruktiver Interferenz der reflektierten Strahlung die Braggsche Reflexionsbedingung:

$$2d \sin \theta = n\lambda \quad n = 1,2,3 \ldots \quad (10.1)$$

Unter dieser Bedingung ist die Wegdifferenz zweier, an aufeinanderfolgenden Netzebenen reflektierten Strahlen gerade das n-fache der Wellenlänge.

Eine andere Darstellung der Röntgen-Beugung geht von der Streuung der Röntgen-Strahlung an den Elektronen der Atomhüllen des Kristalls aus. In Abb. 10.2 trifft die einfallende Strahlung unter einem Winkel α_0 auf eine Reihe von Streuzentren mit dem Abstand a. Als Bedingung für konstruktive Interferenz der unter dem Winkel α gestreuten Strahlung gilt

$$h \cdot \lambda = a(\cos \alpha - \cos \alpha_0) \quad h = 0, 1, 2 \ldots \quad (10.2)$$

Bei gegebener Wellenlänge λ gibt es daher nur unter ganz bestimmten Winkeln eine beobachtbare Streulicht-Intensität; in allen anderen Richtungen wird bei einer genügend großen Anzahl an Streuzentren die Streustrahlung vollständig ausgelöscht.

Die Richtung der Streustrahlung läßt sich durch Kegelmäntel darstellen, deren Achse die eindimensionale Reihe der Streuzentren ist (Abb. 10.3). Für eine zweidimensionale Anordnung der Streuzentren ergibt sich die Richtung der Streustrahlung aus den Schnitt-

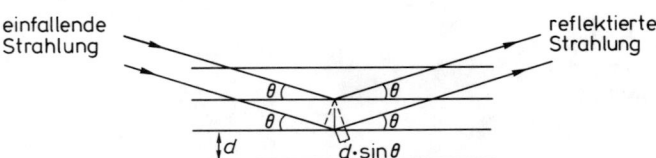

einfallende Strahlung

reflektierte Strahlung

Abb. 10.1 Darstellung zur Ableitung der Braggschen Reflexionsbedingung

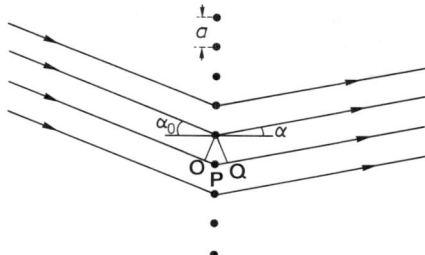

Abb. 10.2 Beugung an einer Reihe von Streuzentren. Konstruktive Interferenz tritt auf, wenn der Gangunterschied **OPQ** ein ganzzahliges Vielfaches der Wellenlänge ist

ebenen der Kegelmäntel für jede Achsenrichtung. Formal bedeutet dies, daß die Bedingungen

$$h \cdot \lambda = a \left(\cos \alpha - \cos \alpha_0 \right) \qquad (10.3\,\text{a})$$
$$k \cdot \lambda = b \left(\cos \beta - \cos \beta_0 \right) \qquad (10.3\,\text{b})$$

erfüllt sein müssen. Für einen Kristall mit den Abständen a, b und c der Streuzentren in der jeweiligen Raumrichtung ist als weitere Bedingung die Gleichung

$$l \cdot \lambda = c \left(\cos \gamma - \cos \gamma_0 \right) \qquad (10.3\,\text{c})$$

zu erfüllen. Die Winkel α, β, γ sowie α_0, β_0, γ_0 geben jeweils die Richtung der einfallenden bzw. gestreuten Röntgen-Strahlung in Bezug auf die jeweils betrachtete Raumrichtung an. Die Gl. (10.3 a–c) stellen die „Laue"-Gleichungen dar.

Betrachten wir den Kristall unter einem Winkel 2θ, bezogen auf die Einfallsrichtung der Röntgen-Strahlung (das entspricht einem Streuwinkel θ), so müssen die Laue-Gleichungen erfüllt sein, um eine konstruktive Interferenz in dieser Richtung beobachten zu können. Unter Berücksichtigung der Winkelbeziehungen zwischen θ und α, β, γ, α_0, β_0, γ_0 (Richtungscosinus) erhält man

$$\lambda \left(\frac{h^2}{a^2} + \frac{k^2}{b^2} + \frac{l^2}{c^2} \right)^{1/2} = 2 \sin \theta \qquad (10.4)$$

als Verallgemeinerung der Braggschen Reflexionsbedingung für einen orthorhombischen Kristall mit den Gitterparametern a, b und c.

Die Braggsche Reflexionsbedingung zeigt eine umgekehrte Proportionalität zwischen dem Streuwinkel θ und dem Abstand der zugehörigen Netzebene des Kristalls.

Die Röntgen-Kleinwinkelstreuung liefert daher Informationen über periodische Anordnungen mit großem Abstand, während die Röntgen-Weitwinkelstreuung Aufschluß über die Feinstruktur des Untersuchungsobjektes ergibt.

Die Werte h, k und l charakterisieren die Netzebenenscharen, die für die beobachteten Streulichtreflexe unter den zugehörigen Streuwinkeln θ_{hkl} verantwortlich sind. Die Bezeichnung einiger Kristallnetzebenen mit den „Millerschen Indizes" (hkl) ist in Abb. 10.4 angegeben. Man erhält die Indizes aus den Schnittpunkten der betrachteten Netzebene mit den Kristallachsen, indem man das kleinste, ganzzahlige Verhältnis der reziproken Achsenabschnitte bildet: Schneidet die Netzebene die Achsen bei a/h, b/k und c/l, so wird die Netzebenenschar durch (hkl) gekennzeichnet. Zu jeder Netzebenenschar des Kristalls gehört nach Gl. (10.4) bei gegebener Wellenlänge λ ein Winkel θ_{hkl}, unter dem Reflexion zu beobachten ist. Die Reflexe im Beugungsbild des Kristalls lassen sich damit den zugehörigen Netzebenen zuordnen. Aus der Zahl, der Lage und der Symmetrie der Reflexe im Beugungsbild läßt sich die Kristallstruktur bestimmen.

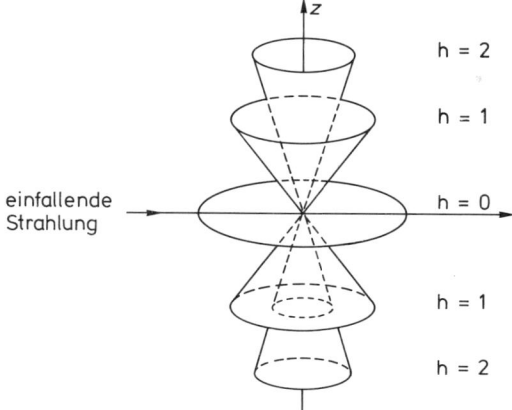

Abb. 10.3 Richtungen konstruktiver Interferenz für linear in z-Richtung angeordnete Streuzentren

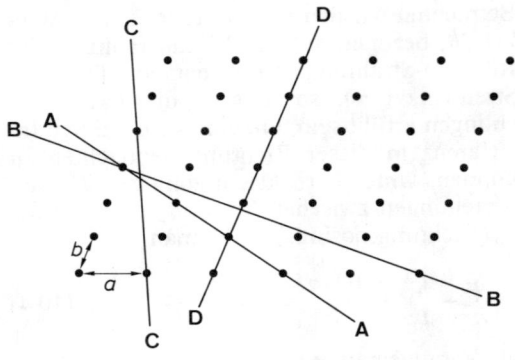

Kristall-ebene	Schnittpunkte mit den Kristallachsen	Reziprokwerte der Vielfachen von *a, b, c*	Miller-Indizes
AA	3*a*, 3*b*, ∞ *c*	1/3, 1/3, 1/∞	110
BB	5*a*, 3*b*, ∞ *c*	1/3, 1/5, 1/∞	530
CC	1*a*, 4*b*, ∞ *c*	1/1, 1/4, 1/∞	410
DD	2*a*, ∞ *b*, ∞ *c*	1/2, 1/∞, 1/∞	200

Abb. 10.4 Darstellung verschiedener Netzebenen eines Kristalls und ihre Indizierung mit den Millerschen Indizes

1.1 Aufnahme von Beugungsbildern

1.1.1 Drehkristallmethode

Aus Gl. (10.4) geht hervor, daß für eine gegebene Netzebenenschar (*hkl*) bei fester Wellenlänge λ nur bei Einstrahlung unter einem Winkel θ_{hkl} die Reflexionsbedingung erfüllt ist. Zur Untersuchung von Einkristallen wird der Kristall um eine Achse senkrecht zur Einfallsrichtung der Strahlung gedreht, um damit für verschiedene Netzebenen die Laue-Bedin-

gungen zu erfüllen (Abb. 10.5). Die Lage der Reflexe im Beugungsbild ermöglicht die Bestimmung der Dimensionen der Elementarzelle des Kristalls, welche die kleinste Einheit ist, und deren fortgesetzte Aneinanderreihung die gesamte Kristallstruktur ergibt.

1.1.2 Pulvermethode

Hier wird als Probe ein Pulver aus kleinen, statistisch orientierten Kristallen eingesetzt. Im Gegensatz zur Drehkristallmethode nehmen die Kristalle dabei jede Orientierung bezüglich der Achse der einfallenden Strahlung ein. Damit hat man für jede Netzebene die geeignete Orientierung zur Erfüllung der Laue-Gleichungen vorliegen. Das Beugungsbild besteht nicht mehr aus einzelnen Reflexen, sondern die Reflexe jeder Netzebene bilden einen Kreis um das Zentrum des Beugungsbildes (Abb. 10.6).

Allgemein läßt sich feststellen, daß die röntgenspektroskopische Untersuchung einer Substanz, die eine gewisse Regelmäßigkeit in ihrem strukturellen Aufbau besitzt, je nach grad der Ausrichtung der periodischen Strukturen ein Beugungsmuster aus Ringen, Bögen oder Punkten liefert.

1.2 Bestimmung von Elektronendichten

Mit der bisherigen Betrachtung können wir aus der Geometrie der Reflexe periodische Strukturen wie z. B. die Elementarzelle eines Kristalls erfassen. Die Intensität der Reflexe beinhaltet weitere Informationen, die zur Elektronendichte-Verteilung der Strukturen führen können.

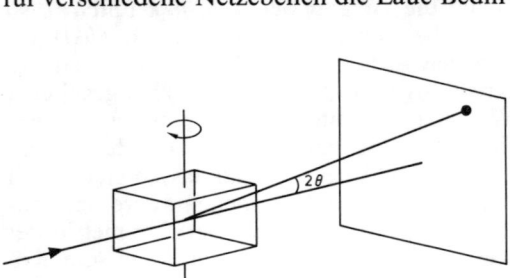

Abb. 10.5 Drehkristallmethode zur Aufnahme der Beugungsbilder von Einkristallen

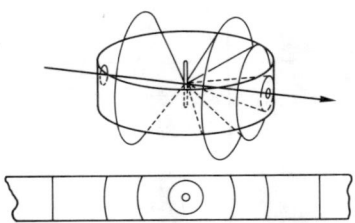

Abb. 10.6 Pulvermethode (Debye-Scherrer-Verfahren) zur Bestimmung von Kristallstrukturen. Die untere Bildhälfte zeigt das Beugungsbild auf dem abgewickelten Röntgen-Film

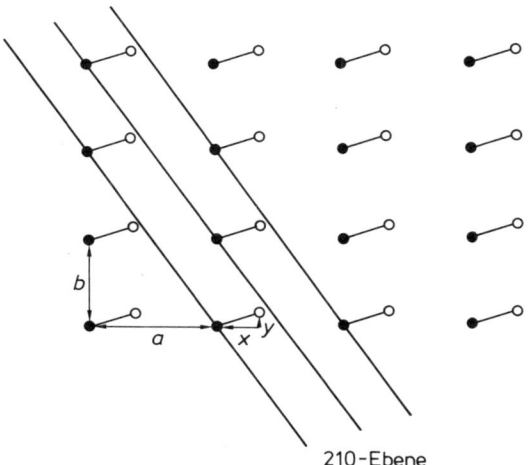

210-Ebene

Abb. 10.7 Zweidimensional-periodisches Gitter eines Kristalls aus zweiatomigen Molekülen (**A●**, **B○**). Dargestellt ist die 210-Ebene. Die z-Achse steht senkrecht auf der Papierebene

Wir wollen dazu ein zweidimensionales, periodisches Gitter eines Molekülkristalls betrachten, dessen Moleküle aus den Atomen **A** und **B** bestehen (Abb. 10.7) Die Moleküle liegen in der x-y-Ebene und sind parallel zueinander ausgerichtet. Durch die **A**-Atome sind Ebenen gezeichnet, für die die Laue-Bedingung erfüllt sein soll. Das heißt, die Streuung der einfallenden Welle an den Atomen **A** ist in Phase in Bezug auf die Richtung des reflektierten Strahls; der Phasenunterschied beträgt ein Vielfaches der Wellenlänge. Dies gilt damit auch für die Streuung an **B**. Dagegen besteht eine Phasendifferenz zwischen der gestreuten Strahlung von **A** und **B**. Bezeichnen wir die Abstände der Moleküle mit a in x-Richtung und b in y-Richtung und mit x bzw. y den Abstand zwischen **A** und **B**, so ist die Phasendifferenz gegeben durch

$$\Delta\Phi = 2\pi\left(\frac{h\cdot x}{a} + \frac{k\cdot y}{b}\right) \tag{10.5}$$

und allgemein dreidimensional

$$\Delta\Phi = 2\pi\left(\frac{h\cdot x}{a} + \frac{k\cdot y}{b} + \frac{l\cdot z}{c}\right) \tag{10.6}$$

Die resultierende Intensität der am Molekül **AB** gestreuten Wellen mit den Phasen $\Phi_A = 0$

und $\Phi_B = 2\pi\,(hx/a + ky/b + lz/c)$ ist gegeben durch

$$I_{hkl} \sim |[A_0\cdot\exp\,(i\cdot\Phi_A) + B_0\cdot\exp\,(i\cdot\Phi_B)]|^2 \tag{10.7}$$

Allgemein ergibt sich für ein Molekül mit N Atomen:

$$I_{hkl} \sim \left|\sum_{j=1}^{N} A_j\cdot\exp\,(i\cdot\Phi_j)\right|^2 = \left|\sum_{j=1}^{N} A_j\cdot\exp\right.$$
$$\left.[2\pi\cdot i\,(h\cdot x_j + k\cdot y_j + l\cdot z_j)]\right|^2 \tag{10.8}$$

A_j sind die Streufaktoren der Atome. Für n Moleküle pro Elementarzelle ist die resultierende Intensität je Zelle proportional zu n:

$$I_{hkl} \sim \left|n\sum_{j=1}^{N} A_j\cdot\exp\,[2\pi\cdot i\,(h\cdot x_j + k\cdot y_j +\right.$$
$$\left.l\cdot z_j)]\right|^2 = |F_{hkl}|^2 \tag{10.9}$$

mit

$$F_{hkl} = \sum_{j=1}^{nN} A_j\cdot\exp\,[2\pi\cdot i\,(h\cdot x_j + k\cdot y_j +$$
$$l\cdot z_j)] \tag{10.10}$$

Der Term F_{hkl} wird als Strukturfaktor bezeichnet.

Berechnet man die Intensitäten der Reflexe für verschiedene Positionen der Atome und vergleicht mit den beobachteten Intensitäten, kann man auf die Molekülanordnung im Kristall schließen.

Eine Verallgemeinerung der Gl. (10.9) stellt die Einführung der Elektronendichte $\varrho\,(x,y,z)$ anstelle der Streufaktoren A_j dar. Damit wird berücksichtigt, daß die streuenden Elektronen der Atomhüllen nicht lokalisiert sind.

$$F_{hkl} = \int_{V_{\text{Elementarzelle}}} \varrho\,(x,\,y,\,z)\cdot\exp\left[2\pi\cdot\right.$$
$$i\left(\frac{hx}{a} + \frac{ky}{b} + \frac{lz}{c}\right)\right]\,dV \tag{10.11}$$

Das Integral in Gl. (10.11) hat die Form eines Fourierintegrals, d. h. F_{hkl} ist die Fouriertransformierte der Elektronendichte-Verteilung ϱ

(*x, y, z*). Umgekehrt ergibt sich die Elektronendichte als Fouriertransformierte des Strukturfaktors:

$$\varrho\,(x, y, z) = \int_V F_{hkl} \cdot \exp\left[-2\pi \cdot\right.$$

$$\left. i\left(\frac{hx}{a} + \frac{ky}{b} + \frac{lz}{c}\right)\right] \mathrm{d}V \qquad (10.12)$$

Kennt man daher F_{hkl} für eine bestimmte Netzebene *(hkl)*, so kann man die Elektronendichte-Verteilung bestimmen und damit ein Abbild der Elementarzelle des Kristalls erhalten. Die Strukturfaktoren sind nach Gl. (10.9) proportional zur Wurzel aus den Intensitäten der Reflexe. Die Elektronendichte-Verteilung läßt sich aus den gemessenen Reflexintensitäten nur bei Kenntnis der jeweils zugehörigen Phase bestimmen.

Zur Lösung dieses Problems der Röntgenstruktur-Untersuchung wurden verschiedene Verfahren entwickelt. Für einfache Moleküle nimmt man eine realistisch erscheinende Struktur an und berechnet daraus die Strukturfaktoren F_{hkl} und die Phase. Das berechnete Beugungsbild wird mit den gemessenen Reflexintensitäten verglichen. Man erhält hieraus Hinweise auf eine Verfeinerung der angenommenen Struktur.

Eine andere Methode ist der isomorphe Ersatz von Atomen. Hierbei wird ein Atom mit einem Streufaktor A_1 gegen ein schweres Atom mit einem Streufaktor A_2 ausgetauscht. Die durch diese Substitution auftretenden Intensitätsunterschiede in den Beugungsbildern kann man sich als Streuung an einem hypothetischen Kristall vorstellen, der nur aus Atomen mit dem Streufaktor $(A_2 - A_1)$ besteht. Die Struktur dieses hypothetischen Kristalls läßt sich relativ einfach bestimmen, da hier nur ein Atom vorliegt. Hat man somit das austauschbare Atom lokalisiert, kann man seinen Beitrag zu jedem Strukturfaktor des realen Kristalls berechnen. Durch Vergleich der beobachteten Strukturfaktoren mit den Beiträgen des austauschbaren Atoms läßt sich das Vorzeichen der Strukturfaktoren festlegen.

Trägt man die nach Gl. (10.12) bestimmte Elektronendichte-Verteilung in Form von Li-

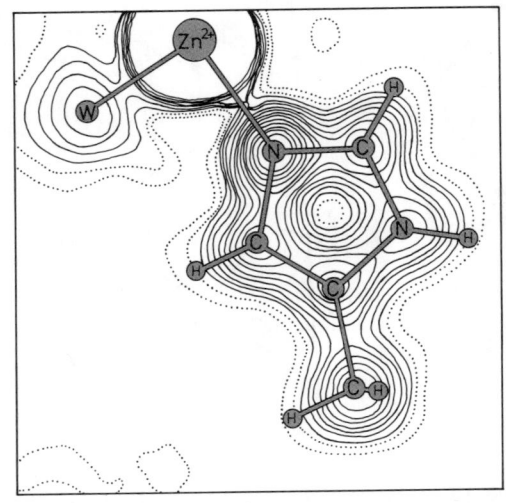

a

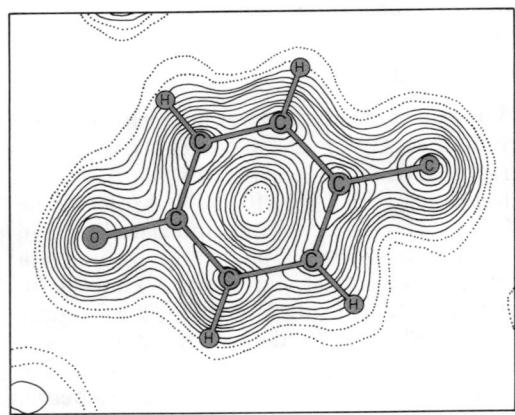

b

Abb. 10.8 Elektronenkarte von **a** Histidin und **b** Tyrosin. Zusätzlich eingezeichnet sind die Positionen der Atome. Die äußerste punktierte Linie entspricht einer Elektronendichte von 400 *e*/nm³, jede weitere Linie kennzeichnet eine um 200 *e*/nm³ höhere Elektronendichte im Molekül [nach Sakabe, N., et al. (1981), in „Structural Studies on Molecules of Biological Interest" (Dodson, G., Glusker, J. P., Sayre, D., eds.) Clarendon Press, Oxford, S. 509ff]

nien gleicher Elektronendichte auf, so erhält man die in Abb. 10.8 am Beispiel der Aminosäuren Histidin und Tyrosin dargestellte Elektronenkarte.

2. Neutronen-Beugung

Eine ebenfalls wichtige Methode zur Strukturuntersuchung ist die Beugung von Neutronen. Nach de Broglie läßt sich einem Materieteilchen die Wellenlänge $\lambda = h/p$ zuschreiben, wobei h das Plancksche Wirkungsquantum und p der Impuls des Teilchens ist. Mit der mittleren Energie des Teilchens $\overline{E} = 1/2\ m \cdot v^2 = 3/2\ k \cdot T$ ergibt sich daraus

$$\lambda = \frac{h}{\sqrt{3\,m \cdot k \cdot T}} \ . \tag{10.13}$$

Für $T \approx 600$ K beträgt die Materiewellenlänge von Neutronen etwa 0,1 nm und liegt damit in der Größenordnung der Kristallgitterkonstanten. Zur Durchführung von Beugungsexperimenten werden daher „thermische Neutronen" verwendet, das sind Neutronen aus Kernspaltungen, die durch Kollision mit schwerem Wasser auf die entsprechenden Energien „abgebremst" werden.

Die Beugung von Neutronenstrahlen verläuft analog der Röntgen-Beugung. Die besondere Bedeutung der Neutronen-Beugung liegt in der Untersuchung von Strukturen, die Wasserstoffatome enthalten. Die Röntgen-Beugung, die durch Wechselwirkung mit der Elektronenhülle der Atome erfolgt und daher mit der Zahl der Elektronen im streuenden Atom zunimmt, ist dafür nicht geeignet. An leichten Atomen mit niedriger Ordnungszahl wird Röntgen-Strahlung nur gering gestreut und ist in Anwesenheit von schwereren Atomen kaum nachzuweisen. Die Streuung von Neutronen erfolgt dagegen vorwiegend aufgrund von Kernkräften sowie Wechselwirkungen zwischen den magnetischen Momenten von Neutron und Atomkern. Als Maß für die Streukraft der Teilchen wird die Streulänge angeführt. Tab. 10.1 zeigt einen Vergleich der Streulänge von Neutronen- und Röntgen-Strahlung für verschiedene Elemente. Die Neutronen-Streulänge von Wasserstoff und Deuterium ist innerhalb eines Faktors 2 bis 3 betragsmäßig vergleichbar mit den Streulängen anderer, schwererer Atome. Bei der Neutronen-Beugung liefern also auch die leichten Atome einen wesentlichen Beitrag zur Streuintensität. Im Gegensatz dazu nimmt bei der Röntgenstrahlung die Streulänge mit steigender Molekülmasse zu. Die Streulängen von

Tab. 10.1 Neutronen- und Röntgen-Streulängen verschiedener Elemente [nach Cantor, Ch. R., Schimmel, P. R. (1980), Biophysical Chemistry. W. H. Freeman Comp., Band II, S. 830]

Element	Neutronen ($b \cdot 10^{13}$ cm)	Röntgen-Strahlung ($b \cdot 10^{13}$ cm)
H	−3,74	3,8
D	6,67	2,8
C	6,65	16,9
N	9,40	19,7
O	5,80	22,5
P	5,10	42,3
S	2,85	45
Mn	−3,60	70
Fe	9,51	73
Pt	9,5	220

Wasserstoff und Deuterium tragen entgegengesetzte Vorzeichen (Tab. 10.1). Das negative Vorzeichen bedeutet, daß die gestreute Strahlung um 180° gegenüber der Streustrahlung an Atomen mit positiver Streulänge phasenverschoben ist. Diese Phasenverschiebung beeinflußt die Interferenzterme zwischen Wasserstoff und anderen Atomen.

Eine wichtige Anwendung findet diese Eigenschaft bei der Einstellung des Lösungsmittelkontrastes. Durch Variation des Verhältnisses

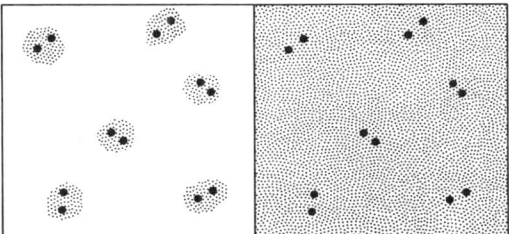

Abb. 10.9 Darstellung der scheinbaren Objektform von Ribosomen-Untereinheiten bei der Neutronen-Beugung. Die Ribosomen-Untereinheiten enthalten normale Proteine (kleine Punkte) und zwei deuterierte Proteine (große Punkte). Im linken Bild ist das Lösungsmittel Wasser, im rechten Bild ist ein Medium gewählt, das die gleichen Streueigenschaften wie die nichtdeuterierten Proteine besitzt. Während links die gesamte Ribosomen-Untereinheit auffälligstes Objekt ist, sind es im rechten Bild die deuterierten Proteine; die Untereinheiten selbst sind scheinbar verschwunden

H_2O/D_2O des Lösungsmittels läßt sich der Kontrast zwischen Lösungsmittel und gelöster Substanz über einen weiten Bereich verändern. Das Lösungsmittel bestimmt daher ganz wesentlich das beobachtete Beugungsbild der Neutronenstrahlen. Abb. 10.9. zeigt, wie man mit der Technik der Kontrastanpassung verschiedene Bestandteile eines Objekts selektiv hervorheben kann.

Literatur

Barrow, G. M. (1970), Physikalische Chemie, Teil II, Kap. 14, Vieweg, Braunschweig.

Cantor, Ch. R., Schimmel, P. R. (1980), Biophysical Chemistry, Band II, Kap. 13, W. H. Freeman Comp. San Francisco.

Franks, N. P., Levine, Y. K. (1981), Low-Angle X-Ray Diffraction, in: Membrane Spectroscopy, Grell, E., Herausgeb)., Springer Verlag, Berlin, Heidelberg, New York.

Hoppe, W. (1982), Strukturanalyse mit Röntgenstrahlen, in: biophysik, Hoppe, W., Lohmann, W., Markl, H., Ziegler, H. (Herausgeb.), Springer Verlag, Berlin, Heidelberg, New York.

Johnson, L. (1985), Protein Crystallography, in: Modern Physical Methods in Biochemistry, Neuberger, A., van Deenen, L. L. M., Elsevier, Amsterdam, London, New York.

Van Holde, K. E. (1971), Physical Biochemistry, Kap. 11, Prentice-Hall, Englewood Cliffs, New Jersey.

Sachverzeichnis

A

Abschirmeffekt 101 f
Abschirmtensor 121
Absorption, CD 25
- ESR 72 ff
- IR 31 ff
- NMR 98 ff
- UV/Vis 11 ff
Absorptionskoeffizient 15
akustische Schwingung 135 f
Allene 26
Amid-Banden, IR 40 f
Aminosäuren 2
Analysator 26
anharmonischer Oszillator 33
Anisotropie, chemische Verschie-
  bung 120
- ESR 81 ff
Anregungsspektrum 49 f
Antigen 91
Antikörper 91
Anti-Stokes-Bande 130, 132
Ascorbinsäure 81, 93
asymmetrisches C-Atom 25
Atomzahl 98
ATR-IR 36 f
Auswahlregeln,
- ESR 75 f
- IR 33, 132 f
- Raman 132 f

B

Bahndrehimpuls 72 f
Basenpaarung 5
Basenstapelung 109 f
Bathochromie,
- Absorption 16
- Fluoreszenz 49, 62
Besetzungszahl 76
Beugeschwingung, S. Deformations-
  schwingung
Biopolymer 1
Blauverschiebung, s. Hypsochromie
Bohrsches Magneton 73
Boltzmann-Verteilung 14, 34, 76

Braggsche Reflexionsbedingung
  138 f
Brechzahl 124
Breitband-Entkopplung 119

C

Calmodulin 94 f
C-Atom, asymmetrisch 25
Cavity 78 f
CD, s. Circulardichroismus
chemische Verschiebung 101 f
Chiralität 25
Chromophore 17
Circulardichroismus 22, 25 ff
Circular polarisiertes Licht 22 f
Clausius-Mosotti-Gleichung 124
CMC, s. kritische Mizell-Bildungs-
  konzentration
^{13}C-NMR 117 ff
continuous wave 100
COSY 117
Cotton-Effekt 24 f, 27
cross-peaks 117
CW-Experiment (NMR) 100
Cytochrom c-Oxidase 94 f

D

Davydov-Aufspaltung 20
Debye-Scherrer-Verfahren 140 f
Deformationsschwingung 34 f, 44
Desaktivierung 47 f
Desoxyribonucleinsäuren 4 f, 97
dichroitisches Verhältnis 18
Diffusion, laterale 64 f, 70 f, 90 f, 129
- transversale 92 f
Diffusionskoeffizient, s. Diffusion
Dimere, angeregte 50 f
- Grundzustand 50
2,2-Dimethyl-2-silapentan-5-sulfonat
  (DSS) 102
Dipolmoment 12
- induzierter 123, 130 f
- Änderung 133
Dipolstärke 13

Dipolstrahlung 123
Donor-Akzeptor-Paar 54
Doppelbrechung 23
Doppelhelix 5
Doppelresonanz 115 ff
Doppler-Effekt 128
Drehkristallmethode 140

E

Eigendrehimpuls 72 f
Eigenfunktion 84
Eigenwert 84
elektrischer Feldstärkevektor 12
elektromagnetische Strahlung 11 f
Elektronendichte 140 f
Elektronendichte-Verteilung 142
Elektronenspinresonanz 72 ff
Elektronenübergänge 14 f
elliptisch polarisiertes Licht 23
Elliptizität 25
Emission 46
Energieniveaus 13
Energieoperator 84
Energieübertragung 53 f, 68
ESR, s. Elektronenspinresonanz
Excimere 50 f, 64 ff
Excimer-Laser 66
Extinktionskoeffizient 13

F

β-Faltblatt 2 f, 17, 28 f
Feldstärkevektor, elektrischer 12
Ferrichrom 112
FID, s. freier Induktionsabfall
Flavin-Radikale 95
fluorescence recovery after photo-
  bleaching (FRAP) 70 f
Fluoreszenz 46 ff
- sensibilisierte 53
Fluoreszenz
- Depolarisation 68
- Lebensdauer 48, 55
- Löschung 47, 51 ff, 66 ff
- - dynamische 51 f

Fluoreszenz, Löschung,
  statische 52 f
– Polarisation 56 ff
– – statische 57, 68 f
– – zeitaufgelöste
Fluorophore 46
– natürliche 61
– Sonden 61 f
Förster-Transfer 53 f
Fourier-Transform
– IR-Spektroskopie 37 ff
– NMR-Spektroskopie 101, 105 ff
– Röntgen-Beugung 142
Franck-Condon-Prinzip 13 f
free induction decay (FID), s. freier
  Induktionsabfall
freie Radikale 95
freier Induktionsabfall 106
Freiheitsgrad 34 f
Frequenz 38
FT, s. Fourier-Transform-IR-Spek-
  troskopie
FT-NMR 101, 105

G

Gerüst-Schwingung 35
Gesamtdrehimpuls 72 f
g-Faktor 77
– Anisotropie 82
isotroper 83
Globar 36
Gyrationsradius 126

H

harmonischer Oszillator 32
α-Helix 2 f, 17, 18 f
high spin 93
Hohlleiter 78 f
Hohlraum-Resonator 79
Hooksches Gesetz 32
Hyperchromie 20
Hyperfeinkopplungskonstante 77
– Anisotropie 82
– isotrope 83
Hyperfeinstruktur 77 f
Hypochromie 19 ff
Hypsochromie,
– Absorption 16
– Fluoreszenz 49

I

Impulsquantenzahl 72
Induktionsabfall, freier 106
inelastische Lichtstreuung 122
Infrarot-Spektroskopie 31 ff
innere Umwandlung 47

Interferenz 139
Interferogramm 107
Interferometer 39
Interkombinationsübergang 47
intersystem crossing, s. Interkombi-
  nationsübergang
Inversions-Erholungs-Methode 108 f
isomorpher Ersatz 142
Isotope 98
Isotopen-Anreicherung 99, 118 f

J

Jablonski-Termschema 14, 46

K

kernmagnetische Resonanz, s. NMR-
  Spektroskopie
Kernmagneton 98
Kern-Overhauser-Effekt 118 f
Kernspin 98 f
Klystron 78
Kollisions-Löschung, s. Fluoreszenz-
  Löschung
Konformation 1 ff
Kontrastanpassung 143
Konzentrationsdepolarisation 56
Kopplungskonstante 103 f
Kraftkonstante 33
kritische Micell-Bildungskonzentra-
  tion 128 f

L

LAM (longitudinal acoustic mode),
  s. akustische Schwingung
Lambert-Beer-Gesetz IR 31
– UV/Vis 15
Landé-Faktor 73
Larmor-Frequenz 75, 100
Laser 128
Laue-Gleichung 139
Licht, circular polarisiert 22 f
– elliptisch polarisiert 23
– linear polarisiert 22 f
Lichtstreuung, elastische 122 ff
– inelastische 130 ff
– quasi-elastische 128 f
Linear dichroismus 18 f
Linienbreite 99
Lipid-Doppelschichten 6 ff, 84 f
Lipide 6 ff
Lipid-Membranen, NMR, 111 f
Lipidphasen 7 f
– Umwandlung 8, 44, 63, 86 f
– hexagonale 121
Lipid-Protein-Wechselwirkung 62,
  87

Lösungsmittel-Einflüsse,
– Absorption 16
– ESR 88 f
– Fluoreszenz 48 f
low-spin 93
Lumineszenz 46

M

magisches T 79
Magnetfeld-Modulation 79 f
magnetische Quantenzahl 73
magnetisches Moment 72 ff
– kern 98
Magnetisierung, makroskopische 99
– longitudinale 100, 104
– transversale 100, 104
Masse, reduzierte 53
Massenzahl 98
Metalloproteine 93 f
Metallzentren 93 ff
Micell-Bildungskonzentration 128 f
Mie-Streuung 122
Mikrowelle 74, 78
Millersche Indizes 139 f
Modellmembranen 6 ff, 65, 84
Molekülmasse, Bestimmung 124 f
Molekülorbitale 14
Molekülschwingung 131
Morse-Kurve 34
Multiplizität 15, 46, 103

N

Nernst-Stift 36
Netzebene 138
Netzebenenschar 140
Neutronen, thermische 143
– Beugung 143 ff
– Streulänge 143
Nicol-Prisma 23
Nitroxid-Radikale 66, 80 ff
NMR-Spektroskopie 98 ff
NOE (Nuclear Overhauser Enhance-
  ment), s. Kern-Overhauser-Effekt
Nukleinsäuren, CD 30
– IR 43
Nullpunktsenergie 34

O

off-resonance 107
optische Aktivität 25 f
– Dichte 15
– Rotationsdispersion 22, 24 f
– Schwingung 135
ORD, s. optische Rotationsdisper-
  sion
Ordnungsgrad 84 ff

Orthogonalstrahlen 23
Oszillator, anharmonischer 33
– harmonischer 32
Oxazolidin 80 ff

P

Peroxidase 96
Perrin-Gleichung 59
Phasenbeziehung 141
Phasendiagramm 8
– Umwandlungstemperatur 8
Phasentrennung 65, 87, 90
Phosphoreszenz 46 f
Photobleichen, s. fluorescence re-
    covery after photobleaching
photon counting 134
Photoselektion 57, 60
Plancksches Wirkungsquantum 12,
    32
Polarisation 22 ff
Polarisationsfilter 22
Polarisator 26
Polarisierbarkeit 124, 130 f
– Änderung 133
Polymorphismus, lyotroper 7
– thermotroper 8
Polysaccharide 10
Potentialkurve 34
ppm (parts per million) 102
Präzession, Elektronenspin 74 f
– Kernspin 99 f
progressive Sättigung 108
Proteine 1 ff
– Assoziation 66
– Molekülmasse 125
– Primärstruktur 1
– Sekundärstruktur 3
– Spektren (NMR) 110 ff
– Tertiärstruktur 4
Proton 98
Puls (NMR), Dauer 106
– Sequenz 108
– Technik 106
Pulvermethode 140
Pulverspektrum, ESR 84

Q

Quadrupolmoment 99
Quantenausbeute 48, 55, 62
Quermagnetisierung, s. Magnetisie-
    rung

R

Radikale 72 ff
– freie 95

Raman-Spektren 135 ff
– Banden 130
– Lipide 135 f
– Proteine 135
– Spektroskopie 130 ff
– Streuung, s. inelastische Streuung
Raman-Streuung 122
Rayleih-Streuung, s. elastische Licht-
    streuung
– Verhältnis
Reabsorption 50
relative Empfindlichkeit 99
Relaxationsmechanismus 76, 104 ff
Relaxationszeit 76 f, 104 ff
– longitudinale 105
– transversale 105
Resonanzbeziehung 74
Resonanz-Raman 132 f
– Häm-Proteine 137
– Karottensaft 137
Resonanztransfer 54
Ribosomen 143
Röntgen-Beugung 138 ff
– Kleinwinkelstreuung 139
– Weitwinkelstreuung 139
Rotationsdiffusion 59
Rotationsisomere 9, 85
Rotationskorrelationszeit, Fluores-
    zenz-Polarisation 59
– ESR 89 ff

S

Schmelzkurve, DNA 20
Schwebung 131
Schwingungen (IR), akustische 135
– asymmetrische 34, 44
– gekoppelte 35
– symmetrische 34, 44
Schwingungsniveau 14, 32 ff, 132
– Frequenz 53
sensibilisierte Fluoreszenz 53
Signalintensität, NMR 99
Singulettzustand 15, 46
SOM (sceletal optical mode), s. opti-
    sche Schwingung
Spektren-Akkumulation 106
Spinaustausch-Wechselwirkung 91 f
Spin-Bahn-Kopplung 77
Spin-Echo-Methode 107 ff
– T_1-Messung 108 f
– T_2-Messung 107 f
Spin-Entkopplung 115 f
Spin-Gitter-Relaxation
– ESR 76
– NMR 104 f
Spin-Hamilton-Operator 84
Spin-Präzession, s. Präzession
Spin-Quantenzahl 74
Spinsonden 72, 80 ff

Spin-Spin-Kopplung 102 f
Spin-Spin-Relaxation, ESR 77
– NMR 104 f
Spin-Spin-Wechselwirkung 91 f
Stern-Volmer-Beziehung 51 ff
Stokes-Bande 130, 132
Strahlenschäden 97
Strahlung, elektromagnetische 11 f
Strahlungslebensdauer 48
Streckschwingung 133 f
Streufaktor 141 f
Streuintensität 123
– Winkelabhängigkeit 124 f
Streulänge 143
Streumethoden 122
Streuzentren 126
Strukturfaktor 141 f

T

Tetramethylsilan (TMS) 102
Transfereffizienz 54
Translation 34
Transmission, IR 31
Triplettzustand 15, 46

U

Übergangsdipol 13
Übergangsmetalle 72, 93 ff
Übergangswahrscheinlichkeit 13
Umwandlung, innere 47

V

Valenzschwingung 34 f, 44
Vesikel 7
Vibrationsübergänge 130
Viertelwellenlängen-Plättchen 23 f
Virial-Koeffizient 125

W

Wasserstoffbrücken 5, 40
Wellen 12
– Funktion 12
– Länge 12
– Zahl 32

Z

Zeeman-Effekt 73
Zeitdomäne 38
Zimm-Diagramm 127
Zufallsknäuel 2 f, 17
Zweidimensionale NMR 116 f
Zwei-Photonen-Prozeß 132